“十四五”职业教育国家规划教材

配套教学用书

电子电路装调与测试工作页

DIANZI DIANLU

ZHUANGTIAO YU CESHI GONGZUOYE

主编

俞艳　龚叶珠　黄亚萍

中国教育出版传媒集团

高等教育出版社·北京

内容提要

本书是“十三五”职业教育国家规划教材配套教学用书，依据教育部颁布的《中等职业教育专业简介（2022年）》及相关专业教学标准，并参照最新颁布的电子技术相关职业资格证书要求编写而成。

本书采用工作页模式，按照“项目引领、任务驱动、问题引导”模式编写，分基本单元电路装调与测试、综合应用电路装调与测试2个模块，包括整流电路装调与测试、小信号放大电路装调与测试、集成运算放大电路装调与测试、稳压电路装调与测试、功率放大电路装调与测试、逻辑电路装调与测试、电源电路装调与测试、信号产生电路装调与测试、振荡电路装调与测试、报警控制电路装调与测试、数字逻辑电路装调与测试、电子产品电路装调与测试12个项目。

本书配有学习卡资源，请登录Abook网站http://abook.hep.com.cn/sve获取相关资源。详细说明见本书“郑重声明”页。

本书适合中等职业学校电子技术应用及相关专业使用，也可作为职业资格证书培训、岗位培训教材及自学用书，职业教育技能大赛电子产品设计与应用赛项训练入门教材。

图书在版编目（CIP）数据

电子电路装调与测试工作页 / 俞艳，龚叶珠，黄亚萍主编. -- 北京：高等教育出版社，2023.10

ISBN 978-7-04-060063-6

Ⅰ.①电… Ⅱ.①俞… ②龚… ③黄… Ⅲ.①电子电路－安装－中等专业学校－教材②电子电路－调试方法－中等专业学校－教材③电子电路－电路测试－中等专业学校－教材 Ⅳ.①TN710②TN707

中国国家版本馆CIP数据核字（2023）第035350号

DIANZI DIANLU ZHUANGTIAO YU CESHI GONGZUOYE

策划编辑 李 刚　　责任编辑 唐笑慧　　封面设计 姜 磊　　版式设计 童 丹
责任绘图 邓 超　　责任校对 刘娟娟　　责任印制 赵 振

出版发行	高等教育出版社	网　址	http://www.hep.edu.cn
社　址	北京市西城区德外大街4号		http://www.hep.com.cn
邮政编码	100120	网上订购	http://www.hepmall.com.cn
印　刷	唐山嘉德印刷有限公司		http://www.hepmall.com
开　本	889mm×1194mm 1/16		http://www.hepmall.cn
印　张	21		
字　数	440千字	版　次	2023年10月第1版
购书热线	010-58581118	印　次	2023年10月第1次印刷
咨询电话	400-810-0598	定　价	49.00元

本书如有缺页、倒页、脱页等质量问题，请到所购图书销售部门联系调换

物 料 号　60063-00

前　言

本书是“十三五”职业教育国家规划教材配套教学用书，依据教育部颁布的《中等职业教育专业简介（2022年）》及相关专业教学标准，并参照最新颁布的电子技术相关职业资格证书的要求编写而成。

本书以培养电子技术应用及相关专业高素质技术技能人才为目标，以“学为中心、理实一体、做学合一”为编写理念，将工学结合落实到课堂，教材内容贴近中职教学实际，与中职电子技术应用及相关专业培养目标相符，与电子技术行业企业的技术发展接轨，与中职学生的认知水平相恰，突出学生的体验与实践，适合中等职业学校电子技术应用及相关专业使用，也可作为职业资格证书培训、岗位培训教材及自学用书，还可作为职业院校技能大赛电子产品设计与应用赛项训练入门教材。本书主要特色有：

1. 融通岗课赛证　内容鲜活

本书对接教学标准，接轨真实岗位，对接职业标准和岗位需求，有机地融入行业标准和企业标准，将电子技术应用及相关职业岗位工作任务进行教学化处理，既突出职业技能要求，又保证学生掌握必备的基本理论知识。本书定位科学、合理、准确，力求降低理论知识的难度；正确处理好知识、能力和素养三者之间的关系，保证学生全面发展，适应培养高素质技术技能人才需要。

2. 编写体例新颖　思维激活

本书按照“项目引领、任务驱动、问题引导”模式编写，将具体的岗位情境转化为教学情境，设计教学项目，以学习性工作任务为载体，让学生在课堂中依托工作页有事可做，有事会做。每个项目安排“项目目标—项目描述—项目结构—项目引导—项目实施”。项目目标：对接课程标准和相关职业技能标准，让学生明确项目学习要求；项目描述：对接相关行业岗位需求，将项目的知识与技能还原为实际生产岗位任务，以激发学习兴趣；项目结构：以思维导图梳理项目知识与技能要点，帮助学生形成结构清晰有序、系统化的知识与技能结构；项目引导：以问题为引导，以“必需、够用、实用”为原则，把与工作任务相关的知识技能串联起来，呈现给学生，激活学生的知识与技能储备；项目实施：将项目细化为若干工作任务，每个任务按“任务目标—任务描述—任务准备—任务实施—任务总结—任务拓展”结构编写，让学生学有所依；任务拓展融合职业技能等级证书及职业院校技能大赛电子产品设计与应用赛项相关考核内容。

3. 采用工作页模式 使用灵活

本书内容顺序及体例配合项目教学采用工作页模式，可以根据教学需求，灵活选择教学任务，既可以以整个项目为单位组织教学，也可以以单个任务为单位组织教学，方便师生的教与学，促进教法改革。同时，本书版式设计力求图文并茂、生动活泼，以大量照片、示意图、表格形象直观地呈现内容。

4. 重视素养养成 评价促活

本书关注学生学习过程，重视学生素养养成，用过程记录表随时记录学生操作过程；体现教学评一致，不仅关注学生知识与技能的掌握，更关注学生职业素养的养成，强调知识与技能的应用，重视学习过程的感悟和体验，将评价贯穿于任务始终。

5. 挖掘思政元素 多维融活

党的二十大报告指出，要推进新型工业化，加快建设制造强国、质量强国、航天强国、交通强国、网络强国、数字中国。电子技术在各个领域有着十分广泛的应用，是近代科学技术发展的一个重要标志。为落实立德树人根本任务，坚持课程育人，本书将规范操作、安全文明生产等职业素养的培养贯穿教育始终；同时，还充分挖掘思政元素，将与课程内容相关的科技强国、数字中国、工匠精神、科学思维、技术前沿等思政元素有机融入"职业视野"栏目中，体现爱国主义教育，弘扬专业精神和职业精神，在课程全过程有效落实课程思政，引领学生健康成长，为学生职业生涯发展夯实基础。

本书建议学时为128学时，各部分内容学时分配参考意见如下。

教学项目	建议学时
项目1 整流电路装调与测试	8
项目2 小信号放大电路装调与测试	8
项目3 集成运算放大电路装调与测试	8
项目4 稳压电路装调与测试	8
项目5 功率放大电路装调与测试	8
项目6 逻辑电路装调与测试	8
项目7 电源电路装调与测试	8
项目8 信号产生电路装调与测试	12
项目9 振荡电路装调与测试	12
项目10 报警控制电路装调与测试	18
项目11 数字逻辑电路装调与测试	12
项目12 电子产品电路装调与测试	18
合计	128

本书中的电路仿真图、PCB图、装配图按照软件特性和使用习惯，未按国家标准进行统一，特此说明。

本书由俞艳、龚叶珠、黄亚萍担任主编，周光、俞巍、潘忠伟担任副主编。俞艳负责本书的策划、统稿，项目1、项目4、项目7由龚叶珠负责编写，项目2由张朝晖负责编写，项目3、项目9由周光负责编写，项目5、项目8由俞巍负责编写，项目10、项目11由黄亚萍、邱婷、王燕、吴萍负责编写，项目6由龚叶珠、吴珊珊负责编写，项目12由潘忠伟、龚叶珠负责编写，黄静参与资料的搜集。本书与亚龙智能装备集团股份有限公司等企业合作开发。在本书的编写过程中，得到了杭州市萧山区第一中等职业学校、杭州市电子信息职业学校、江苏省江阴市华姿中等专业学校、江苏省靖江中等专业学校、浙江省浦江县职业技术学校、浙江省遂昌县职业中等专业学校领导和老师的大力支持，在此表示真挚感谢！

本书配有学习卡资源，请登录 Abook 网站 http://abook.hep.com.cn/sve 获取相关资源。详细说明见本书“郑重声明”页。

由于编者水平有限，书中难免存在不足之处，恳请使用本书的师生和读者批评指正，以期不断提高。读者意见反馈邮箱：zz_dzyj@pub.hep.cn。

编者

2022年11月

目 录

模块一

基本单元电路装调与测试

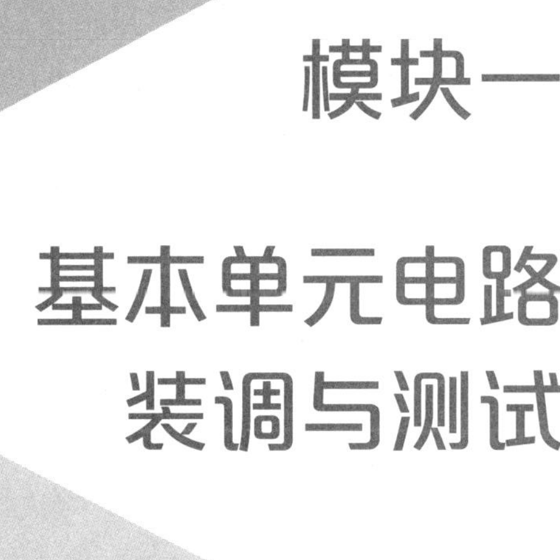

项目1　整流电路装调与测试

项目目标

◇ 认识单相半波整流电路和单相桥式整流电容滤波电路的组成，能区分不同类型的单相整流电路。
◇ 会分析单相半波整流电路和单相桥式整流电容滤波电路的工作原理。
◇ 会用软件仿真单相半波整流电路和单相桥式整流电容滤波电路功能，并测试电路的主要参数。
◇ 能在万能板上完成单相半波整流电路和单相桥式整流电容滤波电路的装接与调试。
◇ 会测试单相半波整流电路和单相桥式整流电容滤波电路的主要参数。
◇ 能综合分析理论结果、仿真结果和实物电路测试结果。
◇ 养成规范操作、安全文明生产的职业素养，传承精益求精的工匠精神。

项目描述

日常生活中，家里的插座、单元楼上的电能表都使用交流电，而生活中常用的家用电器、计算机、手机等很多电子产品却使用直流电，这就需要通过整流电路把交流电转换成所需的直流电。图1.1和图1.2所示是电冰箱电源控制板和制氧机控制器主板，方框中的电路就是整流电路。

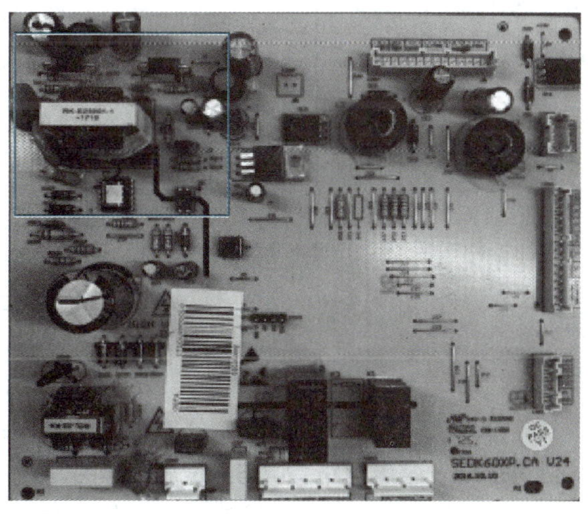

图1.1　电冰箱电源控制板

图 1.2　制氧机控制器主板

本项目以单相半波整流电路和单相桥式整流电容滤波电路为例，按要求完成整流电路的虚拟仿真及仿真参数测试、万能板电路的布线设计、电路装接及电路参数与波形的测量。

项目结构

整流电路装调与测试思维导图如图 1.3 所示。

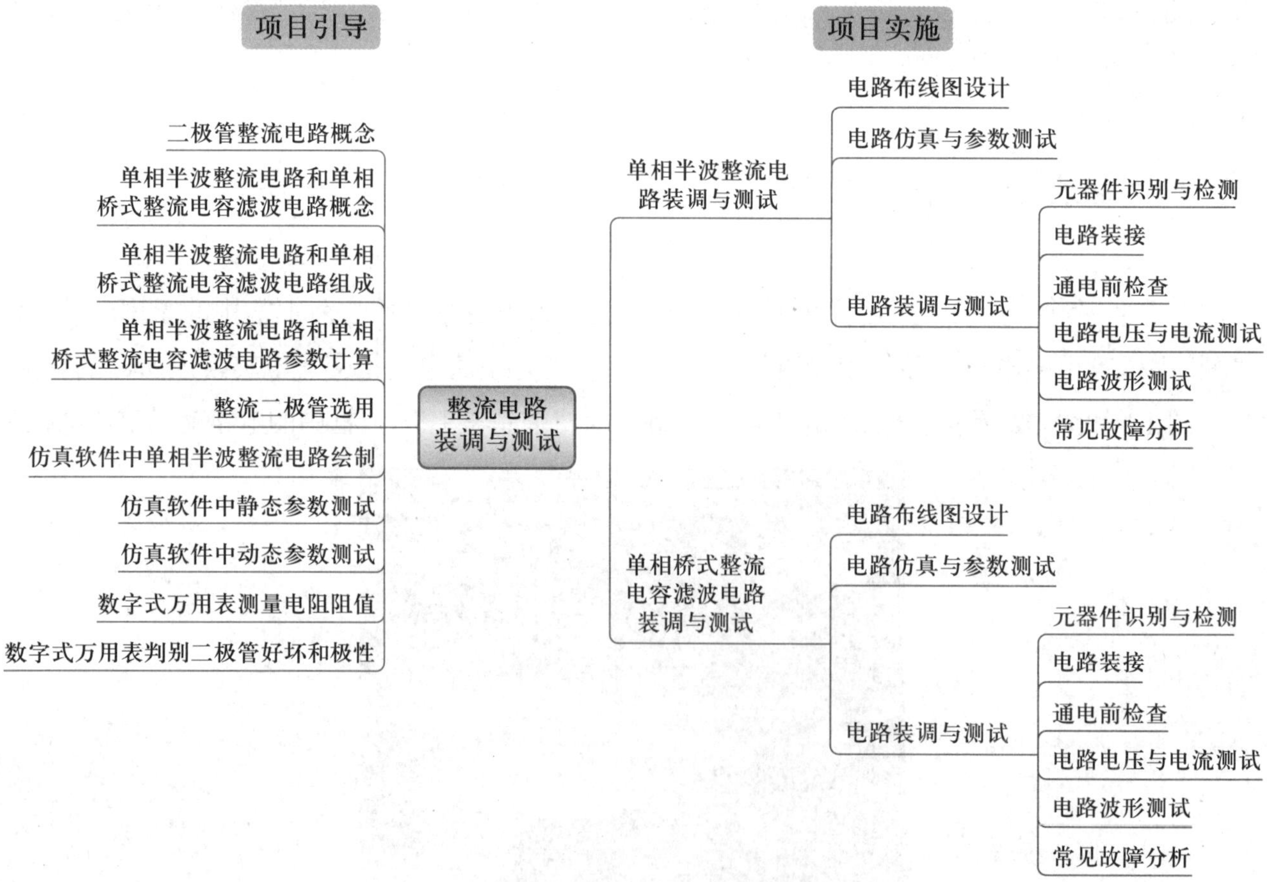

- 整流电路装调与测试
  - 项目引导
    - 二极管整流电路概念
    - 单相半波整流电路和单相桥式整流电容滤波电路概念
    - 单相半波整流电路和单相桥式整流电容滤波电路组成
    - 单相半波整流电路和单相桥式整流电容滤波电路参数计算
    - 整流二极管选用
    - 仿真软件中单相半波整流电路绘制
    - 仿真软件中静态参数测试
    - 仿真软件中动态参数测试
    - 数字式万用表测量电阻阻值
    - 数字式万用表判别二极管好坏和极性
  - 项目实施
    - 单相半波整流电路装调与测试
      - 电路布线图设计
      - 电路仿真与参数测试
      - 电路装调与测试
        - 元器件识别与检测
        - 电路装接
        - 通电前检查
        - 电路电压与电流测试
        - 电路波形测试
        - 常见故障分析
    - 单相桥式整流电容滤波电路装调与测试
      - 电路布线图设计
      - 电路仿真与参数测试
      - 电路装调与测试
        - 元器件识别与检测
        - 电路装接
        - 通电前检查
        - 电路电压与电流测试
        - 电路波形测试
        - 常见故障分析

图 1.3　整流电路装调与测试思维导图

项目引导

问题 1　什么是二极管整流电路？

把交流电转换成直流电的过程称为___________。利用二极管的单向导电性把单相交流电转换成直流电的电路称为________________。常用的整流电路有单相半波整流电路、单相桥式整流电路和倍压整流电路等。

问题 2　什么是单相半波整流电路？什么是单相桥式整流电容滤波电路？

单相半波整流电路波形图如图 1.4 所示，在交流电的一个周期内，二极管有_____个周期导通，_____个周期不导通，在负载电阻 R_L 上的脉动直流电压波形是交流电压 u_2 的_____，故称为单相半波整流电路。

单相桥式整流电容滤波电路波形图如图 1.5 所示，交流电无论处于正半周还是负半周，都有周期性_______电流分别流过一对二极管，使电容器两端输入电压是周期性_______电压，经过电容器充电－放电的过程周而复始，使得_____后输出电压脉动程度大幅减弱，变得相对_____，再供给负载，这种电路称为单相桥式整流电容滤波电路。

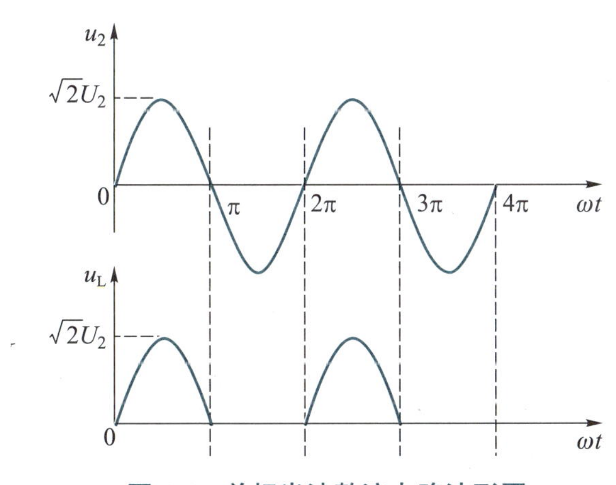

图 1.4　单相半波整流电路波形图

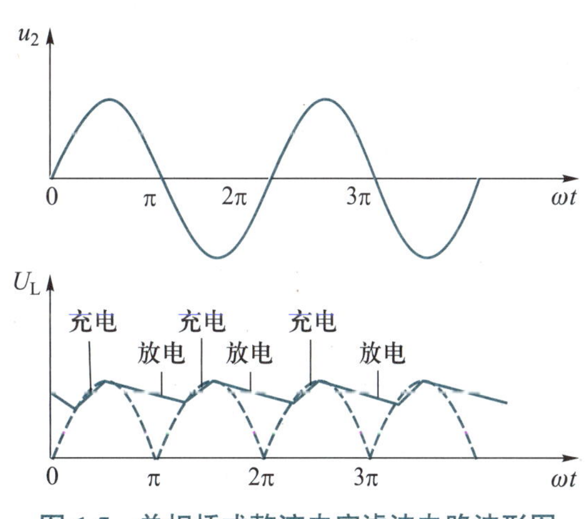

图 1.5　单相桥式整流电容滤波电路波形图

问题 3　单相半波整流电路、单相桥式整流电容滤波电路分别由哪几部分组成？

单相半波整流电路如图 1.6 所示，它由_________、_________和_________构成。

单相桥式整流电容滤波电路如图 1.7 所示，它由_______、_________、____________和_________构成。

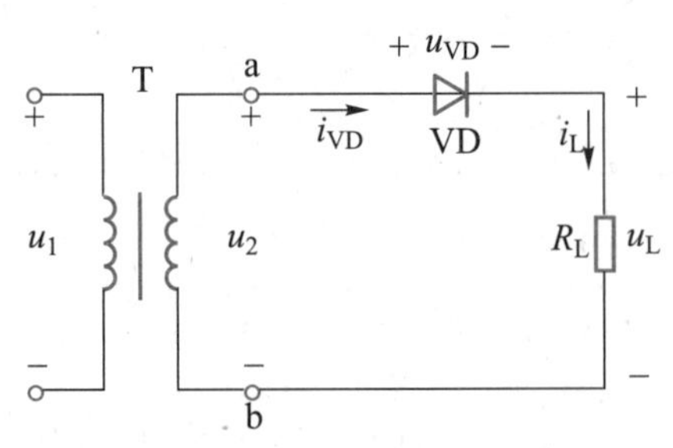

图 1.6 单相半波整流电路

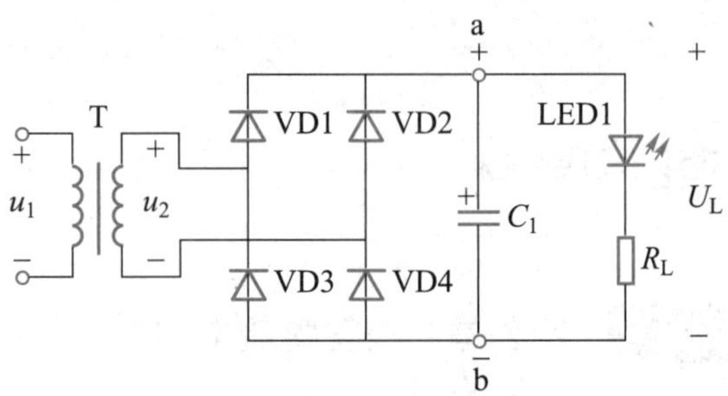

图 1.7 单相桥式整流电容滤波电路

问题 4 单相半波整流电路、单相桥式整流电容滤波电路的主要参数如何计算?

请将单相半波整流电路、单相桥式整流电容滤波电路主要参数的计算公式填入表 1.1 中。

表 1.1 单相半波整流电路、单相桥式整流电容滤波电路主要参数比较表

电路	负载上的直流电压平均值 U_L	负载上的直流电流平均值 I_L
单相半波整流电路		
单相桥式整流电容滤波电路		

问题 5 单相半波整流电路、单相桥式整流电容滤波电路中的整流二极管如何选用?

请将单相半波整流电路、单相桥式整流电容滤波电路中整流二极管的选用公式填入表 1.2 中。

表 1.2 单相半波整流电路、单相桥式整流电容滤波电路中整流二极管的选用比较表

电路	最大整流电流 I_{FM}	最高反向工作电压 U_{RM}
单相半波整流电路		
单相桥式整流电容滤波电路		

注:选用时可查阅相关半导体器件手册,选用合适的二极管型号,使其额定值大于最大整流电流和最高反向工作电压的计算值。

职业视野

单相半波整流电路是整流电路的基础,单相桥式整流电路是工程上实际应用最多的整流电路。分析这两个整流电路时,要注意区分两个电路的组成,比较电路的主要参数和整流二极管的选用。

分析单相半波整流电路与单相桥式整流电路,要用比较思维法,即寻找事物之间的相同点与不同点。比较是在分析综合的基础上进行的,也是抽象概括的前提,是理解和思维的基础,也是分析问题、解决问题的常用思维方法。

问题 6　在 Multisim 软件中，如何绘制单相半波整流电路的仿真电路？

在 Multisim 软件中，绘制单相半波整流电路的仿真电路步骤如下：

步骤 1　按“新建—文件—保存—修改文件名”步骤操作，将文件保存在指定文件夹。

步骤 2　在基础元器件库中选择合适的元器件，摆放在指定位置，如图 1.8 所示。

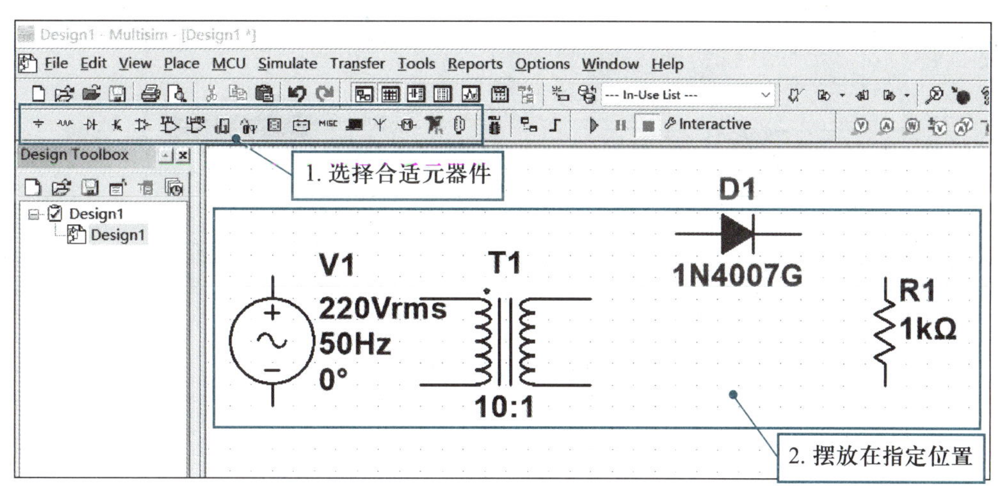

图 1.8　选择和放置元器件

步骤 3　在仿真电路中进行导线连接。单击元器件引脚并拖动至需连接导线的另一端，即可连上导线。

问题 7　在 Multisim 软件中，如何用万用表测试静态参数？

在 Multisim 仿真中，可以通过万用表来测量仿真电路静态参数。以单相半波整流电路为例，用万用表测量静态参数的操作步骤如下：

步骤 1　单击选中 Multisim 软件元器件工具栏第一个图标“Multimeter”，将万用表拖至适当位置，再次单击放下，如图 1.9 所示。

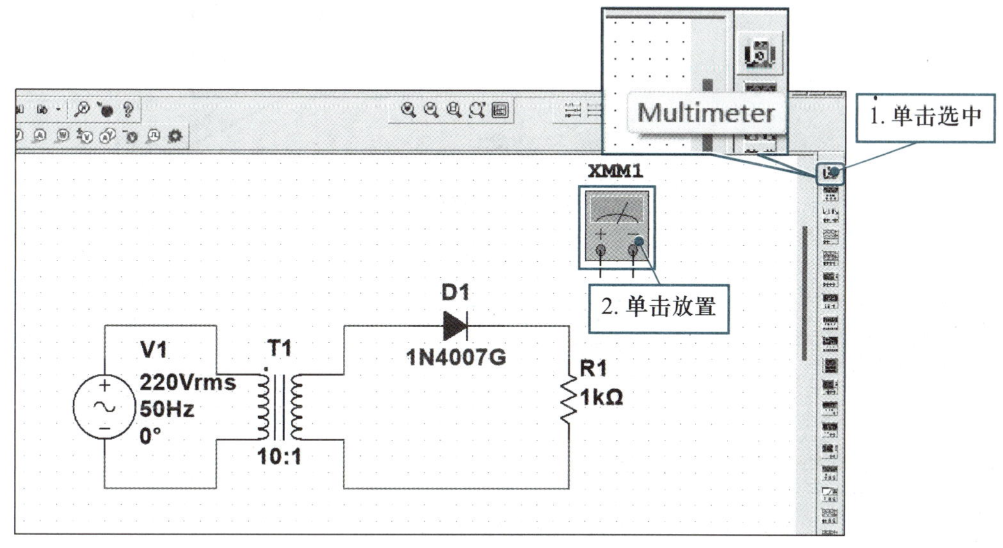

图 1.9　选择和放置万用表

步骤 2　双击打开万用表，再单击选择合适的挡位，以测量电路电源电压为例选择电压挡，如图 1.10 所示。

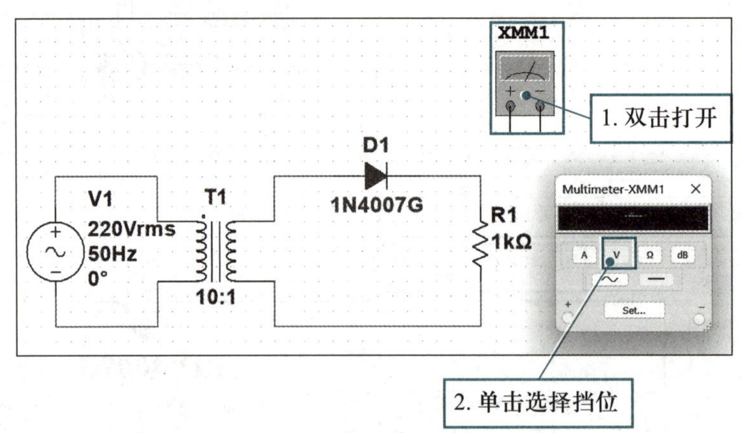

图 1.10　设置万用表挡位

步骤 3　将光标移到万用表正负极引脚的端点处，待光标变成中心有实心点的小十字时，单击并拖至需连接的地方，将万用表连于被测点。

步骤 4　单击元器件工具栏运行按钮，即可查看万用表的测量值。

问题 8　在 Multisim 软件中，如何用示波器测量波形？

在 Multisim 软件中，可以通过示波器来测量仿真电路波形。以单相半波整流电路为例，用示波器测量波形的操作步骤如下：

步骤 1　单击选中 Multisim 元器件工具栏第四个图标“Oscilloscope”，将示波器拖至适当位置后单击放下，如图 1.11 所示。

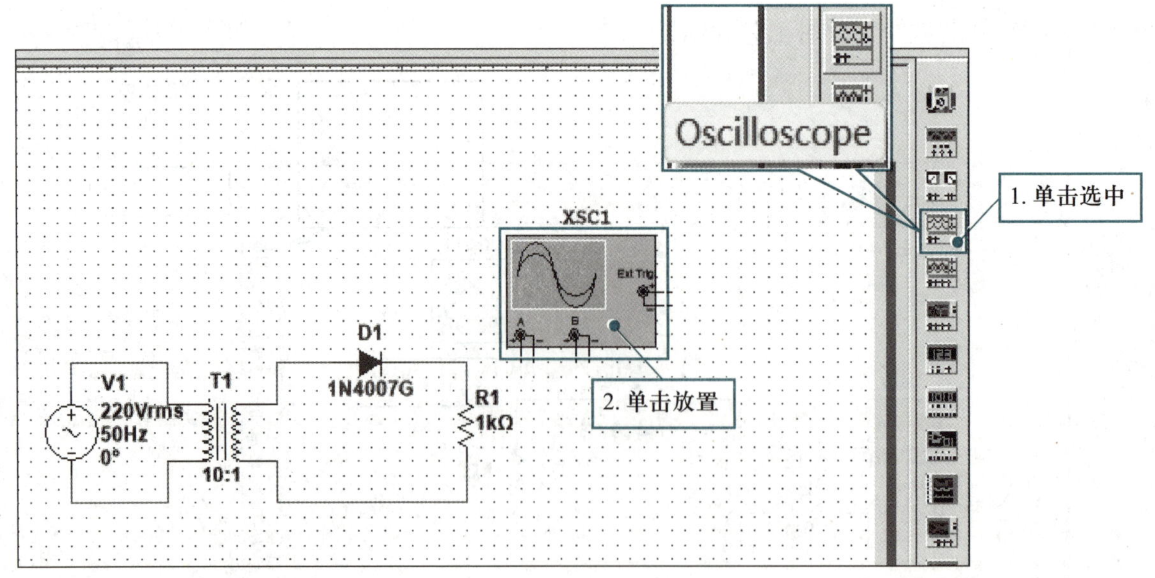

图 1.11　选择和放置示波器

步骤 2　将光标移到示波器 A B 通道正负极端点处，待光标变成中心有实心点的小十字时，单击并拖至需连接的地方，如图 1.12 所示。

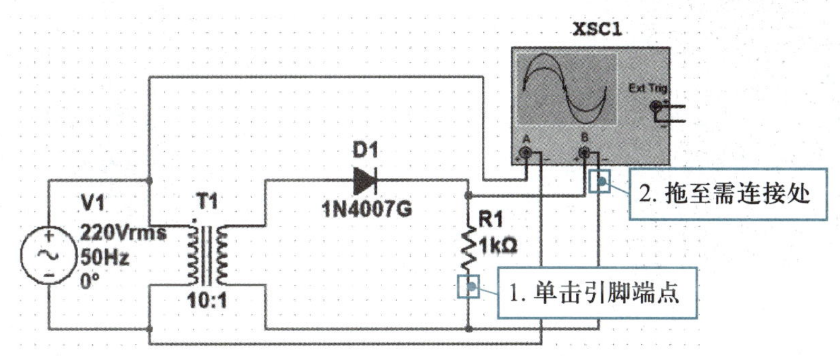

图 1.12　将示波器接入电路

步骤 3　双击通道连接线，打开属性设置界面，再单击打开颜色对话框，设置不同颜色，如图 1.13 所示。

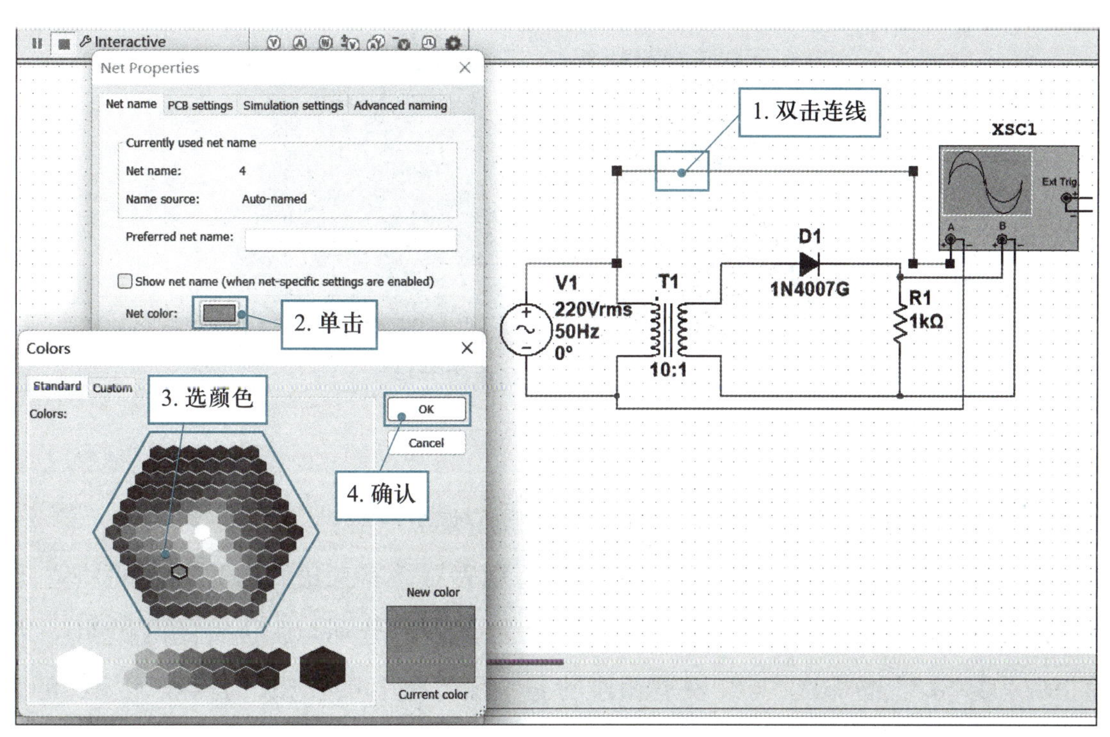

图 1.13　修改波形颜色

步骤 4　单击元器件工具栏运行按钮，再双击示波器，即可查看被测点的波形。

问题 9　如何用万用表测量电阻阻值?

步骤 1　本书所用的万用表均为数字式万用表。确保万用表功能正常，正确连接表笔，红表笔插入 “VΩ” 孔，黑表笔插入 “COM” 孔，如图 1.14 所示。

步骤 2　旋转万用表量程开关，选择合适的电阻挡，如图 1.15 所示。

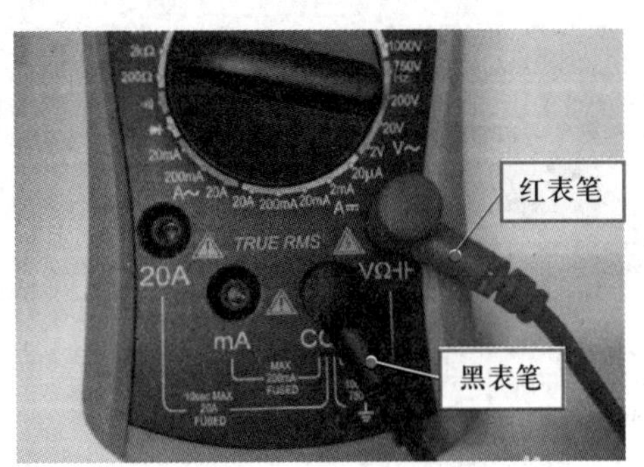

图 1.14　万用表表笔连接

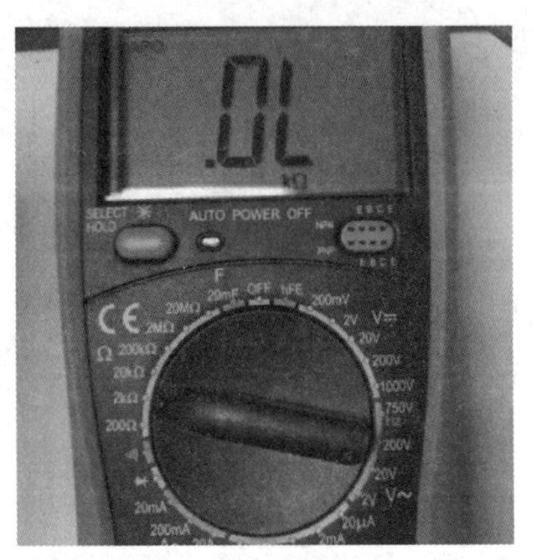

图 1.15　测量电阻挡位预选

步骤 3　万用表红黑表笔分别连接电阻器的两端，注意不要将手并联进去，读出万用表显示的数据。如果万用表显示 “OL”，说明量程太小，应将量程调大，直至读出读数，如图 1.16 所示。

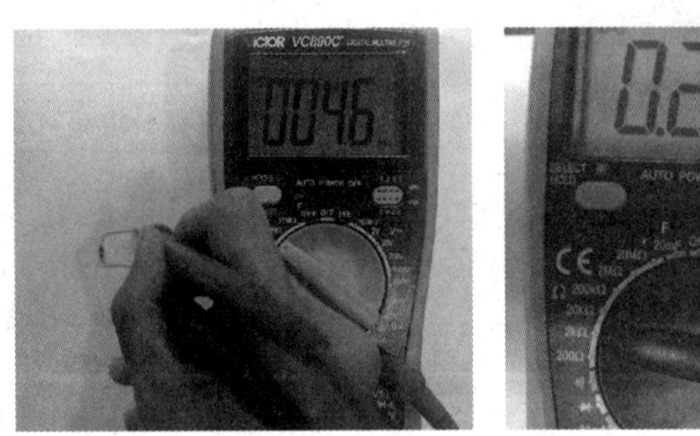

图 1.16　万用表测量电阻方法

问题 10　如何用万用表判别整流二极管极性和好坏?

用万用表判别整流二极管极性的方法是：将万用表置于有二极管符号标志的挡位，红表笔插入 “VΩ” 孔，黑表笔插入 “COM” 孔。用万用表红黑表笔分别与二极管的两极相连，测得读数接近 “0.7” 或 “0.3” 的那次，与红表笔相连的是整流二极管的正极，与黑表笔相连的是整流二极管的负极。

用万用表判断整流二极管好坏的的方法是：将万用表置于有二极管符号标志的挡位，红表笔插入 “VΩ” 孔，黑表笔插入 “COM” 孔。当红表笔接整流二极管正极，黑表笔接整流二极管负极时，万用表读数显示为接近 “0.7” 或 “0.3”；反之显示为 “1”，则二极管正常。

项目实施

任务 1　单相半波整流电路装调与测试

任务目标

◇ 会分析单相半波整流电路的工作原理。

◇ 会用 Multisim 软件仿真单相半波整流电路功能并测试主要参数。

◇ 能按工艺要求在万能板上规范完成单相半波整流电路装接与调试。

◇ 会用万用表和示波器测试单相半波整流电路的主要参数。

任务描述

在认识交流电基本知识的实验中，经常用单相半波整流电路将交流电正负半周波形分离。单相半波整流电路原理图如图 1.6 所示，实物电路板如图 1.17 所示。本任务要求完成以下内容：

① 按布线规范和工艺要求，在布线练习区完成单相半波整流电路布线设计。

② 在 Multisim 软件中，完成单相半波整流电路图的绘制，完成电路电压、电流和整流前后波形的测试。

③ 按布线图设计和安装工艺要求，在万能板上完成电路的装接；装接好的电路接上 7.5 V 交流电源调试，用万用表测量电源电压、电路输入电阻、变压器二次电压 U_2、负载 R_L 两端电压和电路总工作电流，用示波器测量变压器二次电压 U_2 和负载两端电压 U_L 的波形。

图 1.17　单相半波整流电路实物电路板

任务准备

1. 职业素养养成

(1) 安全防护准备

穿好防静电服和绝缘鞋，戴好防静电手环。

(2) 工具仪表准备

电烙铁、烙铁架、焊锡丝、斜口钳、镊子、高温海绵、螺丝刀、万用表、示波器等。

(3) 软件、电源、设备准备

检查 Multisim 软件是否能正常打开；检查变压器二次电压 7.5 V 交流电输出是否正常；检查示波器 CH1、CH2 两路通道是否能正常测量波形。

将检查结果记录在表 1.3 中。

表 1.3　检查结果记录表

序号	检查内容	检查细目
1	安全防护准备	□防静电服　□绝缘鞋　□防静电手环
2	工具仪表准备	□工具　□仪表
3	软件、电源、设备准备	□软件正常　□电源正常　□设备正常
检查人：__________　　时间：______年____月____日		

2. 电路布线图设计

在图 1.18 所示布线练习区上，完成单相半波整流电路布线图的设计。电路各元器件的实物封装参考表 1.4，布线图规范和工艺要求如下：

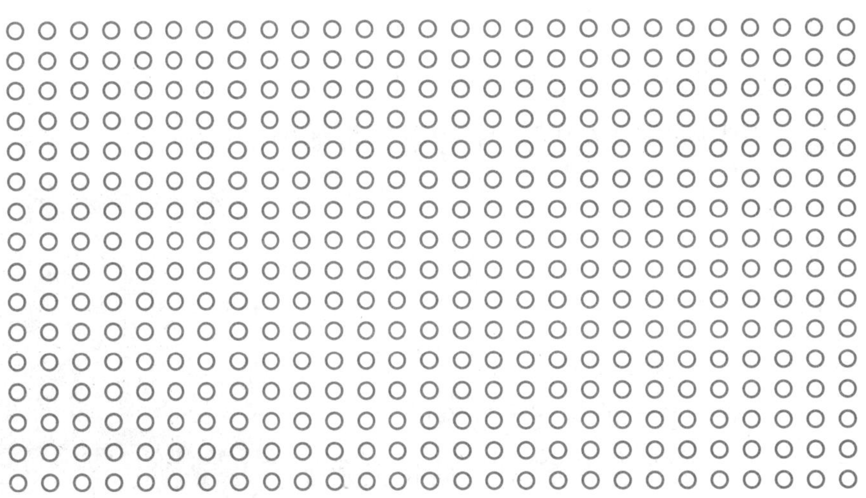

图 1.18　布线练习区

表 1.4　元器件实物对应封装表

序号	元器件名称	元器件实物	符号	封装
1	电源变压器		T	占 18×6 个孔
2	负载电阻		R	占 5 个孔 R
3	整流二极管		VD	占 5 个孔 + VD

① 元器件摆放横平竖直；各元器件之间间距合适，以便减少干扰，方便测量。

② 元器件（封装符号及文字符号）用铅笔画，各元器件封装按照规定尺寸和孔位。

③ 连线横平竖直，用蓝色水笔画，不随意涂改。

④ 焊点处用实心黑点涂黑。

⑤ 布线整体居中，上下左右都预留出适当的孔位。

任务实施

1. 单相半波整流电路仿真与测试

(1) 仿真电路绘制

在 Multisim 软件中，完成图 1.19 所示单相半波整流电路仿真图的绘制。接入“220 V、50 Hz”交流电压信号，将变压器变比设置成 22 : 1。仿真中的电路图形符号和元器件型号 / 参数见表 1.5。将绘图过程记录在表 1.6 中。

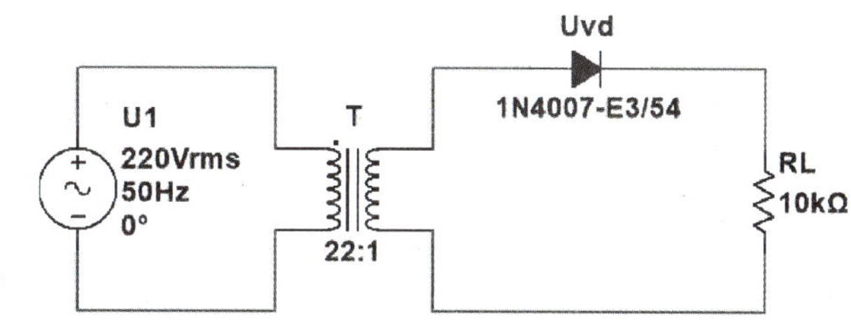

图 1.19　单相半波整流电路仿真图

表 1.5　仿真中的单相半波整流电路元器件图形符号和型号 / 参数对照表

序号	名称	电气图形符号	Multisim 元器件图形符号	Multisim 元器件型号 / 参数
1	二极管	VD		1N4007-E3/54
2	变压器	T		1P1S/ 变比 22 : 1
3	电阻	R		10 kΩ

表 1.6　单相半波整流电路仿真绘图记录表

序号	操作内容	完成情况
1	正确选取变压器、二极管和电阻	□完成　□未完成
2	完成电路连线绘制	□完成　□未完成
3	正确接入交流电压信号	□完成　□未完成
4	将交流电压设置成“220 V、50 Hz”，变压器变比设置成 22 : 1	□完成　□未完成
记录人：________　时间：____年____月____日		

(2) 电路参数测试

① 单相半波整流电路电压与电流的测试

将 Multisim 软件中的万用表按图 1.20 所示连接在电路中。用万用表 XMM1 测量变压

器二次电压 U_2、XMM2 测量电阻 R_L 两端电压 U_L；XMM3 测量流过二极管的电流平均值 I_{VD}、XMM4 测量流过负载的电流平均值 I_L，将测量结果记录在表 1.7 中。

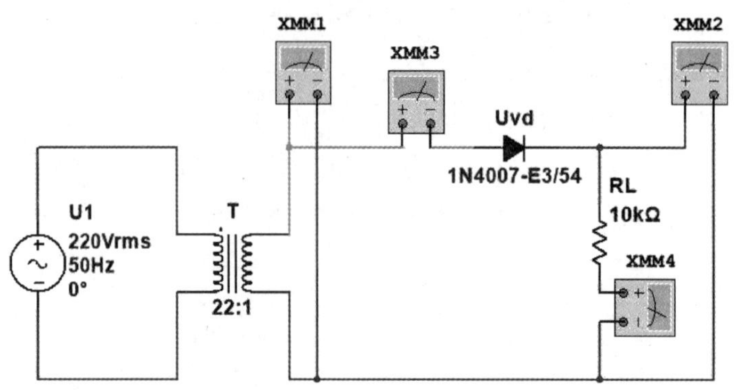

图 1.20 万用表测量电压 U_2、U_L 和电流 I_{VD}、I_L 连接示意图

表 1.7 单相半波整流电路电压与电流测试记录表

万用表	测量项目	测量结果
XMM1	变压器二次电压 U_2	
XMM2	电阻 R_L 两端电压 U_L	
XMM3	流过二极管的电流平均值 I_{VD}	
XMM4	流过负载的电流平均值 I_L	

② 单相半波整流电路波形的测试

将 Multisim 软件中的双踪示波器按图 1.21 所示连接在电路中。测量变压器二次电压 U_2、电阻 R_L 两端电压 U_L 的波形，分别记录在表 1.8 中。

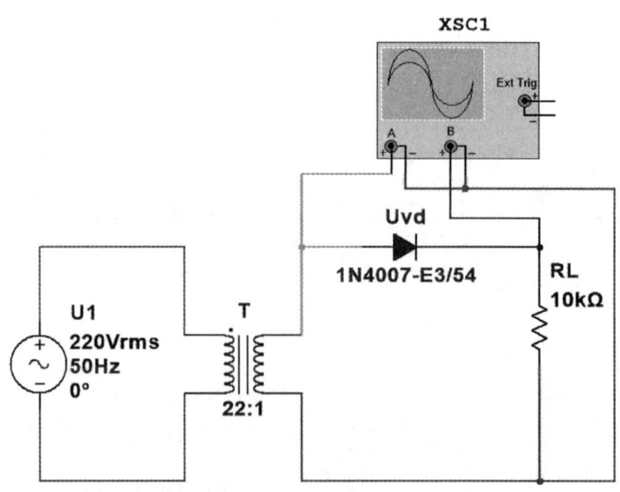

图 1.21 示波器测量 U_2 波形和 U_L 波形连接示意图

表 1.8　U_2 和 U_L 波形测试记录表

波形记录	周期		幅值	
	时基挡位		幅值挡位	
	峰值		频率	

将测试过程记录在表 1.9 中。

表 1.9　单相半波整流电路测试过程记录表

序号	操作内容	完成情况
1	万用表正确接入测试点	□完成　□未完成
2	完成参数测试并记录在表中	□完成　□未完成
3	示波器正确接入测试点	□完成　□未完成
4	完成波形测试并记录在表中	□完成　□未完成
记录人:__________　时间:______年____月____日		

③ 仿真测量结果的分析

分析仿真测量结果,可以得出:

在单相半波整流电路中,输入电压 u_1 为正弦交流电,当输入电压 u_1 正半周时,二极管________,输出____________________波形;当输入电压 u_1 负半周时,二极管________,输出________波形。

输出电压与输入电压关系为________________________,输出电流与输入电流关系为____________。

2. 单相半波整流电路装调与测试

(1) 元器件识别与检测

单相半波整流电路由电源变压器、整流二极管和负载电阻 3 种元器件构成,请按表 1.10 要求,完成电路主要元器件的识别与检测。

(2) 电路装接

根据单相半波整流电路原理图,选择所需要的元器件,按布线设计要求在万能板上完成电路的装接,电路安装工艺要求见表 1.11。将结果记录在表 1.12 中。

表 1.10 元器件识别与检测记录表

元器件名称	识读检测内容	识读检测结果
色环电阻	识读阻值	______Ω，误差 ±______%
	实测阻值	______Ω
整流二极管	反向截止读数	______
	正向导通电压	______V
记录人：__________ 时间：______年____月____日		

表 1.11 电路安装工艺要求表

安装顺序	元器件符号	参数	数量	安装工艺要求	设备工具
1	R_L	10 kΩ（±1%）	1	按图（a）所示，水平卧式紧贴电路板安装	镊子、螺丝刀、斜口钳、电烙铁等常用装接工具
2	VD	1N4007	1	按图（b）所示，水平卧式紧贴电路板安装，注意极性	
3	T		1	按图（c）所示，垂直紧贴电路板摆放，拧上螺钉固定	
图样	图(a) 图(b) 图(c)				
焊接工艺要求					
元器件按从小到大、从低到高顺序安装；焊点大小适中，无漏、假、虚、连焊，焊点光滑、圆润、干净，无毛刺；引脚加工尺寸及成形符合工艺要求；导线长度、剥线头长度符合工艺要求，芯线完好，捻头镀锡					

表 1.12 电路装接记录表

序号	操作内容	完成情况
1	元器件按从小到大、从低到高顺序安装	□完成 □未完成
2	焊点大小适中、光滑、圆润、无毛刺，无漏、假、虚、连焊现象	□完成 □未完成
3	引脚加工尺寸及成形符合工艺要求	□完成 □未完成
4	导线长度、剥线头长度符合工艺要求，芯线完好，捻头镀锡	□完成 □未完成
记录人：__________ 时间：______年____月____日		

(3) 通电前检查

本电路电源用变压器二次侧 7.5 V 交流电供电。开始通电前，按表 1.13 的步骤完成电路的通电前检查，并记录结果。

(4) 电路电压与电流测试

通电前检测各项都正常后，在电源输入端接入 7.5 V 交流电源，通电时注意安全用电规范。按表 1.14 逐项完成电路电压与电流的测试，并将结果记录在表中。

表 1.13　电路通电前检查步骤记录表

序号	检查项目	检测结果记录
1	桌面、电路板面清理	□完成　□未完成
2	电源输入电压	输入电压______V；挡位：______量程：______ 红表笔：______；黑表笔：______ 测得的电压：________V
3	电路板输入电阻	输入端______Ω；挡位：______量程：______ 红表笔：__________；黑表笔：__________ 测得的电阻：________Ω
记录人：__________　时间：______年____月____日		

表 1.14　电路电压与电流测试记录表

序号	检查项目	检测结果记录
1	二次电压 U_2	量程：__________；挡位：__________ 红表笔：__________；黑表笔：__________ 测得的电压：________V
2	R_L 两端电压	量程：__________；挡位：__________ 红表笔：__________；黑表笔：__________ 测得的电压：________V
3	电路总电流	量程：__________；挡位：__________ 红表笔：__________；黑表笔：__________ 测得的电流：________A
记录人：__________　时间：______年____月____日		

(5) 电路波形测试

用示波器同时测量变压器二次电压 u_2 和负载电阻两端电压 u_L 的波形，将测得的波形和参数记录在表 1.15 中。

表 1.15　u_2 和 u_L 波形测试记录表

	u_2	u_L
	峰－峰值________	峰－峰值________
	有效值________	有效值________
	周　期________	周　期________
	频　率________	频　率________
	X 轴挡位________	X 轴挡位________
	Y 轴挡位________	Y 轴挡位________
记录人：__________　时间：______年____月____日		

(6) 常见故障分析

根据电路的调试和测试结果,分析出现下列电路故障的原因:

① 若测得单相半波整流电路的输入电压为零,可能是什么原因造成的?

---

② 若测得单相半波整流电路负载电阻两端电压为零,可能是什么原因造成的?

任务总结

1. 任务评价

请在表 1.16 中完成各环节的评分。

表 1.16 单相半波整流电路装调与测试任务评价表

评分内容		配分	评分说明	得分
职业素养(10 分)	安全意识	5 分	符合用电安全操作规范,出现不符合安全操作的行为,每项扣 1 分,扣完为止	
	现场整理	5 分	出现未整理现场、仪器仪表及工具摆放杂乱、不遵守纪律等现象,每项扣 1 分,扣完为止	
任务准备(10 分)	布线图设计	10 分	元器件摆放横平竖直,各元器件间距合适,元器件符号用铅笔画,各元器件封装按照规定尺寸,连线用蓝色水笔画,焊点用实心黑点涂黑,不符合要求每项扣 1 分,扣完为止	
仿真调试(10 分)	仿真电路绘制	5 分	按原理图正确绘制仿真图,接入交流信号正确,变压器变比设置正确。以上不合格每项扣 2 分,扣完为止	
	电路参数测试	5 分	各项参数测试,每错 1 处扣 1 分,扣完为止	
电路装调(35 分)	元器件识读与检测	5 分	每错 1 空扣 1 分	
	电路装接	10 分	元器件选择错误、极性装错等,每处扣 1 分,扣完为止	
	安装工艺	10 分	元器件安装工艺、焊点、引脚成形及引线等不符合工艺标准,每处扣 1 分,扣完为止	
	电路功能	10 分	电路功能正常得 10 分,否则 0 分	
测量分析(35 分)	通电前检查	5 分	每错 1 处扣 1 分,扣完为止	
	电路电压与电流测试	10 分	每错 1 处扣 1 分,扣完为止	
	电路波形测试	10 分	每错 1 处扣 1 分,扣完为止	
	电路故障分析	10 分	每题 5 分,扣完为止	
总得分				

2. 学习小结

本任务通过虚拟仿真软件验证、实物电路装调与测试两种方法，验证了电路的功能和理论分析结论，结合仿真结果和实物电路参数测量结果，梳理电路的工作原理和输出与输入电压、电流的关系。

小结本次实训过程，记录问题、收获和反思。

（提示语：通过本次实训，我学会了……我遇到的问题有……我的收获是……我感到遗憾的是……我今后要改进的是……）

____

____

____

____

____

____

任务拓展

1. 在单相半波整流电路中，若整流二极管接反，电路还能实现半波整流功能吗？

____

2. 单相半波整流电路只能利用交流电的半个周期，电源利用率极低，怎样改进电路，可以提高电源利用率？

____

____

____

任务 2　单相桥式整流电容滤波电路装调与测试

任务目标

◇ 会分析单相桥式整流电容滤波电路的工作原理。

◇ 会用 Multisim 软件仿真单相桥式整流电容滤波电路功能，并测试电路的主要参数。

◇ 能按工艺要求在万能板上规范完成单相桥式整流电容滤波电路装接与调试。

◇ 会用万用表和示波器测试单相桥式整流电容滤波电路的主要参数。

任务描述

单相桥式整流电容滤波电路是电源电路的主要组成部分。单相桥式整流电容滤波电路原理图如图 1.7 所示，实物电路板如图 1.22 所示。本任务要求完成以下内容：

① 按布线规范和工艺要求，在布线练习区完成单相桥式整流电容滤波电路布线设计。

② 在 Multisim 软件中，完成单相桥式整流电容滤波电路图的绘制；完成电路电压、电流和整流前后波形的测试。

图 1.22 单相桥式整流电容滤波电路实物电路板

③ 按布线图设计和安装工艺要求，在万能板上完成电路的装接；装接好的电路接上 7.5 V 交流电源进行调试，用万用表测量电源电压、电路输入电阻、变压器二次电压 U_2、负载 R_L 两端电压和电路总工作电流，用示波器测量变压器二次电压 u_2 和负载两端电压 u_L 的波形。

任务准备

1. 职业素养养成

(1) 安全防护准备

穿好防静电服和绝缘鞋，戴好防静电手环。

(2) 工具仪表准备

电烙铁、烙铁架、焊锡丝、斜口钳、镊子、高温海绵、螺丝刀、万用表、示波器等。

(3) 软件、电源、设备准备

检查 Multisim 软件是否能正常打开；检查变压器二次电压 7.5 V 交流电输出是否正常；检查示波器 CH1、CH2 两路通道是否能正常测量波形。

将检查结果记录在表 1.17 中。

表 1.17 检查结果记录表

序号	检查内容	检查细目
1	安全防护准备	□防静电服 □绝缘鞋 □防静电手环
2	工具仪表准备	□工具 □仪表
3	软件、电源、设备准备	□软件正常 □电源正常 □设备正常
检查人：________ 时间：____年___月___日		

2. 电路布线图设计

在图 1.23 所示的布线练习区上，完成单相桥式整流电容滤波电路的布线图设计，并在电容支路中串联接入开关。电路各元器件的实物封装参考表 1.18，布线图规范和工艺要求如下：

① 元器件摆放横平竖直；各元器件之间间距合适，以便减少干扰，方便测量。

② 元器件(封装符号及文字符号)用铅笔画，各元器件封装按照规定尺寸和孔位。

③ 连线横平竖直，用蓝色水笔画，不随意涂改。

④ 焊点处用实心黑点涂黑。

⑤ 布线整体居中，上下左右都预留出适当的孔位。

图 1.23 布线练习区

表 1.18 元器件实物对应封装表

序号	元器件名称	元器件实物	符号	封装
1	电源变压器		T	占 18×6 个孔
2	负载电阻		R_L	占 5 个孔 RL
3	整流二极管		VD	占 5 个孔 + VD
4	滤波电容		+ C	占 2 个孔 C +
5	开关		S	

任务实施

1. 单相桥式整流电容滤波电路仿真与测试

(1) 仿真电路绘制

根据图 1.24,在 Multisim 软件中完成仿真图的绘制。仿真中的图形符号和元器件型号参数见表 1.19。接入“220 V、50 Hz”交流电压信号,将变压器变比设置成 22 : 1。将过程记录在表 1.20 中。

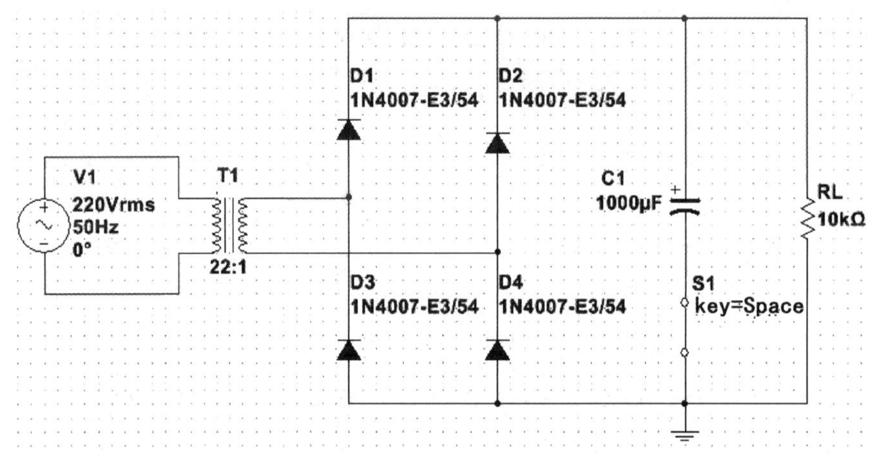

图 1.24 单相桥式整流电容滤波电路仿真图

表 1.19 仿真中的单相桥式整流电容滤波电路图形符号和元器件型号对照表

序号	名称	电气图形符号	Multisim 元器件图形符号	Multisim 元器件型号 / 参数
1	二极管	VD		1N4007-E3/54
2	变压器	T		1P1S/ 变比 22 : 1
3	电阻	*R*		10 kΩ
4	电容	*C*		1 000 μF/25 V
5	开关	S		SPST

表 1.20 单相桥式整流电容滤波电路仿真绘图记录表

序号	操作内容	完成情况
1	正确选取变压器、二极管、电容、开关和电阻	□完成 □未完成
2	完成电路连线绘制	□完成 □未完成
3	正确接入交流电压信号	□完成 □未完成
4	将交流电压设置成“220 V、50 Hz”,变压器变比设置成 22 : 1	□完成 □未完成
记录人:________ 时间:_____年____月____日		

（2）电路参数测试

① 单相桥式整流和单相桥式整流电容滤波电路的电压、电流测试

将 Multisim 软件中的万用表按图 1.25 所示连接在电路中，用万用表 XMM1 测量变压器二次电压 U_2、XMM3 测量电阻 R_L 两端电压 U_L，用 XMM2 测量流过二极管的电流平均值 I_{VD}、XMM4 测量流过负载的电流平均值 I_L。注意开关 S1 断开为单相桥式整流电路，闭合则为单相桥式整流电容滤波电路。将测量结果记录在表 1.21 中。

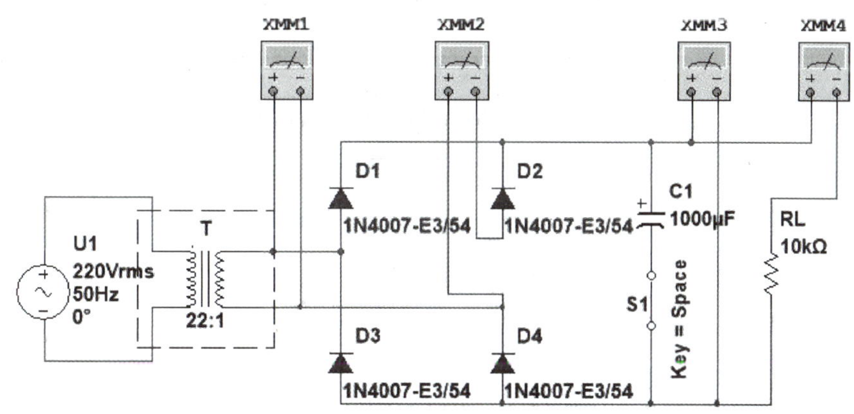

图 1.25 使用示波器测量单相桥式整流电容滤波电路连接示意图

表 1.21 电路电压、电流测试记录表

万用表	测量项目	单相桥式整流（S1 断开）	单相桥式整流电容滤波（S1 闭合）
XMM1	变压器二次电压	$U_2=$	$U_2'=$
XMM2	流过二极管的电流	$I_{VD}=$	$I_{VD}'=$
XMM3	电阻 R_L 两端电压	$U_L=$	$U_L'=$
XMM4	负载电流	$I_L=$	$I_L'=$

② 单相桥式整流电路和单相桥式整流电容滤波电路波形的测试

将 Multisim 软件中的双踪示波器按图 1.26 所示连接在电路中，注意开关 S1 断开时为单相桥式整流电路，闭合时则为单相桥式整流电容滤波电路。

a. 单相桥式整流电路

断开 S1，测量变压器二次电压 u_2、电阻 R_L 两端电压 u_L 的波形，分别记录在表 1.22 中。

将测试过程记录在表 1.23 中。

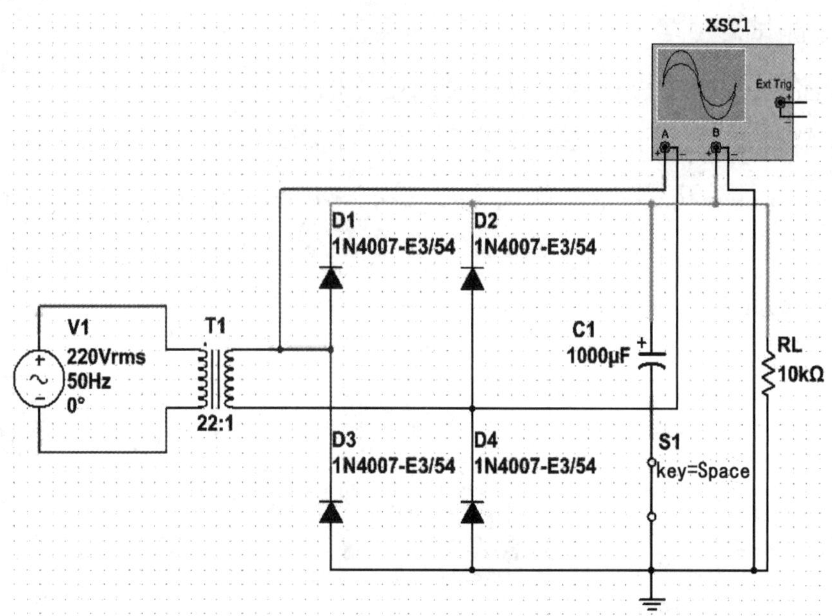

图 1.26 示波器测量 u_2 波形和 u_L 波形连接示意图

表 1.22 u_2 和 u_L 波形记录表

波形记录	周期		幅值	
	时基挡位		幅值挡位	
	峰值		频率	

表 1.23 单相桥式整流电路测试过程记录表

序号	操作内容	完成情况
1	示波器正确接入测试点	□完成 □未完成
2	完成波形测试并记录在表中	□完成 □未完成
3	万用表正确接入测试点	□完成 □未完成
4	完成参数测试并记录在表中	□完成 □未完成
记录人:________ 时间:_____年____月____日		

分析仿真测量结果,可以得出:

在单相桥式整流电路中,输入电压 u_1 为正弦交流电,当输入电压 u_1 处于正半周时,二极管 VD1 和 VD4________,VD2 和 VD3________,输出____________波形;当输入电压 u_1 处于负半周时，二极管 VD1 和 VD4________，VD2 和 VD3________，输出______________波形；输出电压与输入电压关系为____________，输出电流与输入电流关系为______________。

b. 单相桥式整流电容滤波电路

闭合 S1，测量变压器二次电压 u_2'、电阻 R_L' 两端电压 U_L' 的波形，分别记录在表 1.24 中。

表 1.24　u_2' 和 U_L' 波形记录表

波形记录	周期		幅值	
	时基挡位		幅值挡位	
	峰值		频率	

将测试过程记录在表 1.25 中。

表 1.25　单相桥式整流电容滤波电路测试过程记录表

序号	操作内容	完成情况
1	万用表正确接入测试点	□完成　□未完成
2	完成参数测试，并记录在表中	□完成　□未完成
3	示波器正确接入测试点	□完成　□未完成
4	完成波形测试，并记录在表中	□完成　□未完成
记录人：________　　时间：_____年___月___日		

分析仿真测量结果，可以得出：

在单相桥式整流电容滤波电路中，输出电压与输入电压的关系是____________________；输出电流与输入电流的关系是______________。

2. 单相桥式整流电容滤波电路的装调与测试

(1) 元器件识别与检测

电路由电源变压器、整流二极管、电解电容和负载电阻 4 种元器件构成，请按表 1.26 要求完成电路主要元器件的识别与检测。

(2) 电路装接

根据单相桥式整流电容滤波电路原理图，选择所需要的元器件，按布线设计在万能板上完成电路的装接，电路安装工艺要求见表 1.27。将结果记录在表 1.28 中。

表 1.26　元器件识别与检测记录表

元器件名称	识读检测内容	识读检测结果
色环电阻	识读阻值	______Ω，误差 ±______%
	实测阻值	______Ω
电解电容	额定电压	______V
	标称容量	______μF
整流二极管	反向截止读数	______
	正向导通电压	______V
记录人：________　时间：______年____月____日		

表 1.27　电路安装工艺要求表

<table>
<tr><th>安装顺序</th><th>元器件符号</th><th>参数</th><th>数量</th><th>安装工艺要求</th><th>设备工具</th></tr>
<tr><td>1</td><td>R_L</td><td>10 kΩ（±1%）</td><td>1</td><td>按图（a）所示，水平卧式紧贴电路板安装</td><td rowspan="5">镊子、斜口钳、电烙铁等常用装接工具</td></tr>
<tr><td>2</td><td>VD</td><td>1N4007</td><td>4</td><td>按图（b）所示，水平卧式紧贴电路板安装，注意极性</td></tr>
<tr><td>3</td><td>C_1</td><td>1 000 μF</td><td>1</td><td>按图（c）所示，垂直紧贴电路板安装，注意正负极性</td></tr>
<tr><td>4</td><td>T1</td><td></td><td>1</td><td>按图（d）所示，垂直紧贴电路板摆放，拧上螺钉固定</td></tr>
<tr><td>5</td><td>S1</td><td>6 脚开关</td><td>1</td><td>按图（e）所示，垂直紧贴电路板安装，注意开关方向</td></tr>
<tr><td colspan="2">图样</td><td colspan="4">图(a)　图(b)　图(c)　图(d)　图(e)</td></tr>
<tr><td colspan="6">焊接工艺要求</td></tr>
<tr><td colspan="6">元器件按从小到大、从低到高顺序安装；焊点大小适中，无漏、假、虚、连焊，焊点光滑、圆润、干净、无毛刺；引脚加工尺寸及成形符合工艺要求；导线长度、剥线头长度符合工艺要求，芯线完好，捻头镀锡</td></tr>
</table>

表 1.28　电路装接记录表

序号	操作内容	完成情况
1	元器件按从小到大、从低到高顺序安装	□完成　□未完成
2	焊点大小适中、光滑、圆润、无毛刺，无漏、假、虚、连焊现象	□完成　□未完成
3	引脚加工尺寸及成形符合工艺要求	□完成　□未完成
4	导线长度、剥线头长度符合工艺要求，芯线完好，捻头镀锡	□完成　□未完成
检查人：________　时间：______年____月____日		

(3) 通电前检查

本电路电源使用变压器二次侧 7.5 V 交流电。开始通电前，按表 1.29 步骤，完成电路通电前检查，并记录结果。

表 1.29　电路通电前检查步骤记录表

序号	检查项目	检测结果记录
1	桌面、电路板面清理	□完成　□未完成
2	电源输入电压	输入电压______V；挡位：______量程：______ 红表笔：____________；黑表笔：__________ 测得的电压：_________V
3	电路板输入电阻	输入端______Ω；挡位：______量程：______ 红表笔：____________；黑表笔：________ 测得的电阻：_________Ω
记录人：_________　时间：_____年____月____日		

(4) 电路电压与电流测试

通电前检测各项都正常后，在电源输入端接入 7.5 V 交流电源，通电时注意安全用电规范。按表 1.30 逐项完成电路电压与电流的测试，并将结果记录在表中。

表 1.30　电路电压与电流测试结果记录表

序号	检查项目	单相桥式整流电路（开关 S1 断开）	单相桥式整流电容滤波电路（开关 S1 闭合）
1	二次电压 U_2	量程：_______挡位：_______ 红表笔：_____黑表笔：_____ 测得的电压：_______V	量程：_______挡位：_______ 红表笔：_____黑表笔：_____ 测得的电压：_______V
2	R_L 两端电压	量程：_______挡位：_______ 红表笔：_____黑表笔：_____ 测得的电压：_______V	量程：_______挡位：_______ 红表笔：_____黑表笔：_____ 测得的电压：_______V
3	电路总电流	量程：_______挡位：_______ 红表笔：_____黑表笔：_____ 测得的电流：_______A	量程：_______挡位：_______ 红表笔：_____黑表笔：_____ 测得的电流：_______A
记录人：_________　时间：_____年____月____日			

(5) 电压波形测试

① 单相桥式整流电路。断开开关 S1，用示波器同时测量变压器二次电压 u_2 和负载电阻两端电压 u_L 的波形，将测得的波形和波形参数记录在表 1.31 中。

② 单相桥式整流电容滤波电路。闭合开关 S1，用示波器同时测量变压器二次电压 u_2' 和负载电阻两端的电压 U_L' 的波形，将测得的波形和波形参数记录在表 1.32 中。

表 1.31　u_2 和 u_L 波形记录表

示波器波形	u_2	u_L
	峰－峰值________	峰－峰值________
	有效值________	有效值________
	周　期________	周　期________
	频　率________	频　率________
	X 轴挡位 ________	X 轴挡位 ________
	Y 轴挡位________	Y 轴挡位________
记录人：__________	时间：______年____月____日	

表 1.32　u_2' 和 U_L' 波形记录表

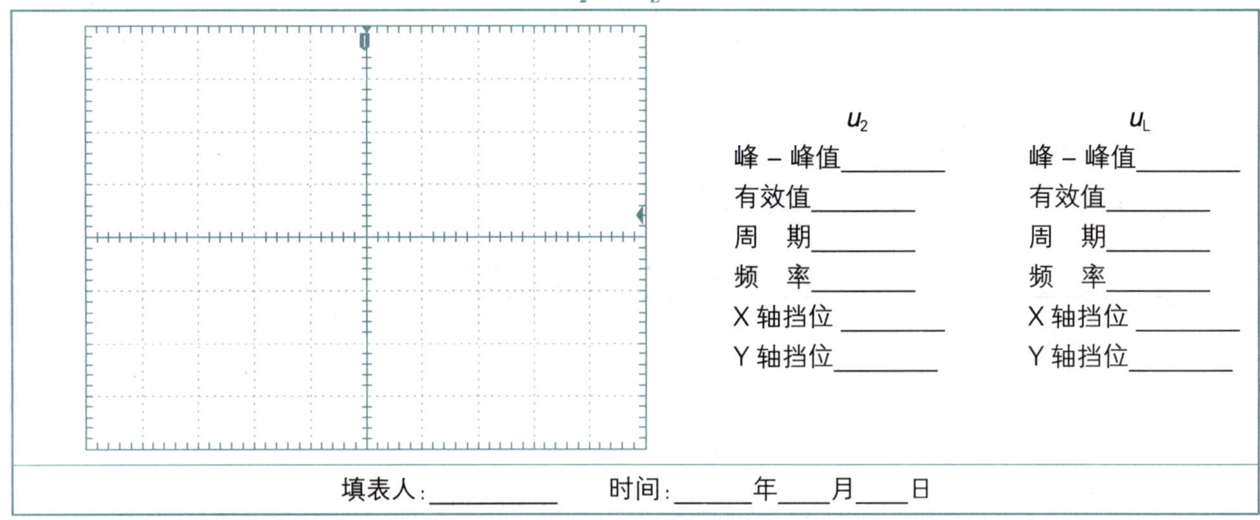

示波器波形	u_2	u_L
	峰－峰值________	峰－峰值________
	有效值________	有效值________
	周　期________	周　期________
	频　率________	频　率________
	X 轴挡位 ________	X 轴挡位 ________
	Y 轴挡位________	Y 轴挡位________
填表人：__________	时间：______年____月____日	

（6）常见故障分析

根据电路的调试和测试结果，分析出现下列电路故障的原因：

① 在单相桥式整流电容滤波电路中，若测得 $U_L=U_2$，可能是什么原因？

____

② 若测得负载电阻上的电压波形是脉动的直流电，可能是什么原因？

____

任务总结

1. 任务评价

请在表 1.33 中完成各环节的评分。

表 1.33　单相桥式整流电容滤波电路装调与测试任务评价表

评分内容		配分	评分说明	得分
职业素养（10 分）	安全意识	5 分	符合用电安全操作规范，出现不符合安全操作的行为，每项扣 1 分，扣完为止	
	现场整理	5 分	出现未整理现场、仪器仪表及工具摆放杂乱、不遵守纪律等现象，每项扣 1 分，扣完为止	
任务准备（10 分）	布线图设计	10 分	元器件摆放横平竖直，各元器件间距合适，元器件符号用铅笔画，各元器件封装按照规定尺寸，连线用蓝色水笔画，焊点用实心黑点涂黑，不符合要求每项扣 1 分，扣完为止	
仿真调试（10 分）	仿真电路绘制	5 分	按原理图正确绘制仿真图，接入交流信号正确，变压器变比设置正确。以上不合格每项扣 2 分，扣完为止	
	电路参数测试	5 分	各项参数测试，每错 1 处扣 1 分，扣完为止	
电路装调（35 分）	元器件识读与检测	5 分	每错 1 空扣 1 分	
	电路装接	10 分	元器件选择错误、极性装错等，每处扣 1 分，扣完为止	
	安装工艺	10 分	元器件安装工艺、焊点、引脚成形及引线等不符合工艺标准，每处扣 1 分，扣完为止	
	电路功能	10 分	电路功能正常得 10 分，否则 0 分	
测量分析（35 分）	通电前检查	5 分	每错 1 处扣 1 分，扣完为止	
	电路电压与电流测试	10 分	每错 1 处扣 1 分，扣完为止	
	电路波形测试	10 分	每错 1 处扣 1 分，扣完为止	
	电路故障分析	10 分	每题 5 分，扣完为止	
总得分				

2. 学习小结

本任务通过软件仿真虚拟验证和实物电路的装调与测试两种方法，验证了电路的功能和理论分析结论，结合仿真结果和实物电路参数测量结果，梳理电路输出与输入电压、电流的关系。

本任务的技能训练有单相桥式整流电容滤波电路的元器件识别与检测、电路布线设计、按工艺规范在万能板上装接电路，以及电路电压与电流的测试。

小结本次实训过程和知识要点，记录问题、收获和反思。

任务拓展

1. 单相桥式整流电容滤波电路中，若有一个整流二极管断开，电路变成了什么电路，输出电压 U_L 和二次电压 U_2 关系如何？

____

2. 单相桥式整流电容滤波电路中，若滤波电容断开，电路变成了什么电路，输出电压 U_L 和二次电压 U_2 关系如何？

____

3. 除了电容滤波电路，还有电感滤波电路，请你根据所学电路基础知识，简要分析电感滤波与电容滤波的异同。

____

项目 2　小信号放大电路装调与测试

项目目标

◇ 认识三极管基本放大电路和分压式偏置放大电路的组成，能区分不同类型的放大电路。

◇ 会分析三极管基本放大电路和分压式偏置放大电路的工作原理。

◇ 会用软件仿真三极管基本放大电路和分压式偏置放大电路功能，并测试电路的主要参数。

◇ 能在万能板上完成三极管基本放大电路和分压式偏置放大电路的装接与调试。

◇ 会测试三极管基本放大电路和分压式偏置放大电路的主要参数。

◇ 能综合分析理论结果、仿真结果和实物电路测试结果。

◇ 养成规范操作、安全文明生产的职业素养，传承精益求精的工匠精神。

项目描述

小信号放大电路，又称放大器，广泛应用于各种电子设备中，小到音箱、收音机，大到卫星、火箭。它不仅使人们的日常生活更加丰富多彩，而且对经济、国防等做出了不可磨灭的贡献。图 2.1、图 2.2 所示是无线麦克风电路板和功放控制电路板，方框中的电路就是小信号放大电路。

图 2.1　无线麦克风电路板

图 2.2　功放控制电路板

本项目以三极管基本放大电路和分压式偏置放大电路为例，完成放大电路的虚拟仿真及仿真参数测试，万能板电路的布线设计、电路装接及电路参数和波形的测量。

项目结构

小信号放大电路装调与测试思维导图如图 2.3 所示。

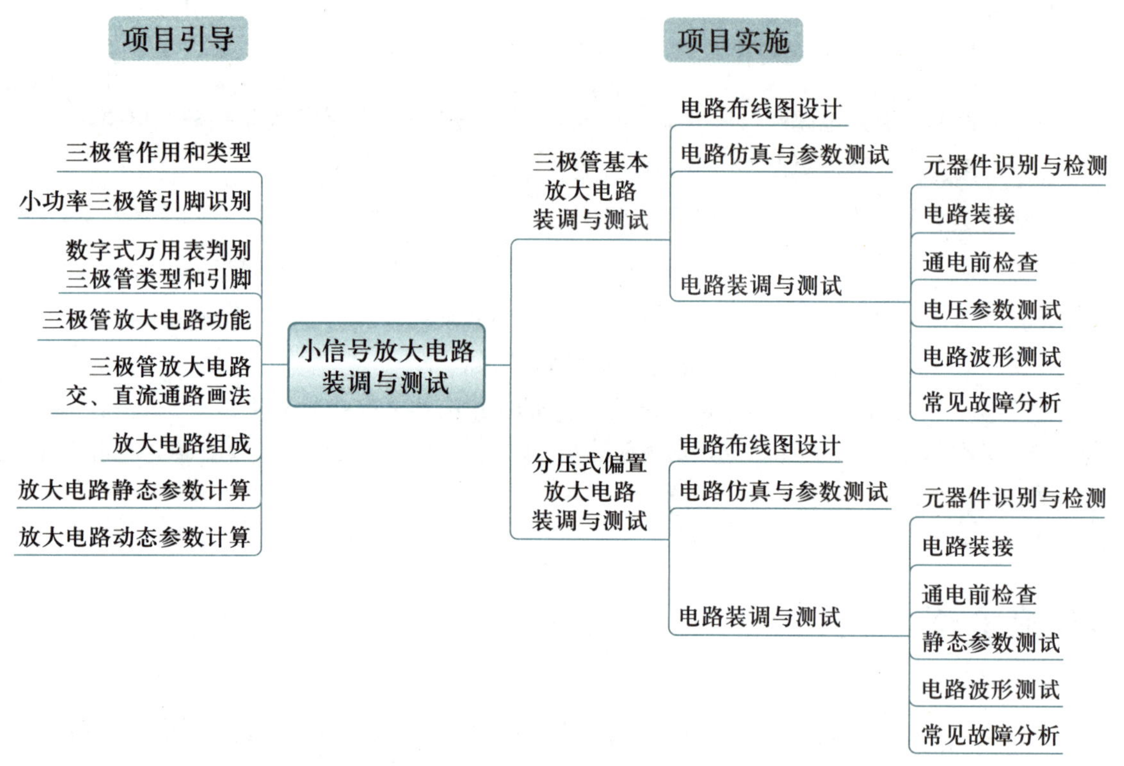

图 2.3　小信号放大电路装调与测试思维导图

项目引导

问题 1　三极管在电子电路中的作用是什么？三极管有哪两种类型？

晶体三极管简称三极管，是一种利用输入电流控制输出电流的________控制型器件，它是由____个 PN 结构成的带____个电极的半导体器件，在电路中主要作为____和____元件使用。

三极管有 PNP 和 NPN 两种类型，如图 2.4 所示，其中图____为 NPN 型三极管，图____为 PNP 型三极管。

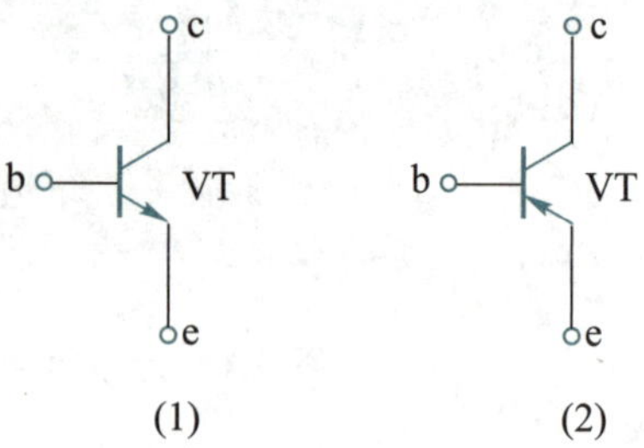

c　b　VT　e　(1)　c　b　VT　e　(2)

图 2.4　三极管符号

问题 2　**如何识别小功率三极管的引脚？**

常用三极管的封装形式有金属封装和塑料封装两大类，引脚的排列方式也有所不同。

(1) 对于金属封装小功率三极管，按图 2.5 所示位置放置，3 个引脚呈等腰三角形排列，1 脚(顶点)是______极，2 脚(管帽边沿凸出的一边)为__________极，3 脚为__________极。

(2) 对于塑料封装小功率三极管，按图 2.6 所示使其平面朝向自己，3 个引脚朝下放置，则从左到右依次为________极、________极和________极。

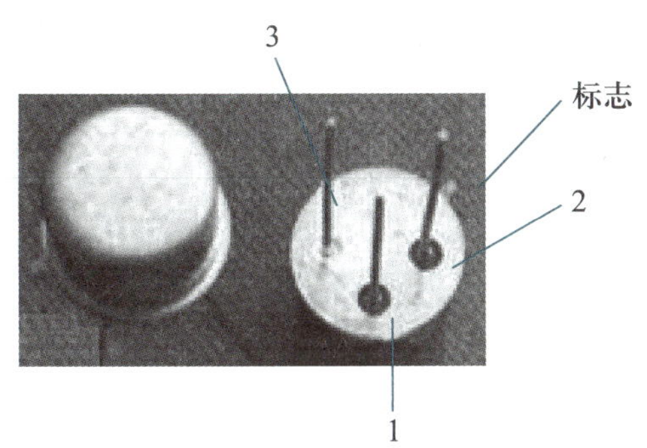

图 2.5　小功率金属封装三极管引脚识别

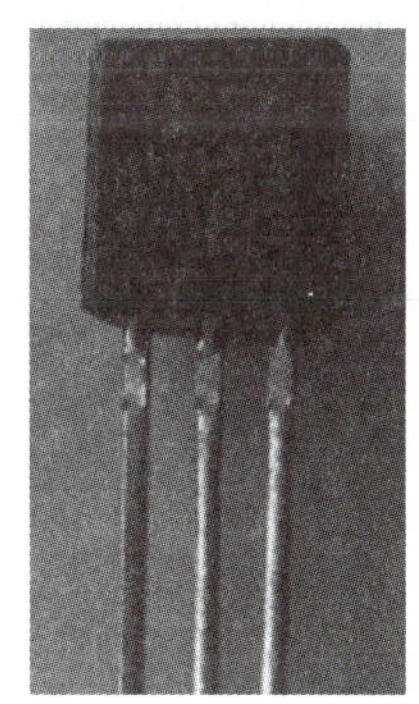

图 2.6　小功率塑料封装三极管引脚识别

问题 3　**如何用万用表判别三极管的类型和引脚？**

三极管的类型和引脚也可以用数字式万用表判别，先要找到三极管的______极，判别三极管类型，再利用 h_{FE} 挡来判别另外两个引脚。

(1) 判别三极管类型

使用数字式万用表的____________挡，红表笔接任意一个引脚，黑表笔分别接另外两个引脚，读取显示数值；如果两个数值正常显示且大小差不多，则______表笔所接引脚为基极；如果显示读数都为 1，则使用黑表笔接任意一个引脚，红表笔依次接另外两个引脚，读取显示数值，如果两次读数正常且大小差不多，则____表笔所接引脚为基极。根据检测结果，红表笔所接引脚为基极的是______型，黑表笔所接引脚为基极的是______型。

(2) 判别三极管引脚

将万用表拨至____挡，将已判别出类型和基极的三极管插入孔中，基极对应 B 孔，如图 2.7 所示。正反插两次并读数，读数大的为三极管 β 值。此时，根据另外两个引脚对应的字母就可以知道三极管的集电极和发射极。

图 2.7　使用万用表判别三极管引脚

问题 4　**三极管放大电路的功能是什么？**

三极管放大电路的功能是利用三极管的________作用，把微弱的电信号(电压、电流)进行有限的放大得到所需要的信号,实现将直流电源的能量部分转化为输出信号的能量,其实质是用________去控制________转换的能量转换装置。常见的三极管放大电路有__________放大电路、__________放大电路和__________放大电路 3 种基本组态。

问题 5　什么是直流通路?什么是交流通路?绘制三极管放大电路直流通路和交流通路的基本原则是什么?

直流通路是指放大电路在__________时,在直流电源 U_{CC} 作用下________所流通的路径。它用于研究电路的______________等问题。

交流通路是指在__________的作用下,__________流通的路径。它用于研究放大电路的________及____________。

画直流通路的原则为:__________视为开路,__________视为短路。

画交流通路的原则为:__________视为短路,__________视为开路。

问题 6　三极管基本放大电路由哪几部分组成?分压式偏置放大电路由哪几部分构成?

图 2.8 所示为三极管基本放大电路,它由三极管____、基极电阻____、集电极电阻____、耦合电容______和负载____构成。

图 2.9 所示为分压式偏置放大电路,它由三极管________、基极上偏置电阻______、基极下偏置电阻______、集电极电阻______、发射极电阻______、耦合电容____________、旁路电容________和负载____构成。

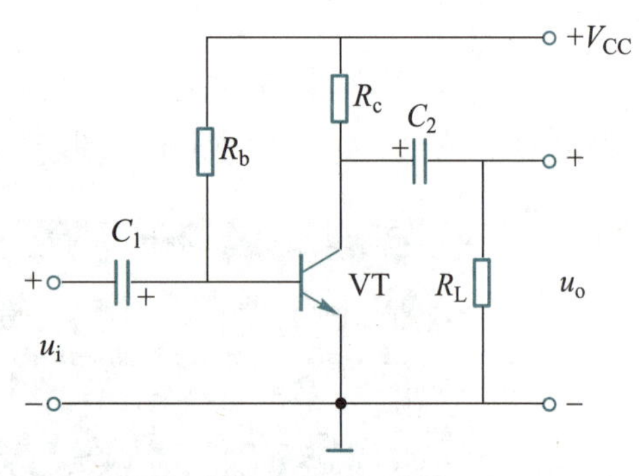

图 2.8　三极管基本放大电路

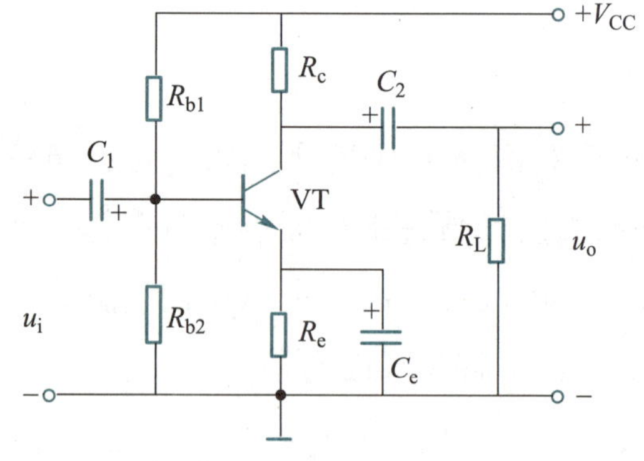

图 2.9　分压式偏置放大电路

职业视野

放大电路能够将一个微弱的交流小信号(叠加在直流工作点上),通过一个装置(核心为三极管、场效晶体管),得到一个波形相似(不失真),但幅值却大很多的交流大信号的输出。

放大电路输入信号微小的一点失真,输出信号就会造成很大的失真,即“失之毫厘,谬之千里”。不论是生活还是工作,我们都要以精益求精的工匠精神,认真、规范地做好每一件事。

问题 7　**三极管基本放大电路与分压式偏置放大电路的静态参数如何计算?**

请将三极管基本放大电路与分压式偏置放大电路静态参数的计算公式填入表 2.1。

表 2.1　三极管基本放大电路与分压式偏置放大电路静态参数比较表

电路	三极管基本放大电路	分压式偏置放大电路
静态参数计算公式		

问题 8　**三极管基本放大电路与分压式偏置放大电路的动态参数如何计算?**

请将三极管基本放大电路与分压式偏置放大电路的动态参数计算公式填入表 2.2。

表 2.2　三极管基本放大电路与分压式偏置放大电路动态参数比较表

电路	三极管基本放大电路	分压式偏置放大电路
动态参数计算公式		

项目实施

任务 1　三极管基本放大电路装调与测试

任务目标

◇ 会分析三极管基本放大电路的工作原理。

◇ 会用 Multisim 软件仿真三极管基本放大电路功能,并测试电路的主要参数。

◇ 能按工艺要求在万能板上规范完成三极管基本放大电路装接与调试。

◇ 会用万用表和示波器测试三极管基本放大电路的主要参数。

任务描述

三极管基本放大电路常用于把微弱的电信号放大成较强的电信号。三极管基本放大电路原理图如图 2.8 所示，实物电路板如图 2.10 所示。本任务要求完成以下内容：

① 按布线规范和工艺要求，在布线练习区完成三极管基本放大电路布线设计。

② 在 Multisim 软件中，完成三极管基本放大电路的绘制，完成电路静态工作点和放大前后信号波形的测试。

③ 按布线图设计和安装工艺要求，在万能板上完成电路的装接；装接好的电路接通 6 V 直流电源调试；用万用表测量电源电压、电路输入电阻、三极管集电极电流 I_C、集电极 - 发射极电压 U_{CE}。

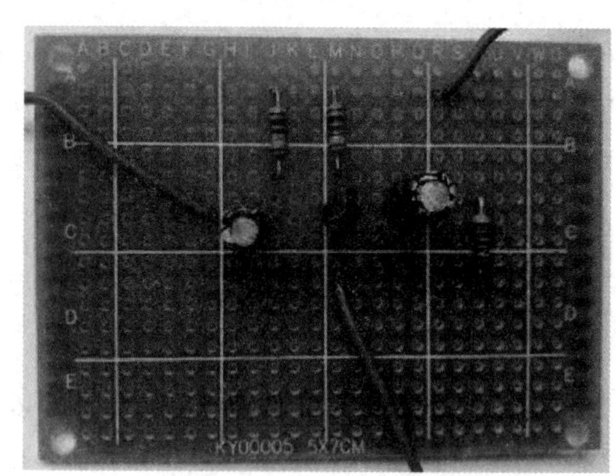

图 2.10 三极管基本放大电路实物电路板

④ 给三极管基本放大电路 u_i 接入 3 mV、50 Hz 的正弦波信号，用示波器测 u_i 和 u_o 的波形。

任务准备

1. 职业素养养成

(1) 安全防护准备

穿好防静电服和绝缘鞋，戴好防静电手环。

(2) 工具仪表准备

电烙铁、烙铁架、焊锡丝、斜口钳、镊子、高温海绵、螺丝刀、万用表、示波器等。

(3) 软件、电源、设备准备

检查 Multisim 软件是否能正常打开，检查 6 V 直流电输出是否正常，检查示波器 CH1、CH2 两路通道是否能正常测量波形。

将检查结果记录在表 2.3 中。

表 2.3 检查结果记录表

序号	检查内容	检查细目
1	安全防护准备	□防静电服 □绝缘鞋 □防静电手环
2	工具仪表准备	□工具 □仪表
3	软件、电源、设备准备	□软件正常 □电源正常 □设备正常
检查人:______ 时间:_____年____月____日		

2. 电路布线图设计

在图 2.11 所示的布线练习区中，完成三极管基本放大电路的布线图设计。电路部分元器件的实物封装参考表 2.4。

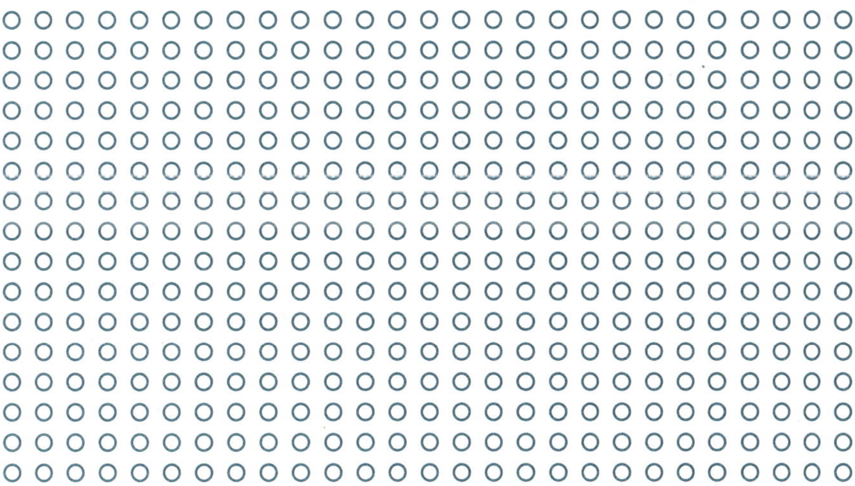

图 2.11 布线练习区

表 2.4 部分元器件实物对应封装表

序号	元器件名称	元器件实物	符号	封装
1	电解电容		C	占 2 个孔 C +
2	三极管		VT	占 3 个孔 VT

任务实施

1. 三极管基本放大电路仿真与测试

(1) 仿真电路绘制

打开 Multisim 软件，新建文件，命名为“三极管基本放大电路仿真图”并保存到指定文件夹。

根据图 2.8，在新建的“三极管基本放大电路仿真图”文件中完成该电路的绘制。仿真中的部分电路元器件图形符号和型号参数见表 2.5。三极管基本放大电路仿真电路图如图 2.12 所示。将过程记录在表 2.6 中。

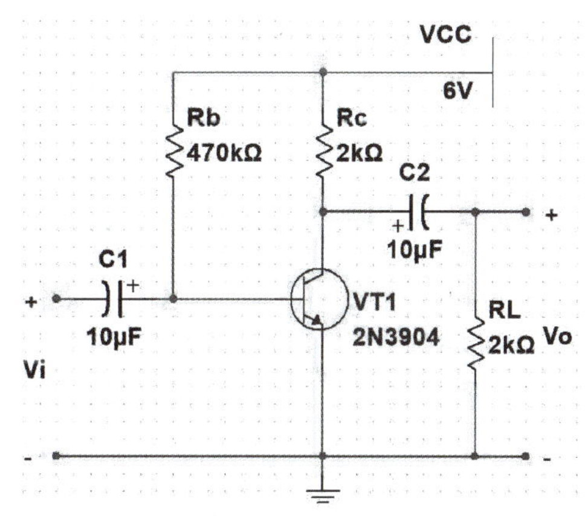

图 2.12 三极管基本放大电路仿真电路图

表 2.5 仿真中的部分电路元器件图形符号和型号对照表

序号	名称	电气图形符号	Multisim 元器件图形符号	Multisim 元器件型号 / 参数
1	电阻	R		见图 2.12
2	电容	C		见图 2.12
3	三极管	VT		2N3904

表 2.6 三极管基本放大电路仿真绘制记录表

序号	操作内容	完成情况
1	正确选取电阻、电容和三极管	□完成 □未完成
2	完成电路连线绘制	□完成 □未完成
3	正确接入电源，输入正弦交流信号 u_i	□完成 □未完成
4	将正弦交流信号 u_i 设置成“3 mV、50 Hz”	□完成 □未完成
记录人：________ 时间：____年___月___日		

(2) 电路参数测试

① 三极管基本放大电路静态工作点的测试

将 Multisim 软件中的万用表按图 2.13 所示连接在电路中，使用万用表 XMM1 测量三极管基极电流 I_{BQ}、XMM2 测量三极管集电极电流 I_{CQ}、XMM3 测量三极管集电极 – 发射极电压 U_{CEQ}，将测量结果记录在表 2.7 中。

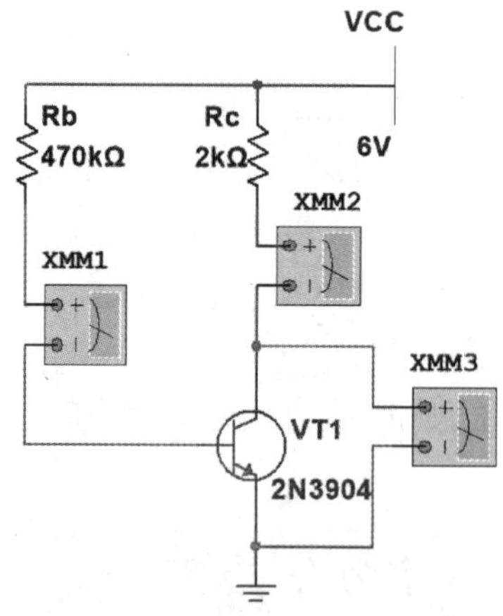

图 2.13 使用万用表测量三极管基本放大电路静态工作点连接示意图

表 2.7 三极管基本放大电路电压、电流测试记录表

万用表	测量项目	测量结果
XMM1	三极管基极电流 I_{BQ}	
XMM2	三极管集电极电流 I_{CQ}	
XMM3	三极管集电极 – 发射极电压 U_{CEQ}	

分析仿真测量结果，得出三极管基本放大电路中 I_{BQ}、I_{CQ} 和 U_{CEQ} 的关系为：

I_{BQ} 与 I_{CQ} 的关系为____________________________________。

U_{CEQ} 与 I_{CQ} 的关系为____________________________________。

② 三极管基本放大电路信号放大前后的测试

在电路输入端 u_i 输入“3 mV、50 Hz”的正弦交流信号，将 Multisim 软件中的双踪示波器按图 2.14 所示连接在电路中，测量三极管基本放大电路输入信号 u_i 和放大后的输出信号 u_o 波形，记录在表 2.8 中。

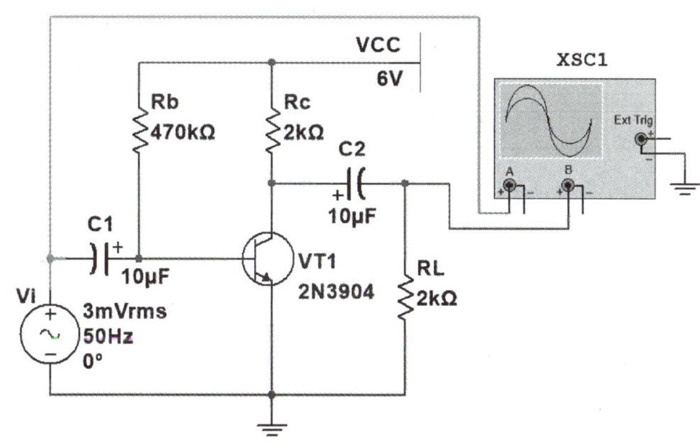

图 2.14　使用示波器测量输入信号 u_i 和输出信号 u_o 波形连接示意图

表 2.8　三极管基本放大电路输入信号 u_i 和输出信号 u_o 波形测试记录表

波形记录	周期	幅值
	时基挡位	幅值挡位
	峰值	频率

将测试过程记录在表 2.9 中。

表 2.9　三极管基本放大电路测试过程记录表

序号	操作内容	完成情况
1	将万用表正确接入测试点	□完成　□未完成
2	完成参数测试并记录在表中	□完成　□未完成
3	将示波器正确接入测试点	□完成　□未完成
4	完成波形测量并记录在表中	□完成　□未完成
记录人：________　时间：____年___月___日		

2. 三极管基本放大电路装调与测试

(1) 元器件识别与检测

三极管基本放大电路由三极管、电阻和电解电容 3 种元器件构成，请按表 2.10 要求完成电路主要元器件的识别与检测。

表 2.10　元器件识别与检测记录表

元器件名称	识读检测内容	识读检测结果
电解电容 C_2	标称容量	________μF
	额定工作电压	______V
三极管 VT	放大系数	________
	引脚顺序（有字一面对自己）	____、____、____
记录人：__________　　时间：______年____月____日		

(2) 电路装接

根据三极管基本放大电路原理图，从提供的元器件中选择所需要的元器件，按布线设计在万能板上完成电路的装接，电路安装工艺要求见表 2.11。安装完成后，将结果记录在表 2.12 中。

(3) 通电前检查

本电路电源使用 6 V 直流电。开始通电前，按表 2.13 的步骤，完成电路的通电前检查，并记录结果。

表 2.11　电路安装工艺要求表

安装顺序	元器件符号	参数	数量	安装工艺要求	设备工具
1	R_b	470 kΩ	1	按图（a）所示，水平卧式紧贴电路板安装	镊子、斜口钳、电烙铁等常用装接工具
	R_L、R_c	2 kΩ	2		
2	VT	9013	1	按图（b）所示，引脚留 3~5 mm 高度，垂直电路板安装，注意区分引脚极性	
3	C_1、C_2	10 μF	2	按图（c）所示，垂直紧贴电路板安装，注意引脚极性	
图样	图(a)　图(b)　图(c)				
焊接工艺要求					
元器件按从小到大、从低到高顺序安装；焊点大小适中，无漏、假、虚、连焊，焊点光滑、圆润、干净、无毛刺；引脚加工尺寸及成形符合工艺要求；导线长度、剥线头长度符合工艺要求，芯线完好，捻头镀锡					

表 2.12　电路装接记录表

序号	操作内容	完成情况
1	元器件按从小到大、从低到高顺序安装	□完成　□未完成
2	焊点大小适中、光滑、圆润、无毛刺，无漏、假、虚、连焊现象	□完成　□未完成
3	引脚加工尺寸及成形符合工艺要求	□完成　□未完成
4	导线长度、剥线头长度符合工艺要求，芯线完好，捻头镀锡	□完成　□未完成
记录人：________　时间：____年___月___日		

表 2.13　电路通电前检查步骤记录表

序号	检查项目	检测结果记录
1	桌面、电路板面清理	□完成　□未完成
2	电源输入电压	输入电压：_____V；挡位：_______　量程：_______ 红表笔：________　黑表笔：________ 测得的电压：_____V
3	电路板输入电阻	输入端电阻：_____Ω；挡位：_______　量程：_______ 红表笔：________　黑表笔：________ 测得的电阻：_____Ω
记录人：________　时间：____年___月___日		

(4) 电路参数测试

通电前检测各项都正常后，在电源输入端接入 6 V 直流电源，通电时注意安全用电规范。按表 2.14 逐项完成电路静态参数的测试，并将结果记录在表中。

表 2.14　电路静态参数测试记录表

序号	检查项目	检测结果记录
1	R_b 两端电压	量程：__________挡位：__________ 红表笔：________黑表笔：__________ 测得的电压：________V 计算得 I_{BQ}：________mA
2	R_c 两端电压	量程：__________挡位：__________ 红表笔：________黑表笔：__________ 测得的电压：________V 计算得 I_{CQ}：__________mA
3	三极管集电极－发射极电压 U_{CEQ}	量程：__________挡位：__________ 红表笔：________黑表笔：__________ 测得的电压：__________V
记录人：________　时间：____年___月___日		

(5) 电路波形测试

使用示波器同时测量三极管基本放大电路输入信号 u_i 和放大后的输出信号 u_o 波形，将测得的波形和参数记录在表 2.15 中。

表 2.15　三极管基本放大电路 u_i 和 u_o 波形测试记录表

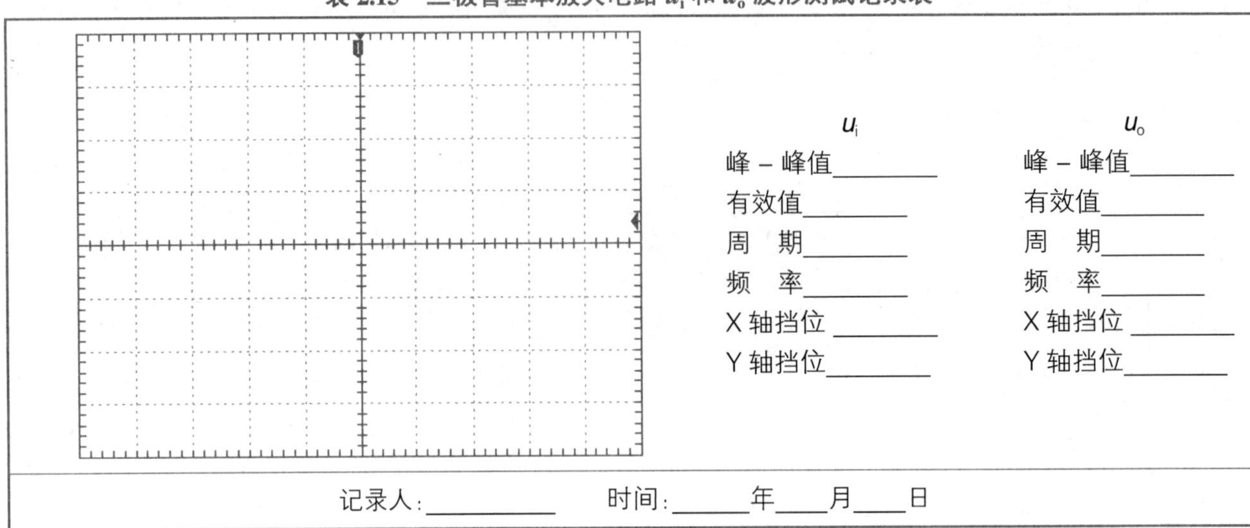

u_i	u_o
峰－峰值________	峰－峰值________
有效值________	有效值________
周　期________	周　期________
频　率________	频　率________
X 轴挡位 ________	X 轴挡位 ________
Y 轴挡位________	Y 轴挡位________

记录人：__________　　时间：______年____月____日

(6) 常见故障分析

根据电路的调试和测试结果，分析出现下列电路故障的原因：

① 若电路有输入信号，却没有输出信号，可能是什么原因造成的？

____

② 若测得三极管 U_{CEQ} 一直为 0，可能是什么故障？

____

任务总结

1. 任务评价

请在表 2.16 中完成各环节的评分。

表 2.16　三极管基本放大电路装调与测试任务评价表

评分内容		配分	评分说明	得分
职业素养（10 分）	安全意识	5 分	符合用电安全操作规范，出现不符合安全操作的行为，每项扣 1 分，扣完为止	
	现场整理	5 分	出现未整理现场、仪器仪表及工具摆放杂乱、不遵守纪律等现象，每项扣 1 分，扣完为止	
任务准备（10 分）	布线图设计	10 分	元器件摆放横平竖直，各元器件之间间距合适，元器件符号用铅笔画，各元器件封装按照规定尺寸，连线用蓝色水笔画，焊点用实心黑点涂黑，不符合要求每项扣 1 分，扣完为止	

续表

评分内容		配分	评分说明	得分
仿真调试（10 分）	仿真电路绘制	5 分	按原理图正确绘制仿真图，电源电压正确，输入信号接入正确。以上不合格每项扣 2 分，扣完为止	
	电路参数测试	5 分	各项参数测试，每错 1 处扣 1 分，扣完为止	
电路装调（35 分）	元器件识读与检测	5 分	每错 1 空扣 1 分	
	电路装接	10 分	元器件选择错误、极性装错等，每处扣 1 分，扣完为止	
	安装工艺	10 分	元器件安装工艺、焊点、引脚成形及引线等不符合工艺标准，每处扣 1 分，扣完为止	
	电路功能	10 分	电路功能正常得 10 分，否则 0 分	
测量分析（35 分）	通电前检查	5 分	每错 1 处扣 1 分，扣完为止	
	电路参数测试	10 分	每错 1 处扣 1 分，扣完为止	
	电路波形测试	10 分	每错 1 处扣 1 分，扣完为止	
	电路故障分析	10 分	每题 5 分，扣完为止	
总得分				

2. 学习小结

本任务通过软件仿真虚拟验证、实物电路的装调与测试两种方法，验证了电路的功能和理论分析结论，结合仿真结果和实物电路参数测量结果，梳理电路的工作原理、静态工作点之间的关系、u_o 和 u_i 波形的关系。

小结本次实训过程，记录问题、收获和反思。

任务拓展

1. 三极管基本放大电路中，若基极偏置电阻和集电极电阻互换，电路还能正常工作吗？若不能，会出现什么问题？

2. 若将电路中的电阻 R_b 更换成电位器，动态测试时调节电位器，用示波器观察输出波形变化，R_b 变化会引起输出波形 u_o 什么样的变化？ u_o 波形失真是什么原因造成的？

____

____

任务 2　分压式偏置放大电路装调与测试

任务目标

◇ 会分析分压式偏置放大电路的工作原理。

◇ 会用 Multisim 软件仿真分压式偏置放大电路功能，并测试电路的主要参数。

◇ 能按工艺要求在万能板上规范完成分压式偏置放大电路装接与调试。

◇ 会用万用表和示波器测试分压式偏置放大电路的主要参数。

任务描述

分压式偏置放大电路原理图如图 2.9 所示，实物电路板如图 2.15 所示。本任务要求完成以下内容：

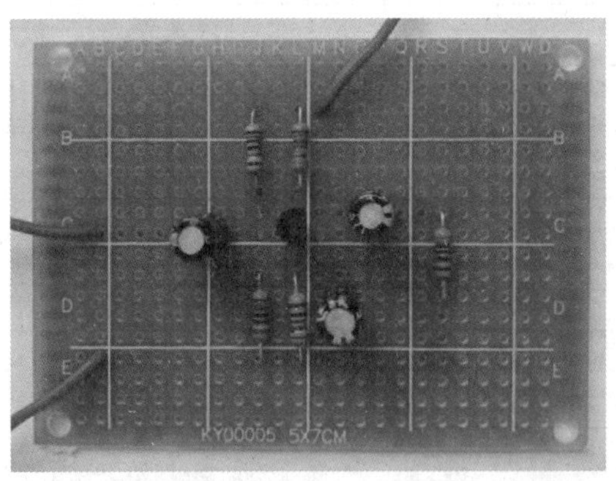

图 2.15　分压式偏置放大电路实物电路板

① 按布线规范和工艺要求，在布线练习区完成分压式偏置放大电路布线设计。

② 在 Multisim 软件中，完成分压式偏置放大电路的绘制；并完成电路静态工作点和放大前后信号波形的测试。

③ 按布线图设计和安装工艺要求在万能板上完成电路的装接，装接好的电路接上 12 V 直流电源调试，用万用表测量电源电压、电路输入电阻、三极管基极电位 V_{BQ}、集电极 - 发射极电压 U_{CE}。

④ 给分压式偏置放大电路 u_i 接入“3 mV、50 Hz”的正弦波信号，用示波器测 u_i 和 u_o 的波形。

任务准备

1. 职业素养养成

(1) 安全防护准备

穿好防静电服和绝缘鞋，戴好防静电手环。

(2) 工具仪表准备

电烙铁、烙铁架、焊锡丝、斜口钳、镊子、高温海绵、螺丝刀、万用表、示波器等。

(3) 软件、电源、设备准备

检查 Multisim 软件是否能正常打开，检查 12 V 直流电输出是否正常，检查示波器 CH1、CH2 两路通道是否能正常测量波形。

将检查结果记录在表 2.17 中。

表 2.17　检查结果记录表

序号	检查内容	检查细目
1	安全防护准备	□防静电服　□绝缘鞋　□防静电手环
2	工具仪表准备	□工具　□仪表
3	软件、电源、设备准备	□软件正常　□电源正常　□设备正常
检查人：__________　时间：______年____月____日		

2. 电路布线图设计

在图 2.16 所示的布线练习区中完成分压式偏置放大电路的布线图设计。

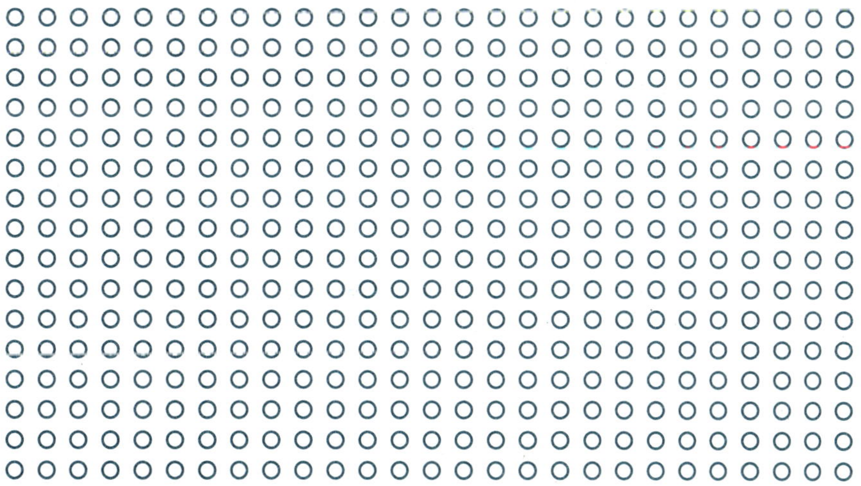

图 2.16　布线练习区

任务实施

1. 分压式偏置放大电路仿真与测试

(1) 仿真电路绘制

在 Multisim 中新建文件,命名为“分压式偏置放大电路仿真图”。在 Multisim 软件中完成图 2.17 所示分压式偏置放大电路仿真图的绘制。u_i 输入“3 mV、50 Hz”的正弦交流信号。将过程记录在表 2.18 中。

表 2.18　分压式偏置放大电路仿真绘制记录表

序号	操作内容	完成情况
1	正确选取电阻、电容和三极管	□完成　□未完成
2	完成电路连线绘制	□完成　□未完成
3	正确接入电源和输入正弦交流信号 u_i	□完成　□未完成
4	将正弦交流信号 u_i 设置成“3 mV、50 Hz”	□完成　□未完成
记录人:______　时间:____年___月___日		

(2) 电路参数测试

① 分压式偏置放大电路静态参数的测试

将 Multisim 中的万用表按图 2.18 所示连接在电路中,各万用表测量的项目见表 2.19,将测量结果记录在该表中。

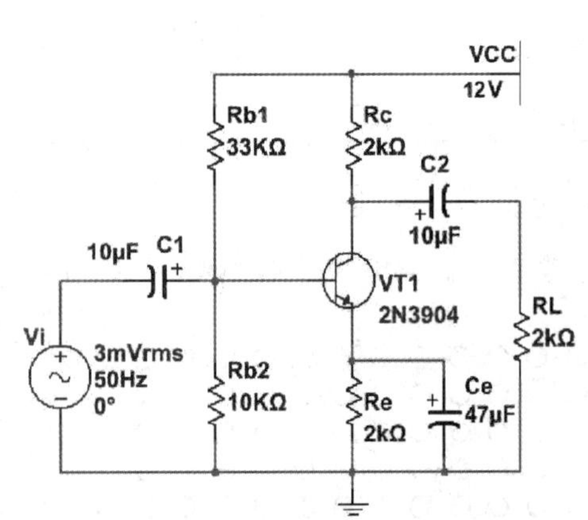

图 2.17　分压式偏置放大电路仿真图

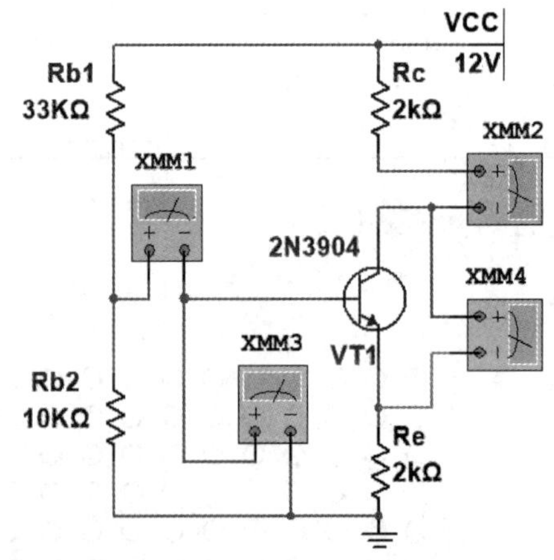

图 2.18　使用万用表测量分压式偏置放大电路静态参数连接示意图

表 2.19　分压式偏置放大电路电压、电流记录表

万用表	测量项目	测量结果
XMM1	三极管基极电流 I_{BQ}	
XMM2	三极管集电极电流 I_{CQ}	
XMM3	三极管基极电位 U_{BQ}	
XMM4	三极管集电极－发射极电压 U_{CEQ}	

分析仿真测量结果，得出分压式偏置放大电路中 V_{BQ}、I_{CQ}、I_{BQ} 和 U_{CEQ} 的关系为：

V_{BQ} 与 R_{b1}、R_{b2} 的关系为______________________________。

V_{BQ} 与 I_{CQ} 的关系为______________________________。

I_{BQ} 与 I_{CQ} 的关系为______________________________。

U_{CEQ} 与 I_{CQ} 的关系为______________________________。

② 分压式偏置放大电路信号放大前后的测试

将 Multisim 中的双踪示波器按图 2.19 所示连接在电路中，测分压式偏置放大电路输入信号 u_i 和放大后的输出信号 u_o 波形，分别记录在表 2.20 中。

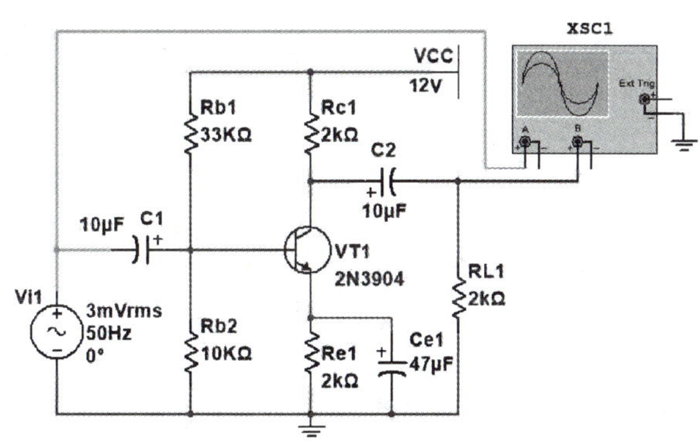

图 2.19 使用示波器测量输入信号 u_i 和输出信号 u_o 波形连接示意图

表 2.20 分压式偏置放大电路 u_i 和 u_o 波形测试记录表

波形记录	周期		幅值	
	时基挡位		幅值挡位	
	峰值		频率	

将测试过程记录在表 2.21 中。

表 2.21 分压式偏置放大电路测试过程记录表

序号	操作内容	完成情况
1	将万用表正确接入测试点	□完成 □未完成
2	完成参数测试并记录在表中	□完成 □未完成
3	将示波器正确接入测试点	□完成 □未完成
4	完成波形测试并记录在表中	□完成 □未完成
记录人：__________ 时间：______年____月____日		

2. 分压式偏置放大电路装调与测试

(1) 元器件识别与检测

分压式偏置放大电路由三极管、电阻和电解电容 3 种元器件构成，在装接电路板前请先完成主要元器件的识别与检测。

(2) 电路装接

根据分压式偏置放大电路原理图，选择所需要的元器件，按布线设计在万能板上完成电路的装接，电路安装工艺要求见表 2.22。完成后，将结果记录在表 2.23 中。

表 2.22　电路安装工艺要求表

安装顺序	元器件符号	参数	数量	安装工艺要求	设备工具
1	R_b	470 kΩ	1	按图(a)所示，水平卧式紧贴电路板安装	镊子、斜口钳、电烙铁等常用装接工具
	R_{b2}	10 kΩ	1		
	R_c、R_e、R_L、	2 kΩ	3		
2	VT	9013	1	按图(b)所示，引脚留 3~5 mm 高度，垂直电路板安装，注意区分引脚极性	
3	C_1、C_2	10 μF	1	按图(c)所示，垂直紧贴电路板安装，注意引脚极性	
	C_e	47 μF	1		
图样	图(a)　图(b)　图(c)				
焊接工艺要求					
元器件按从小到大、从低到高顺序安装；焊点大小适中，无漏、假、虚、连焊，焊点光滑、圆润、干净、无毛刺；引脚加工尺寸及成形符合工艺要求；导线长度、剥线头长度符合工艺要求，芯线完好，捻头镀锡					

表 2.23　电路装接记录表

序号	操作内容	完成情况
1	元器件按从小到大、从低到高顺序安装	□完成　□未完成
2	焊点大小适中、光滑、圆润、无毛刺，无漏、假、虚、连焊现象	□完成　□未完成
3	引脚加工尺寸及成形符合工艺要求	□完成　□未完成
4	导线长度、剥线头长度符合工艺要求，芯线完好，捻头镀锡	□完成　□未完成
记录人：＿＿＿＿＿　时间：＿＿＿年＿＿月＿＿日		

(3) 通电前检查

本电路电源使用 12 V 直流电。开始通电前，按表 2.24 的步骤完成电路的通电前检查，并记录结果。

表 2.24　电路通电前检查步骤记录表

序号	检查项目	检测结果记录
1	桌面、电路板面清理	□完成　□未完成
2	电源输入电压	输入电压：____V；挡位：________量程：________ 红表笔：__________黑表笔：____________ 测得的电压：________V
3	电路板输入电阻	输入端电阻：____Ω；挡位：________量程：________ 红表笔：__________黑表笔：____________ 测得的电阻：________Ω
记录人：__________　时间：______年____月____日		

(4) 电压参数测试

通电前检测各项都正常后，在电源输入端接入 12 V 直流电源，通电时注意安全用电规范。按表 2.25 逐项完成电路静态参数的测试，并将结果记录在表中。

表 2.25　电路静态参数测试结果记录表

序号	检查项目	检测结果记录
1	三极管基极电位 V_{BQ}	量程：__________挡位：__________ 红表笔：________黑表笔：__________ 测得的电位：________V 计算得 I_{CQ}：________mA
2	三极管集电极－发射极电压 U_{CEQ}	量程：__________挡位：__________ 红表笔：________黑表笔：__________ 测得的电压：________V
记录人：__________　时间：______年____月____日		

(5) 电路波形测试

用示波器同时测量分压式偏置放大电路输入信号 u_i 和放大后的输出信号 u_o 波形，将测得的波形和参数记录在表 2.26 中。

表 2.26　分压式偏置放大电路 u_i 和 u_o 波形测试记录表

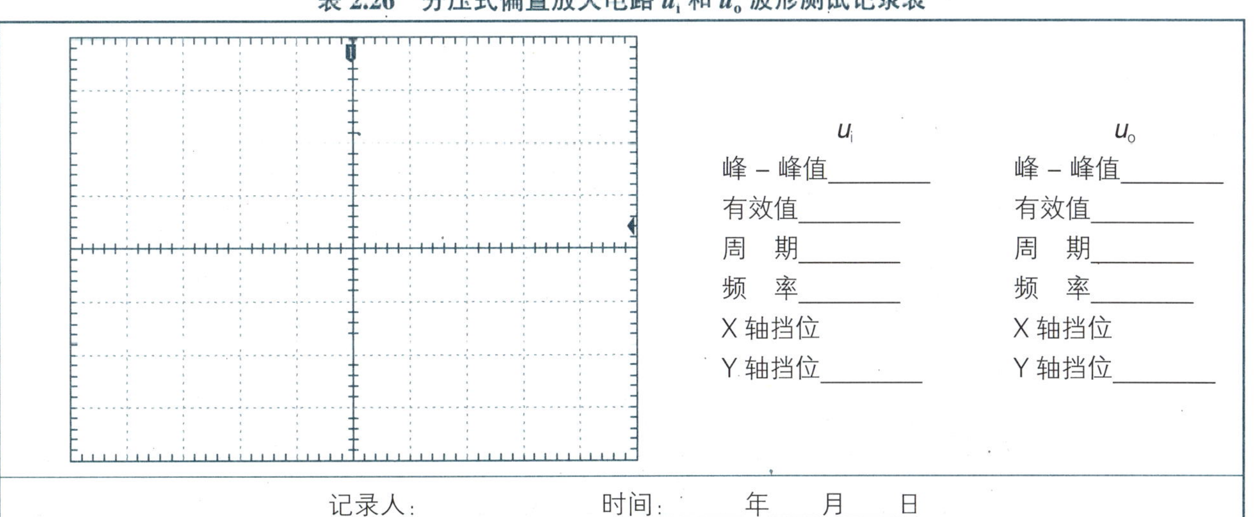

u_i	u_o
峰－峰值________	峰－峰值________
有效值________	有效值________
周　期________	周　期________
频　率________	频　率________
X 轴挡位	X 轴挡位
Y 轴挡位________	Y 轴挡位________

记录人：__________　时间：______年____月____日

(6) 常见故障分析

根据电路的调试和测试结果,分析出现下列电路故障的原因:

① 若用万用表测得三极管基极电位为0,可能是什么原因造成的?

____

② 若示波器测得输入波形正常,却无输出波形,可能是什么故障?

____

任务总结

1. 任务评价

请在表2.27中完成各环节的评分。

表2.27 分压式偏置放大电路装调与测试任务评价表

评分内容		配分	评分说明	得分
职业素养(10分)	安全意识	5分	符合用电安全操作规范,出现不符合安全操作的行为,每项扣1分,扣完为止	
	现场整理	5分	出现未整理现场、仪器仪表及工具摆放杂乱、不遵守纪律等现象,每项扣1分,扣完为止	
任务准备(10分)	布线图设计	10分	元器件摆放横平竖直,各元器件间距合适,元器件符号用铅笔画,各元器件封装按照规定尺寸,连线用蓝色水笔画,焊点用实心黑点涂黑,不符合要求每项扣1分,扣完为止	
仿真调试(10分)	仿真电路绘制	5分	按原理图正确绘制仿真图,电源电压正确,输入信号接入正确。以上不合格每项扣2分,扣完为止	
	电路参数测试	5分	各项参数测试,每错1处扣1分,扣完为止	
电路装调(35分)	元器件识读与检测	5分	每错1空扣1分	
	电路装接	10分	元器件选择错误、极性装错等,每处扣1分,扣完为止	
	安装工艺	10分	元器件安装工艺、焊点、引脚成形及引线等不符合工艺标准,每处扣1分,扣完为止	
	电路功能	10分	电路功能正常得10分,否则0分	
测量分析(35分)	通电前检查	5分	每错1处扣1分,扣完为止	
	电路参数测试	10分	每错1处扣1分,扣完为止	
	电路波形测试	10分	每错1处扣1分,扣完为止	
	电路故障分析	10分	每题5分,扣完为止	
总得分				

2. 学习小结

本任务通过软件仿真虚拟验证、实物电路的装调与测试两种方法，验证了电路的功能和理论分析结论，结合仿真结果和实物电路参数测量结果，梳理电路的工作原理、静态工作点之间的关系和 u_o 和 u_i 波形的关系。

小结本次实训过程，记录问题、收获和反思。

任务拓展

1. 分压式偏置放大电路中，若测得输出波形顶部失真，是什么原因造成的？若测得输出波形底部失真，是什么原因造成的？分析这两种失真该如何消除。

2. 若将电路中的上偏置电阻和下偏置电阻位置互换，电路还能正常工作吗？若不能，请分析原因。

项目 3　集成运算放大电路装调与测试

项目目标

◇ 认识反相输入放大电路和减法运算电路的组成，能区分不同类型的集成运算放大电路。
◇ 会分析反相输入放大电路和减法运算电路的工作原理。
◇ 会用软件仿真反相输入放大电路和减法运算电路的功能，并测试电路的输入与输出电压。
◇ 能完成反相输入放大电路和减法运算电路的装接与调试。
◇ 会测试反相输入放大电路和减法运算电路的输入与输出电压。
◇ 能综合分析理论结果、仿真结果和实物电路测试结果。
◇ 养成规范操作、安全文明生产的职业素养，传承精益求精的工匠精神。

项目描述

在电子技术的各个领域都需要用放大电路对信号进行运算、处理和变换。随着科技发展，应用现代工艺把多级放大电路集成在半导体基片上形成的电子元器件称为集成放大电路。图 3.1 和图 3.2 所示就是常见的集成放大电路。

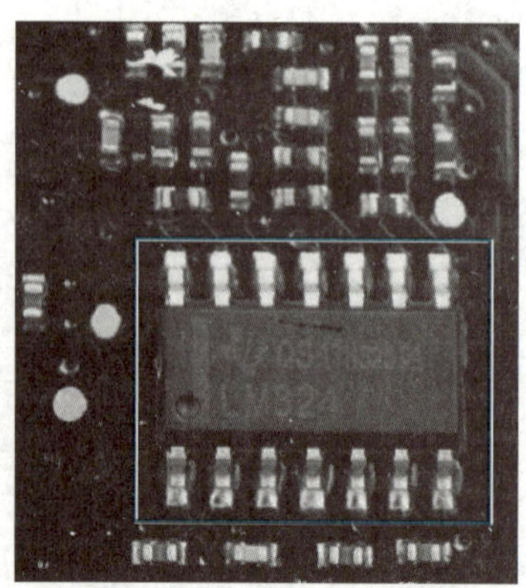

图 3.1　四路运算放大电路

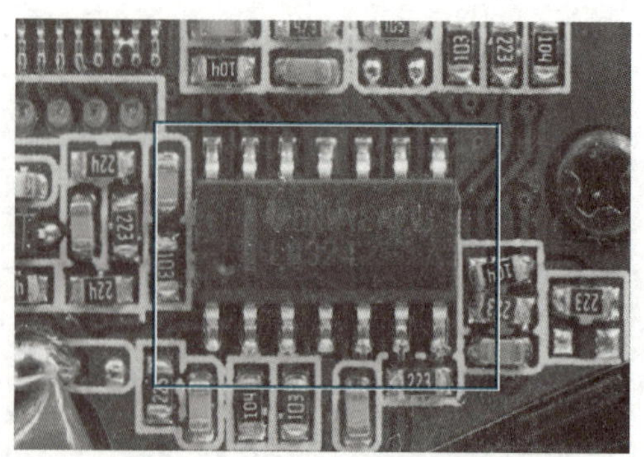

图 3.2　宽带放大电路

本项目以反相输入放大电路和减法运算电路为例，按要求完成集成运算放大电路的虚拟仿真及仿真参数测试，万能板电路的布线设计、电路装接及功能调试，并使用万用表和示波器完成相关数据测试。

项目结构

集成运算放大电路装调与测试思维导图如图 3.3 所示。

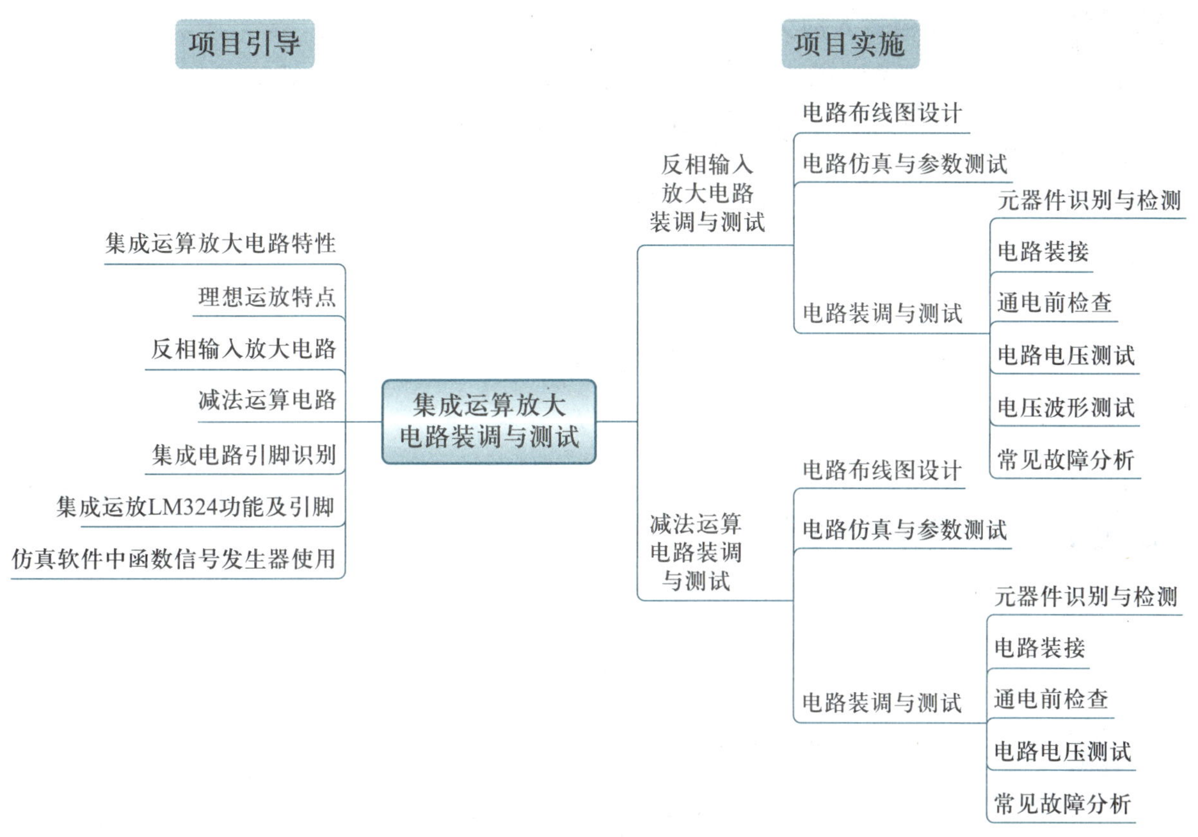

图 3.3　集成运算放大电路装调与测试思维导图

项目引导

问题 1　什么是集成运算放大电路？集成运算放大电路的理想特性有哪些？

集成运算放大电路，也称运算放大器，简称集成运放，是模拟集成电路中发展最早、应用最广的集成电路，最初用于模拟计算机中各种模拟信号的运算，故称为集成运算放大电路。集成运算放大电路由__________、__________、输出级以及偏置电路四部分组成。

在分析集成运放的各种实用电路时，为了简化分析，通常将集成运放的性能指标理想化。理想集成运放的特性有：差模开环电压增益__________，差模输入电阻__________，输出电阻______，共模抑制比______。

问题 2 工作在线性放大状态的理想运放有什么特点?

当理想集成运放工作在线性区时，具有两个重要特点：

(1) 理想运放两输入端电位______，即______，这种特性称为______特性。

(2) 理想运放输入电流等于______，即______，这种特性称为______特性。

问题 3 什么是反相输入放大电路?

反相输入放大电路如图 3.4 所示，输入电压 u_I 经______从集成运放的反相输入端加入，同相输入端经__________接地，在输出端和反相输入端之间接有______________。

电阻 R_1 为外接电阻，将输入电压信号转换成电流信号；电阻 R_f 为反馈电阻，将输出电压反馈到反相输入端；R_2 为平衡电阻，必须满足 R_2=______。

反相输入放大电路输出电压与输入电压的关系为：_______。输出电压与输入电压成_____关系，且相位______。

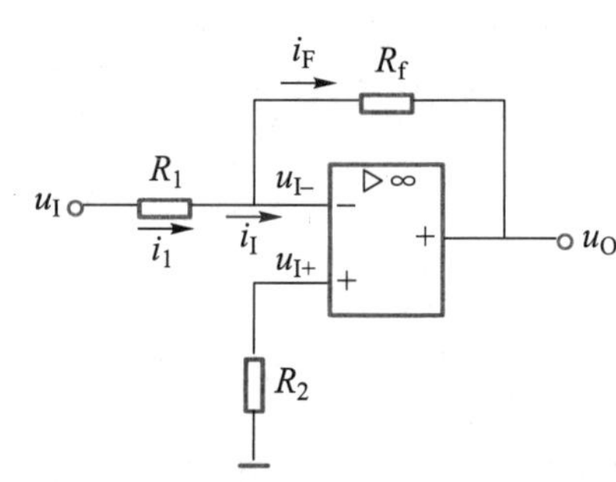

图 3.4 反相输入放大电路

问题 4 什么是减法运算电路?

图 3.5 所示称为________电路，这个电路能实现减法运算。

当 $R_1=R_2=R_3=R_f$ 时，输出电压 u_O=______，就实现了两个信号的减法运算。

问题 5 如何识别集成电路的引脚?

图 3.6 所示为双列直插式封装集成电路，一般用___________作为识别标记。其引脚识别方法是：从标记开始，沿逆时针方向依次为 1、2、3……

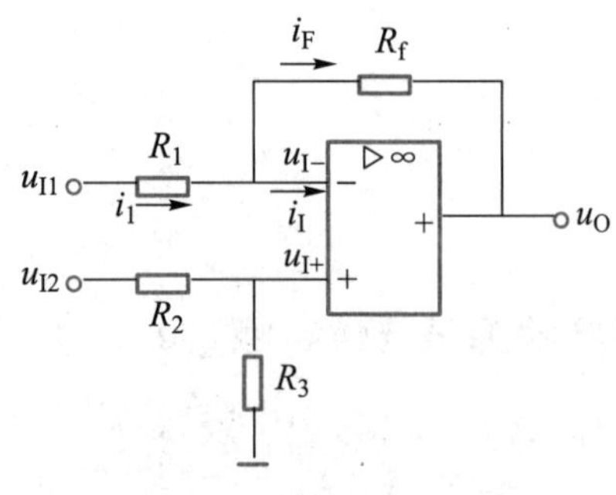

图 3.5 减法运算电路

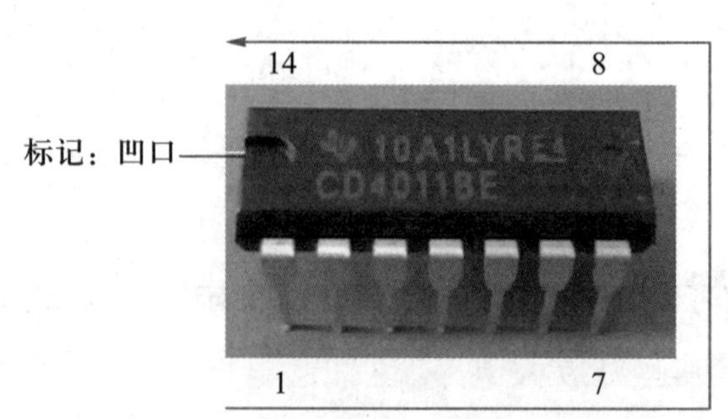

图 3.6 双列直插式封装集成电路

问题 6 集成运放 LM324 有什么功能？其引脚如何排列？是什么？

集成运放 LM324 是四运放集成电路，它采用 14 脚__________封装，外形如图所示 3.7(a)

所示。它在芯片上集成了______组通用运算放大器，是带有差分输入的四运算放大器，其应用领域包括传感器放大器、直流增益模块和所有传统的运算放大器等，可以更容易地在单电源电路中实现。LM324 引脚排列及内部结构如图 3.7（b）所示，LM324 内部包含 4 组形式完全相同的运算放大器，除电源共用外，四组运算放大器相互独立。

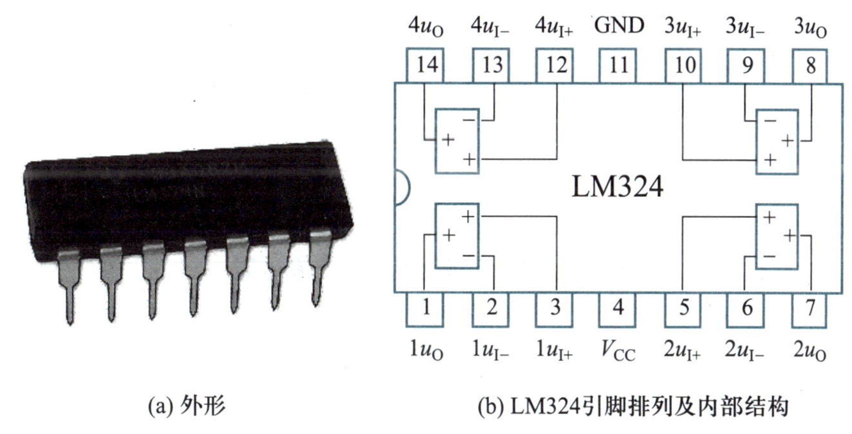

(a) 外形　　(b) LM324引脚排列及内部结构

图 3.7　LM324

各引脚功能如下：

1 脚——A 运放输出端	8 脚——C 运放输出端
2 脚——A 运放反相输入端	9 脚——C 运放反相输入端
3 脚——A 运放同相输入端	10 脚——C 运放同相输入端
4 脚——V_{CC} 正电源端	11 脚——______端
5 脚——______端	12 脚——D 运放同相输入端
6 脚——______端	13 脚——D 运放反相输入端
7 脚——______端	14 脚——D 运放输出端

职业视野

集成电路是一种微型电子器件或部件，集成电路产业是信息产业的基石，是实现数字中国的关键领域。我国集成电路产业经历了 50 余年的发展，从 1965 年第一块硅基数字集成电路研制成功，到 2019 年 14 nm 工艺量产、全球首款 5G SOC 芯片海思麒麟 990 面世，我国集成电路产业与国际先进水平的差距正在逐步缩小。我国集成电路产业从无到有、从有到优，并终将从优到强，这是我国科技工作者自主创新、锲而不舍努力的结果。

问题 7　在 Multisim 软件中，如何使用函数信号发生器？

在 Multisim 软件中，需要通过函数信号发生器来产生正弦波信号作为输入信号。以反相输入放大电路为例，用函数信号发生器产生正弦波信号的具体操作步骤如下：

步骤 1　单击选中 Multisim 元器件右侧工具栏第二个图标，将函数信号发生器拖至适当位置并单击放下，如图 3.8 所示。

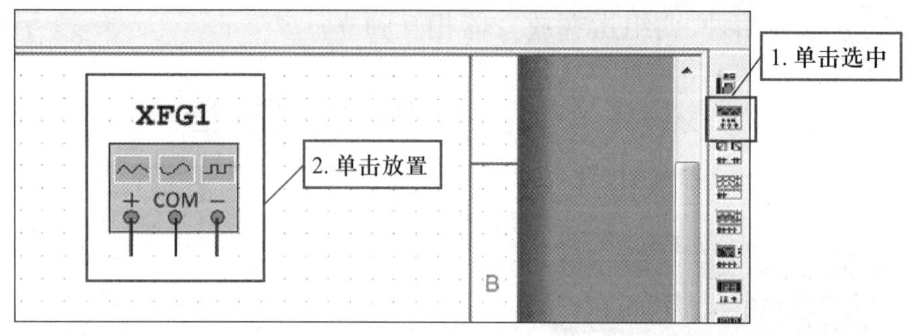

图 3.8　选择和放置函数信号发生器

步骤 2　双击打开函数信号发生器，再按照要求单击选择合适的波形，修改参数，如图 3.9 所示。

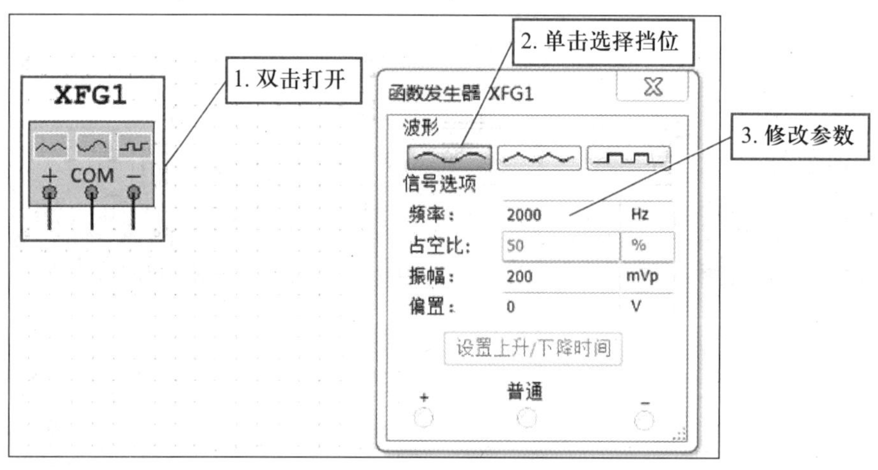

图 3.9　设置函数信号发生器波形和参数

步骤 3　将光标移到万用表正负极引脚的端点处，待光标变成中心有实心点的小十字时，单击并拖至需连接的地方，如图 3.10 所示。

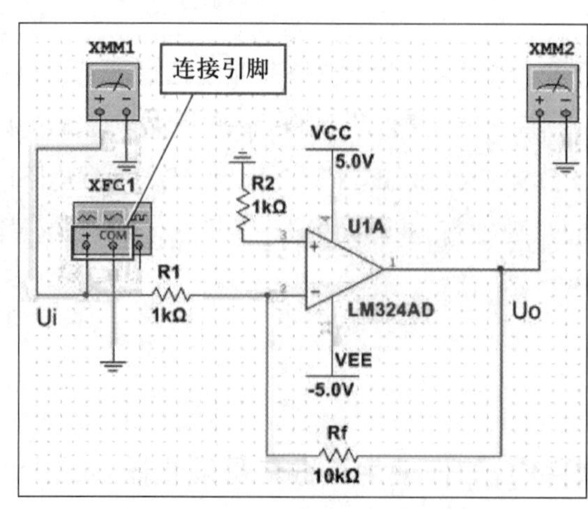

图 3.10　将函数信号发生器接入电路

项目实施 ◎

任务 1　反相输入放大电路装调与测试

任务目标

◇ 会分析反相输入放大电路的工作原理。
◇ 会用 Multisim 软件仿真反相输入放大电路功能，并测试输入电压与输出电压。
◇ 能按工艺要求在万能板上规范完成反相输入放大电路的装接与调试。
◇ 会用万用表和示波器测试反相输入放大电路的输入电压与输出电压。

任务描述

LM324 四运放集成电路电源电压范围宽，静态功耗小，可单电源使用，被广泛应用在各种电路中。由 LM324 四运放集成电路组成的反相输入放大电路原理图如图 3.4 所示，实物电路板如图 3.11 所示。本任务要求完成以下内容：

① 按布线规范和工艺要求，在布线练习区完成反相输入放大电路布线设计。

② 在 Multisim 软件中，完成反相输入放大电路图的绘制，用万用表和示波器分别完成电路输入与输出电压的测试。

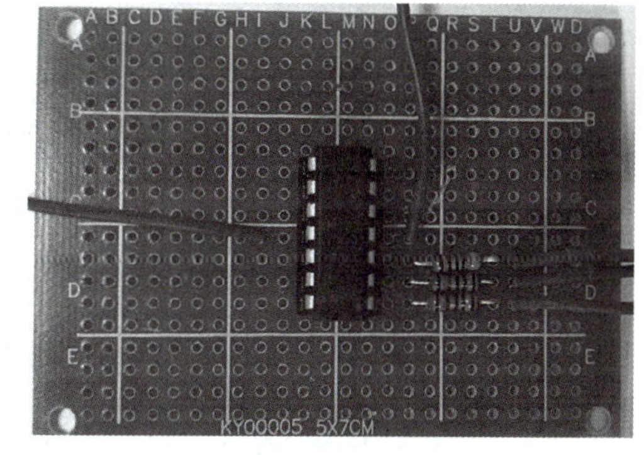

图 3.11　反相输入放大电路实物电路板

③ 按布线图设计和安装工艺要求，在万能板上完成电路的装接；装接好的电路接上 ±5 V 双直流电源调试；用万用表测量电路输入与输出电压；用示波器测量电路输入与输出电压的波形。

任务准备

1. 职业素养养成

(1) 安全防护准备

穿好防静电服和绝缘鞋，戴好防静电手环。

(2) 工具仪表准备

电烙铁、烙铁架、焊锡丝、斜口钳、镊子、高温海绵、螺丝刀、万用表、示波器等。

(3) 软件、电源、设备准备

检查 Multisim 软件是否能正常打开,检查直流电源电压 ±5 V 输出是否正常,检查示波器 CH1、CH2 两路通道是否能正常测量波形。

将检查结果记录在表 3.1 中。

表 3.1 检查结果记录表

序号	检查内容	检查细目
1	安全防护准备	□防静电服 □绝缘鞋 □防静电手环
2	工具仪表准备	□工具 □仪表
3	软件、电源、设备准备	□软件正常 □电源正常 □设备正常
检查人:________ 时间:_____年____月____日		

2. 电路布线图设计

在图 3.12 所示的布线练习区中完成反相输入放大电路的布线图设计,电路元器件的实物封装参考表 3.2,按照规范和工艺要求进行布线。

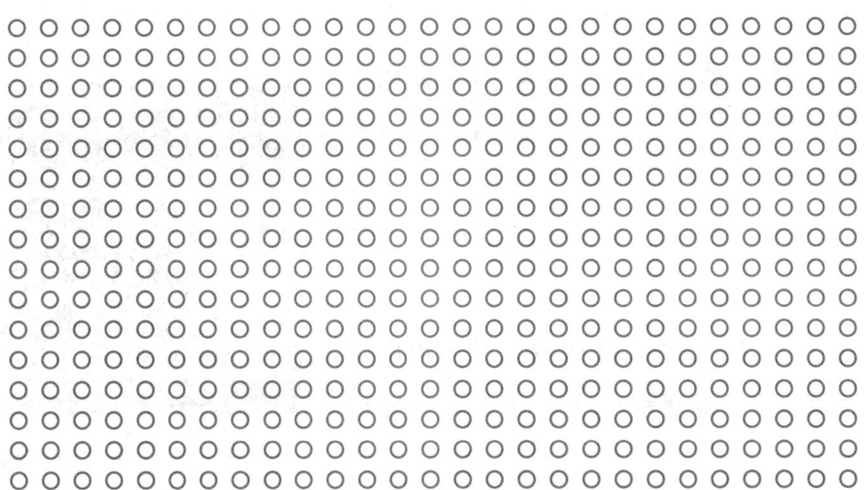

图 3.12 布线练习区

表 3.2 元器件实物对应封装表

序号	元器件名称	元器件实物	符号	封装
1	集成运放		u_+、u_-、u_O ▷∞ + − +	占 14 个孔

任务实施

1. 反相输入放大电路仿真与测试

(1) 仿真电路绘制

在 Multisim 软件中，完成图 3.13 所示反相输入放大电路仿真图的绘制。接入“200 mV、2 000 Hz”正弦交流电压信号。仿真中的电路元器件图形符号和型号参数见表 3.3。将过程记录在表 3.4 中。

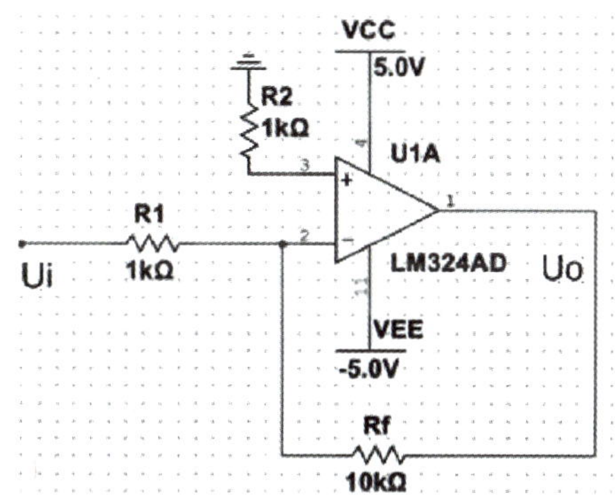

图 3.13　反相输入放大电路仿真图

表 3.3　仿真中的反相输入放大电路元器件图形符号和型号对照表

序号	名称	电气图形符号	Multisim 元器件图形符号	Multisim 元器件型号 / 参数
1	集成运放	u_+ u_- ▷∞ + u_O	3 2 1 4 11	LM324AD
2	电阻 R_f	R		10 kΩ
3	电阻 R_1、R_2	R		1 kΩ

表 3.4　反相输入放大电路仿真绘制记录表

序号	操作内容	完成情况
1	正确选取集成运放和电阻	□完成　□未完成
2	完成电路连线绘制	□完成　□未完成
3	正确接入正弦交流电压输入信号 u_i“200 mV、2 000 Hz”	□完成　□未完成
4	将直流正电压设置成“+5 V”，直流负电压设置成“−5 V”，正确接入电源引脚即 4 和 11 脚	□完成　□未完成
记录人：________　时间：____年___月___日		

(2) 电路参数测试

① 反相输入放大电路输入与输出电压的测试

将 Multisim 软件中的万用表按图 3.14 所示连接在电路中，用函数信号发生器 XFG1 产生输入波形，用 XMM1 测量输入电压 U_i、XMM2 测量输出电压 U_o，将测量结果记录在表 3.5 中。

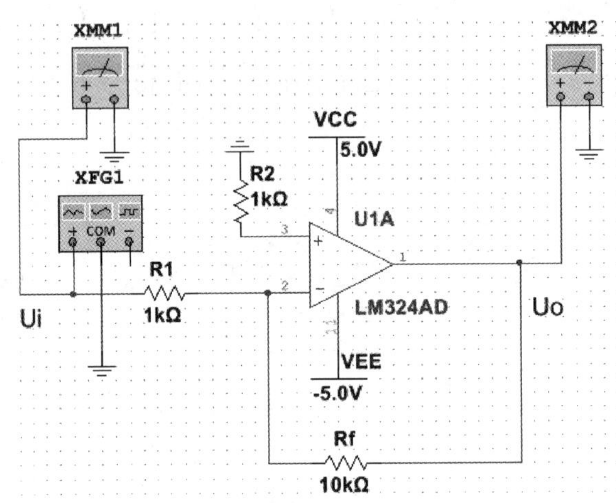

图 3.14　使用万用表测量输入电压 U_i 与输出电压 U_o 连接示意图

表 3.5　电路输出电压与输入电压记录表

万用表	测量项目	测量结果
XMM1	输入电压 U_i	
XMM2	输出电压 U_o	

② 反相输入放大电路波形的测试

将 Multisim 中的双踪示波器按图 3.15 所示连接在电路中，测量输入电压 u_i、输出电压 u_o 的波形，分别记录在表 3.6 中。

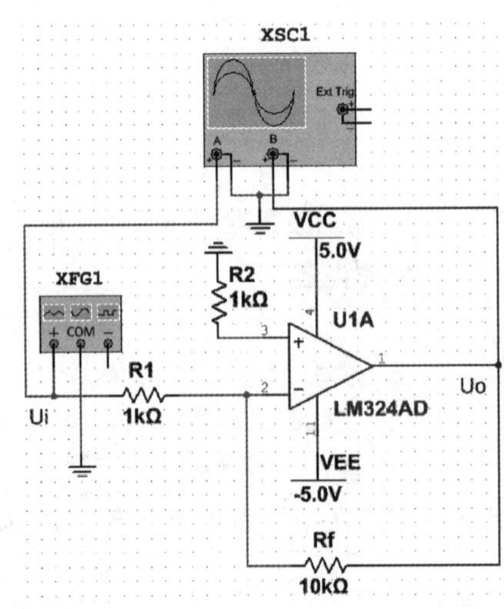

图 3.15　使用示波器测量 u_i 波形和 u_o 波形连接示意图

表 3.6　u_i 和 u_o 波形记录表

波形记录	周期		幅值	
	时基挡位		幅值挡位	
	峰值		频率	

将测试过程记录在表 3.7 中。

表 3.7　反相输入放大电路测试过程记录表

序号	操作内容	完成情况
1	将万用表正确接入测试点	□完成　□未完成
2	完成输入与输出电压测试并记录在表中	□完成　□未完成
3	将示波器正确接入测试点	□完成　□未完成
4	完成波形测量并记录在表中	□完成　□未完成
记录人:________　时间:_____年___月___日		

③ 仿真测量结果的分析

分析仿真测量结果,可以得出:

在反相输入放大电路中,输入电压 u_i 为正弦交流电,输出电压 u_o 为__________,______相反,______相同,输出电压与输入电压关系为:________________________。

2. 反相输入放大电路装调与测试

(1) 元器件识别与检测

反相输入放大电路由集成运放和负载电阻两种元器件构成,请按表 3.8 要求完成电路主要元器件的识别与检测。

表 3.8　元器件识别与检测记录表

元器件名称	识读检测内容	识读检测结果
色环电阻 R_1	识读阻值	______Ω,误差 ±______%
	实测阻值	______Ω
色环电阻 R_2	识读阻值	______Ω,误差 ±______%
	实测阻值	______Ω
色环电阻 R_f	识读阻值	______Ω,误差 ±______%
	实测阻值	______Ω

续表

元器件名称	识读检测内容	识读检测结果
集成运放 U1	引脚排列	______脚
		正电源______脚 负电源______脚 同相输入端______脚 反相输入端______脚 输出端______脚
记录人:__________ 时间:______年____月____日		

(2) 电路装接

根据反相输入放大电路原理图,从提供的元器件中选择所需要的元器件,按布线设计在万能板上完成电路的装接,电路安装工艺要求见表 3.9。将结果记录在表 3.10 中。

表 3.9 电路安装工艺要求表

安装顺序	元器件符号	参数	数量	安装工艺要求	设备工具
1	R_1、R_2	1 kΩ(±1%)	1	按图(a)所示,水平卧式紧贴电路板安装	镊子、斜口钳、电烙铁等常用装接工具
	R_f	10 kΩ(±1%)	1		
2	U1 底座	DIP-14	1	按图(b)所示,水平卧式紧贴电路板安装,注意底座凹口朝向	
3	U1	LM324AD	1	按图(c)所示,水平卧式紧贴电路板安装,注意凹槽口朝向与底座一致	
图样	图(a) 图(b) 图(c)				
焊接工艺要求					
元器件按从小到大、从低到高顺序安装;焊点大小适中,无漏、假、虚、连焊,焊点光滑、圆润、干净、无毛刺;引脚加工尺寸及成形符合工艺要求;导线长度、剥线头长度符合工艺要求,芯线完好,捻头镀锡					

表 3.10 电路装接记录表

序号	操作内容	完成情况
1	元器件按从小到大、从低到高顺序安装	□完成 □未完成
2	焊点大小适中、光滑、圆润、无毛刺,无漏、假、虚、连焊现象	□完成 □未完成
3	引脚加工尺寸及成形符合工艺要求	□完成 □未完成
4	导线长度、剥线头长度符合工艺要求,芯线完好,捻头镀锡	□完成 □未完成
记录人:__________ 时间:______年____月____日		

(3) 通电前检查

本电路使用 ±5 V 双直流电源供电。开始通电前,按表 3.11 的步骤,完成电路的通电前检查,并记录结果。

表 3.11　电路通电前检查步骤记录表

序号	检查项目	检测结果记录
1	桌面、电路板面清理	□完成　□未完成
2	正电源输入电压	输入电压_____V;挡位:_____量程:_____ 红表笔:_____;黑表笔:_____ 测得的电压:_____V
3	负电源输入电压	输入电压_____V;挡位:_____量程:_____ 红表笔:_____;黑表笔:_____ 测得的电压:_____V
4	电路板输入电阻	输入端_____Ω;挡位:_____量程:_____ 红表笔:_____;黑表笔:_____ 测得的电阻:_____Ω
记录人:________　时间:_____年___月___日		

(4) 电路电压测试

通电前检测各项都正常后,在电源输入端接入 ±5 V 双直流电源,通电时注意安全用电规范。按表 3.12 用万用表逐项完成电路输入电压与输出电压的测试,并将结果记录在表中。

表 3.12　电路输入电压与输出电压测试记录表

序号	检查项目	检测结果记录
1	输入电压 U_i	量程:__________;挡位:________ 红表笔:__________;黑表笔:________ 测得的电压:__________V
2	输出电压 U_o	量程:__________;挡位:________ 红表笔:__________;黑表笔:________ 测得的电压:__________V
记录人:________　时间:_____年___月___日		

(5) 电路波形测试

用双踪示波器同时测量输入电压 u_i 和输出电压 u_o 的波形,将测得的波形和参数记录在表 3.13 中。

表 3.13　u_i 和 u_o 波形测试记录表

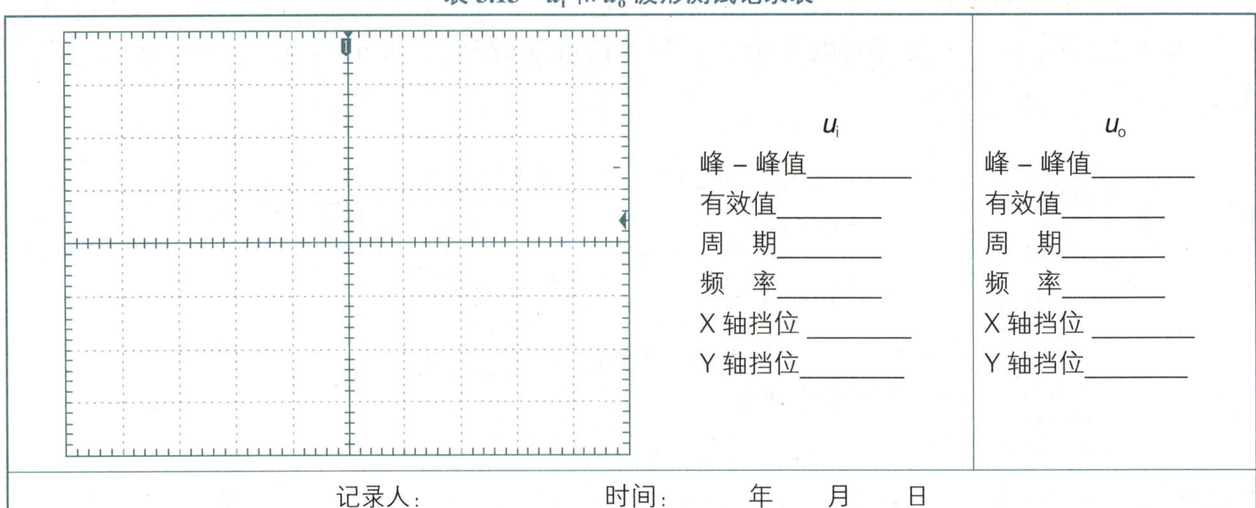

	u_i	u_o
	峰 – 峰值________	峰 – 峰值________
	有效值________	有效值________
	周　期________	周　期________
	频　率________	频　率________
	X 轴挡位________	X 轴挡位________
	Y 轴挡位________	Y 轴挡位________

记录人:__________　时间:______年____月____日

(6) 常见故障分析

根据电路的调试和测试结果,分析出现下列电路故障的原因:

① 若测得输出电压是输入电压的$\frac{1}{10}$,可能是什么原因造成的?

____

② 若测得输出电压波形负半周出现失真,可能是什么原因造成的?

____

任务总结

1. 任务评分

请在表 3.14 中完成各环节的评分。

表 3.14　反相输入放大电路装调与测试任务评价表

评分内容		配分	评分说明	得分
职业素养(10 分)	安全意识	5 分	符合用电安全操作规范,出现不符合安全操作的行为,每项扣 1 分,扣完为止	
	现场整理	5 分	出现未整理现场、仪器仪表及工具摆放杂乱、不遵守纪律等现象,每项扣 1 分,扣完为止	
任务准备(10 分)	布线图设计	10 分	元器件摆放横平竖直,各元器件间距合适,元器件符号用铅笔画,各元器件封装按照规定尺寸,连线用蓝色水笔画,焊点用实心黑点涂黑,不符合要求每项扣 1 分,扣完为止	
仿真调试(10 分)	仿真电路绘制	5 分	按原理图正确绘制仿真图,接入交流信号正确,接入 ±5 V 双直流电源正确。以上每项 2 分,扣完为止	
	电路电压测试	5 分	各电压测试,每错 1 处扣 1 分,扣完为止	

续表

评分内容		配分	评分说明	得分
电路装调（35 分）	元器件识读与检测	5 分	每错 1 空扣 1 分	
	电路装接	10 分	元器件选择错误、极性装错等，每处扣 1 分，扣完为止	
	安装工艺	10 分	元器件安装工艺、焊点、引脚成形及引线等不符合工艺标准，每处扣 1 分，扣完为止	
	电路功能	10 分	电路功能正常得 10 分，否则 0 分	
测量分析（35 分）	通电前检查	5 分	每错 1 处扣 1 分，扣完为止	
	电路电压测试	10 分	每错 1 处扣 1 分，扣完为止	
	电路波形测试	10 分	每错 1 处扣 1 分，扣完为止	
	电路故障分析	10 分	每题 5 分，扣完为止	
总得分				

2. 学习小结

本任务通过软件仿真虚拟验证、实物电路装调与测试两种方法，验证了电路的功能和理论分析结论，结合仿真结果和实物电路参数测量结果，梳理电路的工作原理以及输出电压与输入电压的关系。

小结本次实训过程，记录问题、收获和反思。

____

____

____

____

____

____

任务拓展

1. 请画出同相输入放大电路的电路原理图。

____

2. 请简要分析同相输入放大电路的输出电压与输入电压的关系。

____

____

任务 2 减法运算电路装调与测试

任务目标

◇ 会分析减法运算电路的工作原理。
◇ 会用 Multisim 软件仿真减法运算电路功能，并测试输入电压与输出电压。
◇ 能按工艺要求在万能板上规范完成减法运算电路的装接与调试。
◇ 会用万用表和示波器测试减法运算电路的输入电压与输出电压。

任务描述

减法运算是常用运算，减法运算电路能够实现减法运算。由 LM324 四运放集成电路组成的减法运算电路原理图如图 3.5 所示，实物电路板如图 3.16 所示。本任务要求完成以下内容：

① 按布线规范和工艺要求，在布线练习区上完成减法运算电路布线设计。

② 在 Multisim 软件中，完成减法运算电路图的绘制，用万用表和示波器分别完成电路输入与输出电压和波形的测试。

③ 按布线图设计和安装工艺要求，在万能板上完成电路的装接；装接好的电路接上 ±5 V 双直流电源调试；用万用表测量电路输入与输出电压；用示波器测量电路输入与输出电压的波形。

图 3.16 减法运算电路实物电路板

任务准备

1. 职业素养养成

(1) 安全防护准备

穿好防静电服和绝缘鞋，戴好防静电手环。

(2) 工具仪表准备

电烙铁、烙铁架、焊锡丝、斜口钳、镊子、高温海绵、螺丝刀、万用表、示波器等。

(3) 软件、电源、设备准备

检查 Multisim 软件是否能正常打开；检查直流电源电压 ±5 V 输出是否正常。

将检查结果记录在表 3.15 中。

表 3.15　检查结果记录表

序号	检查内容	检查细目
1	安全防护准备	□防静电服　□绝缘鞋　□防静电手环
2	工具仪表准备	□工具　□仪表
3	软件、电源、设备准备	□软件正常　□电源正常　□设备正常
检查人：________　时间：______年____月____日		

2. 电路布线图设计

在图 3.17 所示的布线练习区中完成减法运算电路的布线图设计，电路元器件的实物封装参考表 3.16，按照规范和工艺要求进行布线：

图 3.17　布线练习区

表 3.16　元器件实物对应封装表

元器件名称	元器件实物	符号	封装
集成运放			占 14 个孔

任务实施

1. 减法运算电路仿真与测试

(1) 仿真电路绘制

在 Multisim 软件中，完成图 3.18 所示减法运算电路仿真图的绘制。U_{I1} 接入 10 mV 的直流电压，U_{I2} 接入 15 mV 的直流电压。仿真中的电路元器件图形符号和型号参数见表 3.17。将过程记录在表 3.18 中。

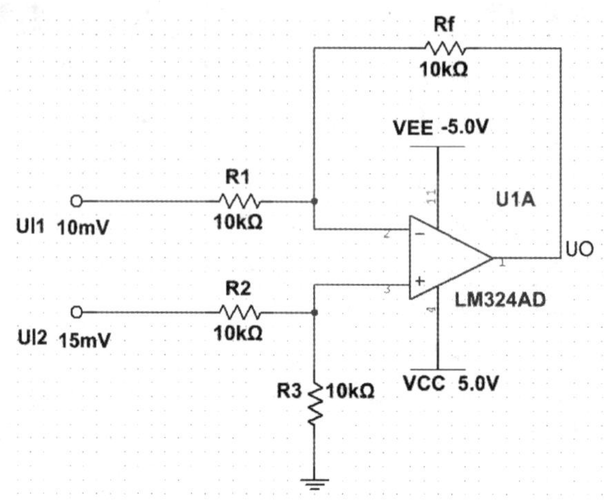

图 3.18　减法运算电路仿真图

表 3.17　仿真中的减法运算电路元器件图形符号和型号对照表

序号	名称	电气图形符号	Multisim 元器件图形符号	Multisim 元器件型号 / 参数
1	集成运放	u_+、u_-、u_O、▷∞	3、2、1、4、11	LM324AD
2	电阻 R_1~R_3、R_f	R		10 kΩ

表 3.18　减法运算电路仿真绘制记录表

序号	操作内容	完成情况
1	正确选取集成运放和电阻	□完成　□未完成
2	完成电路连线绘制	□完成　□未完成
3	正确接入直流电压信号 $U_{I1}=10$ mV 和 $U_{I2}=15$ mV	□完成　□未完成
4	将直流正电源电压设置成“+5 V”，将直流负电源电压设置成“−5 V”，正确接入电源引脚 4 脚和 11 脚	□完成　□未完成
记录人：________　时间：____年____月____日		

(2) 电路参数测试

① 减法运算电路输入与输出电压测试

将 Multisim 中的万用表按图 3.19 所示连接在电路中，用 XMM1 测量输入电压 U_{I1}、XMM2 测量输入电压 U_{I2}、XMM3 测量输出电压 U_O，将测量结果记录在表 3.19 中。

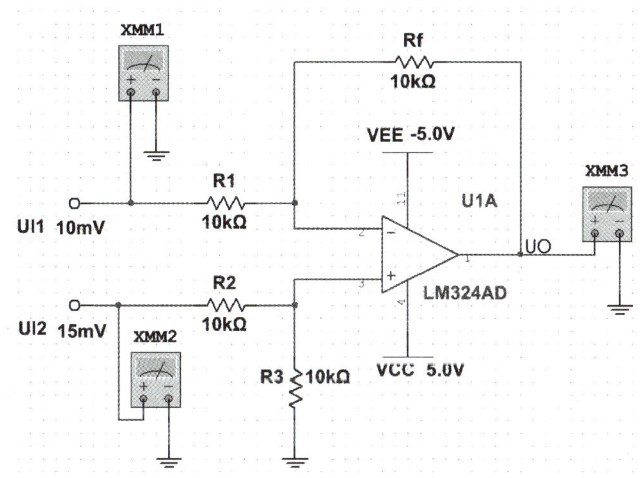

图 3.19 使用万用表测量输入电压和输出电压连接示意图

表 3.19 电路电压电流记录表

万用表	测量项目	测量结果
XMM1	输入电压 U_{I1}	
XMM2	输入电压 U_{I2}	
XMM3	输出电压 U_O	

③ 仿真测量结果分析

分析仿真测量结果,可以得出:

在减法运算电路中,输入电压 U_{I1}、U_{I2} 为直流电,输出电压 U_O 为______,输出电压与输入电压关系为:__________________。

2. 减法运算电路装调与测试

(1) 元器件识别与检测

电路由集成运放和负载电阻两种元器件构成,请按表 3.20 要求完成电路主要元器件的识别与检测。

表 3.20 元器件识别与检测记录表

元器件名称	识读检测内容	识读检测结果
色环电阻 R_1	识读阻值	______Ω,误差 ±______%
	实测阻值	______Ω
色环电阻 R_2	识读阻值	______Ω,误差 ±______%
	实测阻值	______Ω
色环电阻 R_3	识读阻值	______Ω,误差 ±______%
	实测阻值	______Ω
色环电阻 R_f	识读阻值	______Ω,误差 ±______%
	实测阻值	______Ω

续表

元器件名称	识读检测内容	识读检测结果
集成运放 U1	引脚排列	______脚
		正电源______脚 负电源______脚 同相输入端______脚 反相输入端______脚 输出端______脚
记录人:__________ 时间:______年____月____日		

(2) 电路装接

根据减法运算电路原理图,选择所需要的元器件,按布线设计在万能板上完成电路的装接,电路安装工艺要求见表 3.21。将结果记录在表 3.22 中。

表 3.21 电路安装工艺要求表

安装顺序	元器件符号	参数	数量	安装工艺要求	设备工具
1	R_1、R_2、R_3、R_f	10 kΩ(±1%)	1	按图(a)所示,水平卧式紧贴电路板安装	镊子、斜口钳、电烙铁等常用装接工具
2	U1 底座	DIP-14	1	按图(b)所示,水平卧式紧贴电路板安装,注意底座凹口朝向	
3	U1	LM324AD	1	按图(c)所示,水平卧式紧贴电路板安装,注意凹槽口朝向与底座一致	
图样	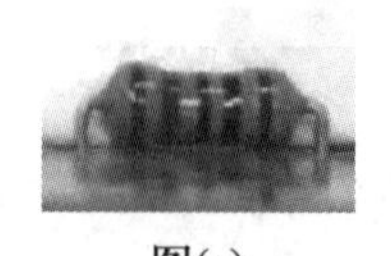 图(a) 图(b)  图(c)				
焊接工艺要求					
元器件按从小到大、从低到高顺序安装;焊点大小适中,无漏、假、虚、连焊,焊点光滑、圆润、干净、无毛刺;引脚加工尺寸及成形符合工艺要求;导线长度、剥线头长度符合工艺要求,芯线完好,捻头镀锡					

表 3.22 电路装接记录表

序号	操作内容	完成情况
1	元器件按从小到大、从低到高顺序安装	□完成 □未完成
2	焊点大小适中、光滑、圆润、无毛刺,无漏、假、虚、连焊现象	□完成 □未完成
3	引脚加工尺寸及成形符合工艺要求	□完成 □未完成
4	导线长度、剥线头长度符合工艺要求,芯线完好,捻头镀锡	□完成 □未完成
记录人:__________ 时间:______年____月____日		

(3) 通电前检查

本电路使用 ±5 V 双直流电源供电。开始通电前，按表3.23的步骤，完成电路的通电前检查，并记录结果。

表3.23　电路通电前检查步骤记录表

序号	检查项目	检测结果记录
1	桌面、电路板面清理	□完成　□未完成
2	正电源输入电压	输入电压______V；挡位：______　量程：______ 红表笔：______；黑表笔：______ 测得的电压：______V
3	负电源输入电压	输入电压______V；挡位：______　量程：______ 红表笔：______；黑表笔：______ 测得的电压：______V
4	电路板输入电阻	输入端______Ω；挡位：______　量程：______ 红表笔：______；黑表笔：______ 测得的电阻：______Ω
记录人：______　时间：____年___月___日		

(4) 电路电压测试

通电前检测各项都正常后，在电源输入端接入 ±5 V 双直流电源，通电时注意安全用电规范。按表3.24逐项完成电路输入、输出电压的测试，并将结果记录在表中。

表3.24　电路输入、输出电压测试结果记录表

序号	检查项目	检测结果记录
1	U_{I1} 电压	量程：______；挡位：______ 红表笔：______；黑表笔：______ 测得的电位：______V
2	U_{I2} 电压	量程：______；挡位：______ 红表笔：______；黑表笔：______ 测得的电压：　　　　V
3	U_O 电压	量程：______；挡位：______ 红表笔：______；黑表笔：______ 测得的电压：______V
记录人：______　时间：____年___月___日		

(5) 常见故障分析

根据电路的调试和测试结果，分析出现下列电路故障的原因：

① 若测得输出电压是 −5 mV，可能是什么原因造成的？

____

② 若测得输出电压波形负半周出现失真,可能是什么原因造成的?

任务总结

1. 任务评分

请在表 3.25 中完成各环节的评分。

表 3.25　减法运算电路装调与测试任务评价表

<table>
<tr><th colspan="2">评分内容</th><th>配分</th><th>评分说明</th><th>得分</th></tr>
<tr><td rowspan="2">职业素养
(10 分)</td><td>安全意识</td><td>5 分</td><td>符合用电安全操作规范,出现不符合安全操作的行为,每项扣 1 分,扣完为止</td><td></td></tr>
<tr><td>现场整理</td><td>5 分</td><td>出现未整理现场、仪器仪表及工具摆放杂乱、不遵守纪律等现象,每项扣 1 分,扣完为止</td><td></td></tr>
<tr><td>任务准备
(10 分)</td><td>布线图设计</td><td>10 分</td><td>元器件摆放横平竖直,各元器件间距合适,元器件符号用铅笔画,各元器件封装按照规定尺寸,连线用蓝色水笔画,焊点用实心黑点涂黑,不符合要求每项扣 1 分,扣完为止</td><td></td></tr>
<tr><td rowspan="2">仿真调试
(10 分)</td><td>仿真电路绘制</td><td>5 分</td><td>按原理图正确绘制仿真图,接入直流电压信号正确,接入 ±5 V 双直流电源正确。以上每项 2 分,扣完为止</td><td></td></tr>
<tr><td>电路电压测试</td><td>5 分</td><td>各电压测试,每错 1 处扣 1 分,扣完为止</td><td></td></tr>
<tr><td rowspan="4">电路装调
(35 分)</td><td>元器件识读与检测</td><td>5 分</td><td>每错 1 空扣 1 分</td><td></td></tr>
<tr><td>电路装接</td><td>10 分</td><td>元器件选择错误、极性装错等,每处扣 1 分,扣完为止</td><td></td></tr>
<tr><td>安装工艺</td><td>10 分</td><td>元器件安装工艺、焊点、引脚成形及引线等不符合工艺标准,每处扣 1 分,扣完为止</td><td></td></tr>
<tr><td>电路功能</td><td>10 分</td><td>电路功能正常得 10 分,否则 0 分</td><td></td></tr>
<tr><td rowspan="4">测量分析
(35 分)</td><td>通电前检查</td><td>5 分</td><td>每错 1 处扣 1 分,扣完为止</td><td></td></tr>
<tr><td>电路电压测试</td><td>10 分</td><td>每错 1 处扣 1 分,扣完为止</td><td></td></tr>
<tr><td>电路波形测试</td><td>10 分</td><td>每错 1 处扣 1 分,扣完为止</td><td></td></tr>
<tr><td>电路故障分析</td><td>10 分</td><td>每题 5 分,扣完为止</td><td></td></tr>
<tr><td colspan="4">总得分</td><td></td></tr>
</table>

2. 学习小结

本任务通过软件仿真虚拟验证、实物电路装调与测试两种方法,验证了电路的功能和理论分析结论,结合仿真结果和实物电路参数测量结果,梳理电路的工作原理以及输出电压与输入电压的关系。

小结本次实训过程，记录问题、收获和反思。

任务拓展

1. 请画出加法运算电路的电路原理图。

2. 请简要分析加法运算电路输出电压与输入电压的关系。

项目 4　稳压电路装调与测试

项目目标

◇ 认识稳压二极管并联型稳压电路和三极管串联型稳压电路的组成，能区分不同类型的稳压电路。

◇ 会分析二极管并联型稳压电路和三极管串联型稳压电路的工作原理。

◇ 会用软件仿真二极管并联型稳压电路和三极管串联型稳压电路的功能，并测试电路的电压与电流。

◇ 能在万能板上完成二极管并联型稳压电路和三极管串联型稳压电路的装接与调试。

◇ 会测试二极管并联型稳压电路和三极管串联型稳压电路的电压与电流。

◇ 能综合分析理论结果、仿真结果和实物电路测试结果。

◇ 养成规范操作、安全文明生产的职业素养，传承精益求精的工匠精神。

项目描述

稳压电路的应用范围极其广泛，几乎所有家电、楼宇智能化、弱电设备、消防控制、交通通信、控制领域中都有稳压电路。图 4.1 和图 4.2 所示是手机充电器电路板和电冰箱控制板，方框中的电路就是稳压电路。

图 4.1　手机充电器电路板

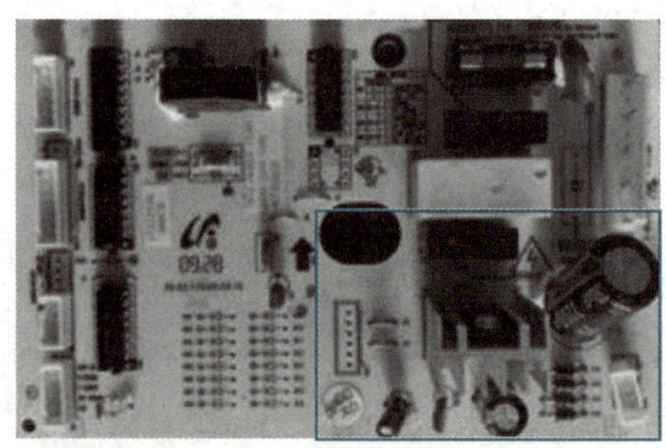

图 4.2　电冰箱控制板

本项目以二极管并联型稳压电路和三极管串联型稳压电路为例，按要求完成稳压电路的虚拟仿真及仿真参数测试，万能板电路的布线设计、电路装接及电路参数、波形的测量。

项目结构

稳压电路装调与测试思维导图如图 4.3 所示。

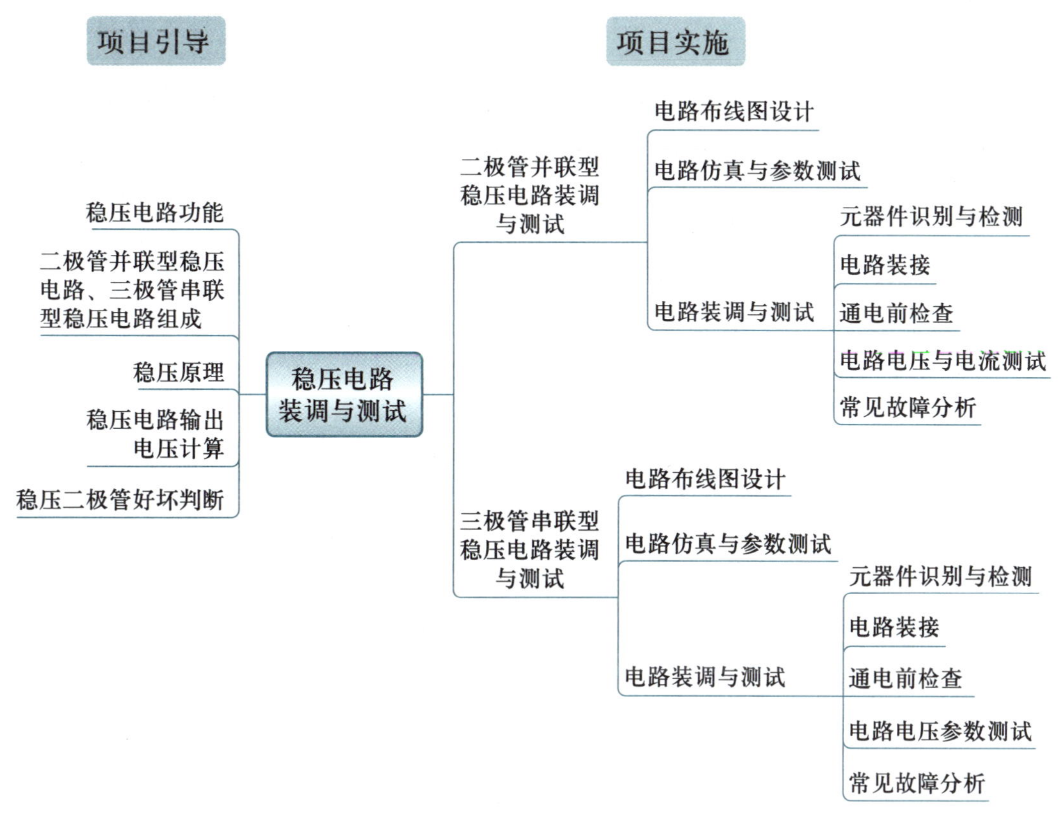

图 4.3　稳压电路装调与测试思维导图

项目引导

问题 1　稳压电路的功能是什么？

稳压电路结构框图及波形变换图如图 4.4 所示，交流电经过________、________和________后转换成了________，但由于电网电压的波动或负载的变动，使输出电压也随之变动，不够稳定。在整流、滤波后再加入________，就能为精密电子设备或自动控制提供持续稳定的直流电能，使电路在电网电压发生波动或负载发生变化时，输出电压不受影响。常见的稳压电路有________________、________________和________________等 3 种。

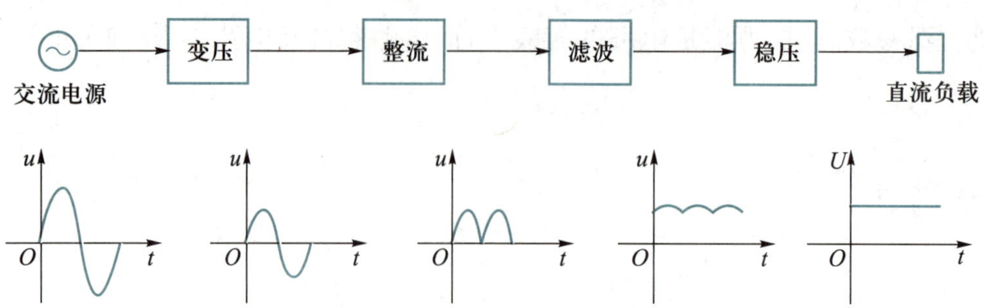

图 4.4 稳压电路结构框图及波形变换图

问题 2 二极管并联型稳压电路由哪几部分组成？三极管串联型稳压电路由哪几部分组成？

稳压二极管并联型稳压电路如图 4.5 所示。稳压二极管并联型稳压电路由二极管 VD1~VD4 构成的__________、电容 C 构成的__________、电阻 R 和稳压二极管 VZ 构成的__________和电阻 R_L 和发光二极管 LED 构成的__________组成。

三极管串联型稳压电路如图 4.6 所示，它由____________、____________、____________及____________等环节组成。

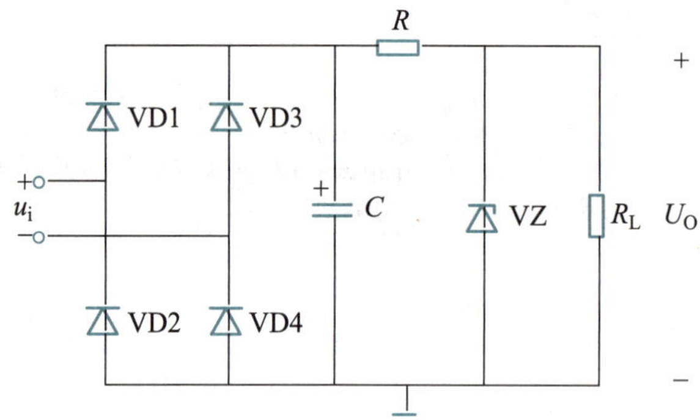

图 4.5 稳压二极管并联型稳压电路

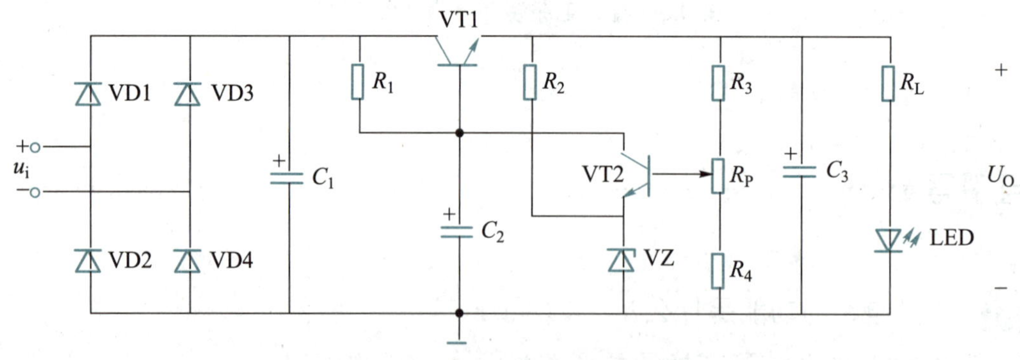

图 4.6 三极管串联型稳压电路

问题 3 二极管并联型稳压电路和三极管串联型稳压电路是如何稳压的？

(1) 二极管并联型稳压电路的稳压原理

当输入电压 U_i 升高或负载 R_L 阻值变大时，造成输出电压 U_O 随之增大，则稳压二极

管的反向电压 U_Z 也会上升，从而引起稳压二极管电流 I_Z 的________，流过 R 的电流 I_R 也______，导致 R 上的电压降 U_R______，从而抵消了输出电压 U_O 的波动，使输出电压 U_O 保持__________，其稳压过程如下：

$$U_i(\text{或} R_L)\uparrow \Rightarrow U_O\uparrow \Rightarrow I_Z\uparrow\uparrow \Rightarrow U_R\uparrow \Rightarrow U_O \text{稳定}$$

反之，当电网输入电压 U_i______或负载 R_L 阻值______时，同理可分析出输出电压 U_O 也能基本保持__________。

(2) 三极管串联型稳压电路的稳压原理

当输入电压 U_i 或负载 R_L 发生变化时，若引起输出电压 U_O 上升，使得取样电压即基极电位 V_{B2}______，则 VT2 管的 U_{BE2}______(U_Z 不变)，集电极电流 I_{C2}______，使集电极电位 $V_{C2}=V_{B1}$______，故 VT1 管的 U_{BE1}______，I_{C1}______，U_{CE1}______，使输出电压 U_O______，从而保持 U_O______。

$$U_i(\text{或} R_L)\uparrow \Rightarrow U_O\uparrow \Rightarrow U_{EB2}\uparrow \Rightarrow I_{C2}\uparrow \Rightarrow V_{B1}\downarrow \Rightarrow I_{C1}\downarrow \Rightarrow U_{CE1}\uparrow \Rightarrow U_O \text{稳定}$$

反之，当输入电压 U_i 或负载 R_L 发生变化造成输出电压 U_O 下降时，其稳压过程与上面的分析相同，只是变化趋势相反。

问题 4　二极管并联型稳压电路和三极管串联型稳压电路输出电压怎样计算？

(1) 二极管并联型稳压电路输出电压 U_O 的计算：______________________

(2) 三极管串联型稳压电路输出电压 U_O 的计算：

① 输出电压 U_O 的计算公式

$$U_O=\frac{R_3+R_P+R_4}{R_{P\text{下}}+R_4}(U_Z+U_{BE2})$$

② U_O 的调节范围：

当 $R_{P\text{下}}=0$，$U_O=U_{Omax}$(最大值)，U_{Omax}=______________________

当 $R_{P\text{下}}=R_P$，$U_O=U_{Omin}$(最小值)，U_{Omin}=______________________

问题 5　如何判别稳压二极管好坏？

(1) 阻值测量法。将万用表切换到________挡，黑表笔(指针式万用表电池的正极)接稳压二极管的______，红表笔(指针式万用表电池的负极)接稳压二极管的______，此时万用表的指示值应__________，接近________。将指针式万用表拨到______挡，若阻值有明显下降，说明稳压二极管处于______状态，是______的。反之，说明稳压二极管________或________。

(2) 电压测量法。将稳压二极管串联合适的________，反向加在稳压二极管上的电压______稳压二极管的稳压值，用数字式万用表的____________直接去测稳压二极管的________，测得的直流电压值________稳压二极管的稳压值，说明稳压二极管是正常的，若相差很大则说明稳压二极管质量有问题或不是稳压二极管。

职业视野

稳压电路的作用是保持输出电压的稳定，使其不受电网电压和负载变化等影响。有了稳定的电源，才能保证电路的稳定性。家庭、国家也是如此，稳定是家庭、国家发展的基石，起着至关重要的基础性作用。

项目实施

任务1　二极管并联型稳压电路装调与测试

任务目标

◇ 会分析二极管并联型稳压电路的工作原理。

◇ 会用 Multisim 软件仿真二极管并联型稳压电路功能，并测试电路电压与电流。

◇ 能按工艺要求在万能板上规范完成二极管并联型稳压电路装接与调试。

◇ 会用万用表测试二极管并联型稳压电路电压与电流。

任务描述

二极管并联型稳压电路常用于普通电源适配器等需要稳定直流稳压电源的地方。二极管并联型稳压电路原理图如图 4.5 所示，实物电路板如图 4.7 所示，本任务要求完成以下内容：

① 按布线规范和工艺要求，在布线练习区完成二极管并联型稳压电路的布线设计。

② 在 Multisim 软件中，完成二极管并联型稳压电源仿真电路的绘制；完成当输入电压或负载电阻 R_L 在 ±5% 范围内变化时电路的电压与电流的测量。

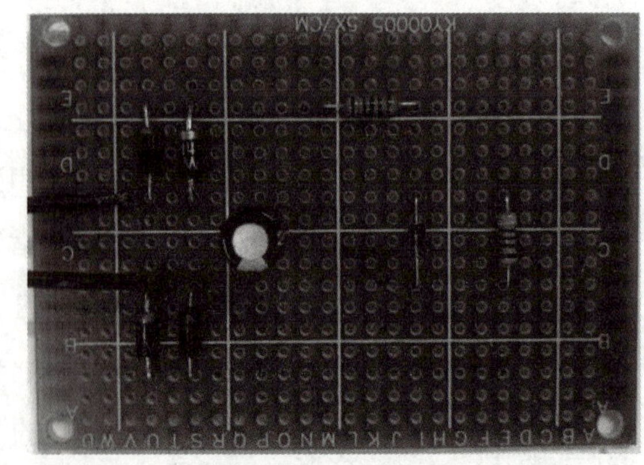

图 4.7　二极管并联型稳压电路实物电路板

③ 按布线图设计和安装工艺要求，在万能板上完成电路的装接；装接好的电路接上 7.5 V 交流电源调试；用万用表测量电源输入电压、电路总电流 I、流过稳压二极管的电流 I_Z、流过负载的电流 I_L，以

及电源电压或负载电阻 R_L 在 ±5% 范围内变化时电路的输出电压 U_O。

任务准备

1. 职业素养养成

(1) 安全防护准备

穿好防静电服和绝缘鞋，戴好防静电手环。

(2) 工具仪表准备

电烙铁、烙铁架、焊锡丝、斜口钳、镊子、高温海绵、螺丝刀、万用表等。

(3) 软件、电源、设备准备

检查 Multisim 软件是否能正常打开；检查变压器二次电压 7.5 V 交流电输出是否正常；检查示波器 CH1、CH2 两路通道是否能正常测量波形。

将检查结果记录在表 4.1 中。

表 4.1　检查结果记录表

序号	检查内容	检查细目
1	安全防护准备	□防静电服　□绝缘鞋　□防静电手环
2	工具仪表准备	□工具　□仪表
3	软件、电源、设备准备	□软件正常　□电源正常　□设备正常
检查人:________　时间:______年____月____日		

2. 电路布线图设计

在图 4.8 所示的布线练习区中，按布线工艺要求完成二极管并联型稳压电路的布线图设计。电路部分元器件的实物封装参考表 4.2。

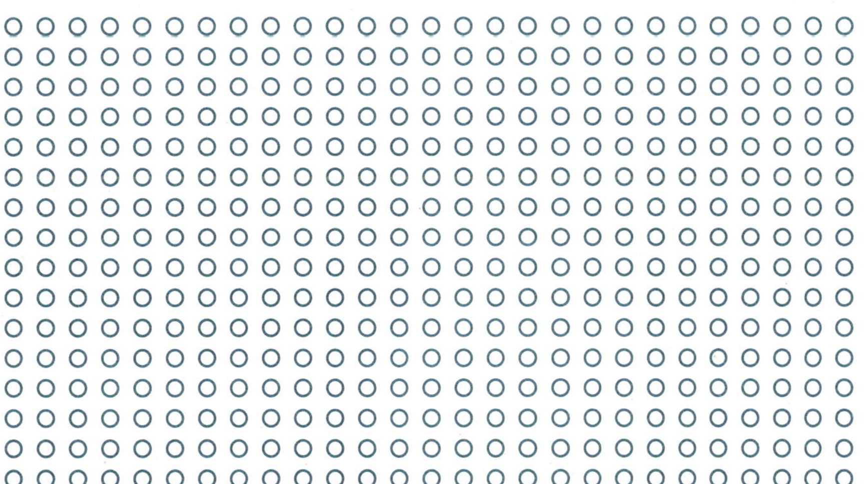

图 4.8　布线练习区

表 4.2　部分元器件实物对应封装表

序号	元器件名称	元器件实物	图形符号	封装
1	稳压二极管		VZ	占 5 个孔 + VD

任务实施

1. 二极管并联型稳压电路仿真与测试

(1) 仿真电路绘制

在 Multisim 软件中，完成图 4.9 所示二极管并联型稳压电路仿真图的绘制。仿真中的部分元器件图形符号和型号参数见表 4.3。将过程记录在表 4.4 中。

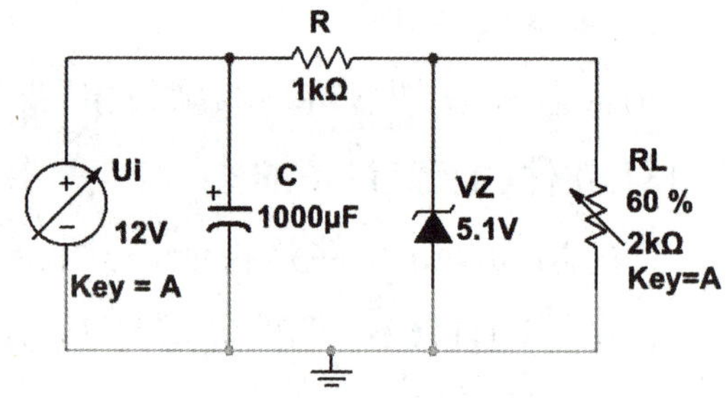

图 4.9　二极管并联型稳压电路仿真电路图

表 4.3　仿真中的二极管并联型稳压电路部分元器件符号和型号参数对照表

序号	名称	电气图形符号	Multisim 元器件图形符号	Multisim 元器件型号 / 参数
1	稳压二极管	VZ		5 V
2	可调直流电源			20 V
3	可调电阻	R_P		2 kΩ

表 4.4　二极管并联型稳压电路仿真绘制记录表

序号	操作内容	完成情况
1	正确选取电阻、电容和稳压二极管	□完成　□未完成
2	完成电路连线绘制	□完成　□未完成
3	正确接入 20 V 可调直流电源	□完成　□未完成
4	将可调直流电源调至 12 V	□完成　□未完成
记录人:________　时间:______年____月____日		

(2) 电路电压与电流测试

2. 稳压原理参数测试

将 Multisim 软件中的万用表按图 4.10 所示连接在电路中，各万用表测量的项目和 U_i 及 R_L 需设定的参数见表 4.5，将测量结果分别记录在表 4.5 中。

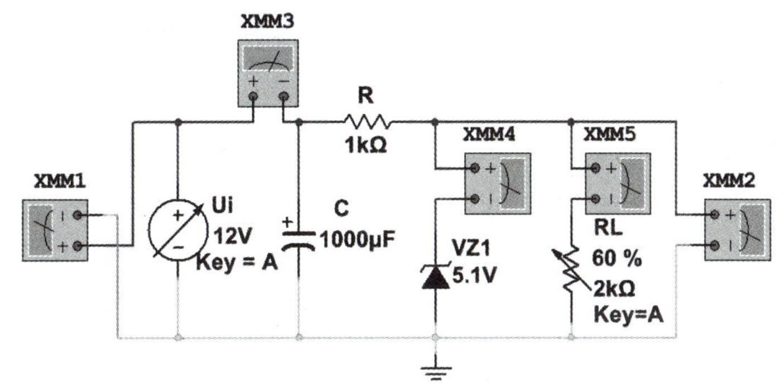

图 4.10　使用万用表检测二极管并联型稳压电路稳压原理连接示意图

表 4.5　U_i 及 R_L 变化时二极管并联型稳压电路各参数测试记录表

万用表	测量项目	测量结果			
		$U_i=11$ V $R_L=1$ kΩ	$U_i=13$ V $R_L=1$ kΩ	$U_i=12$ V $R_L=0.8$ kΩ	$U_i=12$ V $R_L=1.2$ kΩ
XMM1	电源输入电压 U_i				
XMM2	稳压后的输出电压 U_O				
XMM3	电路总电流 I				
XMM4	流过稳压二极管的电流 I_Z				
XMM5	流过负载的电流 I_L				

分析仿真测量结果，可以得出：

二极管并联型稳压电路中，当电源输入电压 U_i 和负载 R_L 在一定范围内变化时，电路中 U_O 和 U_i 的关系：______________________。

总电流 I 与流过稳压二极管的电流 I_Z、流过负载的电流 I_L 的关系：____________________。

以上测试完成后，完成表 4.6。

表 4.6　二极管并联型稳压电路测试过程记录表

序号	操作内容	完成情况
1	将万用表正确接入测试点	□完成　□未完成
2	完成输出电压测试并记录在表中	□完成　□未完成
3	完成电流测试并记录在表中	□完成　□未完成
记录人：__________　时间：______年____月____日		

3. 二极管并联型稳压电路装调与测试

(1) 元器件识别与检测

二极管并联型稳压电路由电阻、电解电容、二极管和稳压二极管 4 种元器件构成，请按表 4.7 要求完成电路主要元器件的识别与检测。

表 4.7　主要元器件识别与检测记录表

元器件名称	识读检测内容	识读检测结果
色环电阻 R	识读阻值	______Ω，误差 ±______%
	实测阻值	______Ω
电解电容 C	标称容量	______μF
	额定工作压	______V
稳压二极管 VZ	稳压值	______V
记录人：__________　　时间：______年____月____日		

(2) 电路的装接

根据二极管并联型稳压电路原理图，选择所需要的元器件，按布线设计在万能板上完成电路的装接，电路安装工艺要求见表 4.8。将结果记录在表 4.9 中。

表 4.8　电路安装工艺要求表

安装顺序	元器件符号	参数	数量	安装工艺要求	设备工具
1	VZ	5.1 V	1	按图(a)所示，水平卧式紧贴电路板安装，注意区分正负极性	镊子、斜口钳、电烙铁等常用装接工具
2	R、R_L	1 kΩ	2	按图(b)所示，水平卧式紧贴电路板安装	
3	VD1~VD4	1N4007	4	按图(c)所示，水平卧式紧贴电路板安装，注意引脚极性	
4	C	1 000 μF	1	按图(d)所示，垂直紧贴电路板安装，注意引脚极性	
图样	图(a)　图(b)　图(c)　图(d)				
焊接工艺要求					
元器件按从小到大、从低到高顺序安装；焊点大小适中，无漏、假、虚、连焊，焊点光滑、圆润、干净、无毛刺；引脚加工尺寸及成形符合工艺要求；导线长度、剥线头长度符合工艺要求，芯线完好，捻头镀锡					

表 4.9　电路装接记录表

序号	操作内容	完成情况
1	元器件按从小到大、从低到高顺序安装	□完成　□未完成
2	焊点大小适中、光滑、圆润、无毛刺，无漏、假、虚、连焊现象	□完成　□未完成
3	引脚加工尺寸及成形符合工艺要求	□完成　□未完成
4	导线长度、剥线头长度符合工艺要求，芯线完好，捻头镀锡	□完成　□未完成
记录人：__________　　时间：______年____月____日		

(3) 通电前检查

本电路电源使用 7.5 V 交流电。开始通电前，按表 4.10 的步骤完成电路的通电前检查并记录结果。

表 4.10　电路通电前检查步骤记录表

序号	检查项目	检测结果记录
1	桌面、电路板面清理	□完成　□未完成
2	电源输入电压	输入电压________V；挡位：________　量程：________ 红表笔：______　黑表笔：______ 测得的电压：__________V
3	电路板输入电阻	输入端________Ω；挡位：________　量程：________ 红表笔：______　黑表笔：______ 测得的电阻：__________Ω
记录人：________　时间：____年___月___日		

(4) 电路电压与电流测试

通电前检测各项都正常后，在电源输入端，接入 7.5 V 交流电源，通电时注意安全用电规范。按表 4.11 逐项完成电路电压与电流的测试，并将结果记录在表中。

表 4.11　电路电压与电流测试结果记录表

序号	检测项目	检测结果记录
1	VZ 两端电压	量程：__________　挡位：________ 红表笔：_________　黑表笔：________ 测得的电压：_________V
2	R_L 两端电压	量程：__________　挡位：________ 红表笔：_________　黑表笔：________ 测得的电压：_________V
3	电路总电流 I	量程：__________　挡位：________ 红表笔：_________　黑表笔：________ 测得的电流：_________mA
4	流过 R_L 的电流	量程：__________　挡位：________ 红表笔：_________　黑表笔：________ 测得的电流：_________mA
记录人：________　时间：____年___月___日		

(5) 常见故障分析

根据电路的调试和测试结果，分析出现下列电路故障的原因：

① 若电路输入电源电压正常，输出电压只有 0.7 V 左右，可能是什么原因造成的？

____

② 若电阻 R 短路，电路会出现什么情况？

任务总结

1. 任务评分

请在表 4.12 中完成各环节的评分。

表 4.12　二极管并联型稳压电路装调与测试任务评价表

<table>
<tr><th colspan="2">评分内容</th><th>配分</th><th>评分说明</th><th>得分</th></tr>
<tr><td rowspan="2">职业素养
（10 分）</td><td>安全意识</td><td>5 分</td><td>符合用电安全操作规范，出现不符合安全操作的行为，每项扣 1 分，扣完为止</td><td></td></tr>
<tr><td>现场整理</td><td>5 分</td><td>出现未整理现场、仪器仪表及工具摆放杂乱、不遵守纪律等现象，每项扣 1 分，扣完为止</td><td></td></tr>
<tr><td>任务准备
（10 分）</td><td>布线图设计</td><td>10 分</td><td>元器件摆放横平竖直，各元器件间距合适，元器件符号用铅笔画，各元器件封装按照规定尺寸，连线用蓝色水笔画，焊点用实心黑点涂黑，不符合要求每项扣 1 分，扣完为止</td><td></td></tr>
<tr><td rowspan="2">仿真调试
（10 分）</td><td>仿真电路绘制</td><td>5 分</td><td>按原理图正确绘制仿真图，电源电压正确，负载电位器选择正确。以上每项 2 分，扣完为止</td><td></td></tr>
<tr><td>电路参数测试</td><td>5 分</td><td>各项参数测试，每错 1 处扣 1 分，扣完为止。</td><td></td></tr>
<tr><td rowspan="4">电路装调
（40 分）</td><td>元器件识读与检测</td><td>10 分</td><td>每错 1 空扣 1 分</td><td></td></tr>
<tr><td>电路装接</td><td>10 分</td><td>元器件选择错误、极性装错等，每处扣 1 分，扣完为止</td><td></td></tr>
<tr><td>安装工艺</td><td>10 分</td><td>元器件安装工艺、焊点、引脚成形及引线等不符合工艺标准，每处扣 1 分，扣完为止</td><td></td></tr>
<tr><td>电路功能</td><td>10 分</td><td>电路功能正常得 10 分，否则 0 分</td><td></td></tr>
<tr><td rowspan="3">测量分析
（30 分）</td><td>通电前检查</td><td>10 分</td><td>每错 1 处扣 2 分，扣完为止</td><td></td></tr>
<tr><td>电路参数测试</td><td>10 分</td><td>每错 1 处扣 1 分，扣完为止</td><td></td></tr>
<tr><td>电路故障分析</td><td>10 分</td><td>每题 5 分，扣完为止</td><td></td></tr>
<tr><td colspan="4">总得分</td><td></td></tr>
</table>

2. 学习小结

本任务通过软件仿真虚拟验证、实物电路的装调与测试两种方法，验证了电路的功能和理论分析的结论，结合仿真结果和实物电路参数测量结果，梳理电路的工作原理，以及电源电压或负载电阻 R_L 在 ±5% 范围内变化时，输出电压 U_O 与稳压二极管两端电压 U_Z 之间的关系，

总电流 I 与流过稳压二极管的电流 I_Z、流过负载的电流 I_L 的关系。

小结本次实训过程，记录问题、收获和反思。

____

____

____

____

____

____

任务拓展

1. 二极管并联型稳压电路中，若稳压二极管采用正向导通接法，电路还能正常稳压吗？若不能，会出现什么问题？

____

____

2. 二极管并联型稳压电路中，若负载开路，电路还能正常稳压吗？

____

____

任务 2 三极管串联型可调稳压电路装调与测试

任务目标

◇ 会分析三极管串联型可调稳压电路的工作原理。

◇ 会用 Multisim 软件仿真三极管串联型可调稳压电路功能，并测试电路电压与电流。

◇ 能按工艺要求在万能板上规范完成三极管串联型可调电路装接与调试。

◇ 会用万用表测试三极管串联型可调稳压电路电压与电流。

任务描述

三极管串联型可调稳压电路输出电压在一定范围内连续可调，广泛应用于各行各业。三极管串联型可调稳压电路原理图如图 4.6 所示，电路板如图 4.11 所示，本任务要求完成以下内容：

① 按布线规范和工艺要求，在布线练习区完成三极管串联型可调稳压电路布线设计。

② 在 Multisim 软件中，完成三极管串联型可调稳压电路的绘制；完成当输入电压或负载电阻 R_L 在 ±5% 范围内变化时电路的输出电压测量，以及调节电位器 R_P 时输出电压变化范围的测试。

③ 按布线图设计和安装工艺要求，在万能板上完成电路的装接；装接好的电路接上 7.5 V 交流电源调试；用万用表进行电源电压变化、调节电位器 R_P 时输出电压变化范围的测试。

图 4.11 三极管串联型可调稳压电路板

任务准备

1. 职业素养养成

(1) 安全防护准备

穿好防静电服和绝缘鞋，戴好防静电手环。

(2) 工具仪表准备

电烙铁、烙铁架、焊锡丝、斜口钳、镊子、高温海绵、螺丝刀、万用表等。

(3) 软件、电源、设备准备

检查 Multisim 软件是否能正常打开；检查电源电压 7.5 V 交流电输出是否正常。

将检查结果记录在表 4.13 中。

表 4.13 检查结果记录表

序号	检查内容	检查细目
1	安全防护准备	□防静电服 □绝缘鞋 □防静电手环
2	工具仪表准备	□工具 □仪表
3	软件、电源、设备准备	□软件正常 □电源正常 □设备正常
检查人：________ 时间：_____年____月____日		

2. 电路布线图设计

在图 4.12 所示的布线练习区中按布线工艺要求，完成三极管串联型可调稳压电路的布线图设计，电路部分元器件的实物封装参考表 4.14。

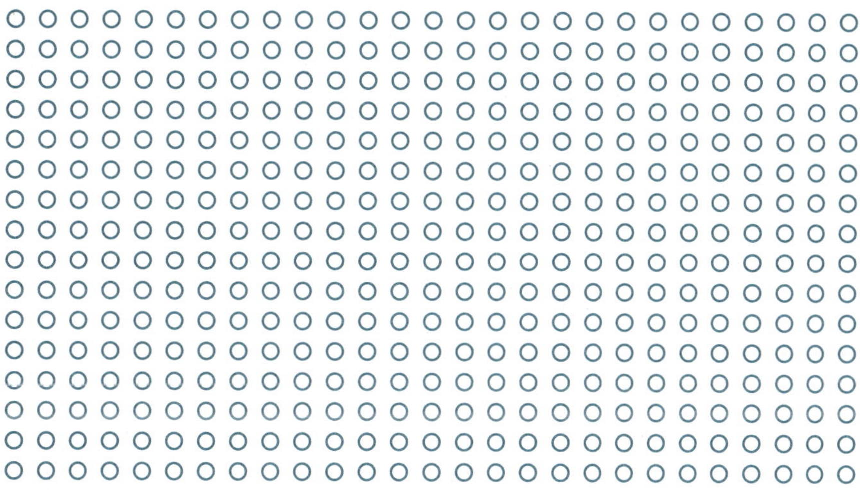

图 4.12　三极管串联型可调稳压电路布线练习区

表 4.14　三极管串联型可调稳压电路部分元器件实物对应封装表

序号	元器件名称	元器件实物	符号	封装
1	发光二极管		LED	占 2 个孔
2	电位器		R_P	占 3 个孔

任务实施

1. 三极管串联型可调稳压电路仿真与测试

(1) 仿真电路绘制

在 Multisim 软件中，完成图 4.13 所示三极管串联型稳压电路仿真图的绘制，仿真中的部分元器件图形符号和型号参数见表 4.15。将过程记录在表 4.16 中。

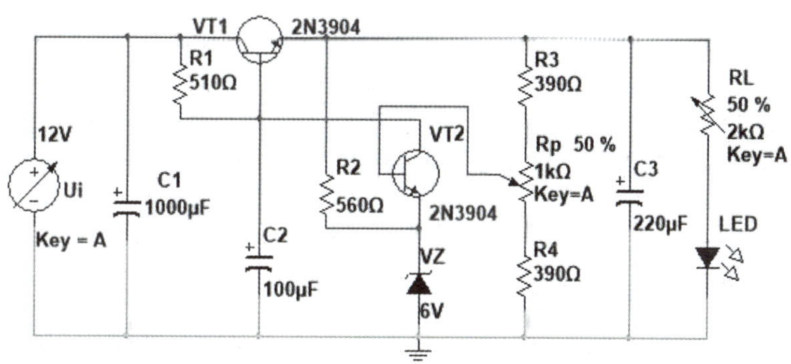

图 4.13　三极管串联型可调稳压电路仿真图

表 4.15 三极管串联型可调稳压电路仿真中部分元器件图形符号和型号参数对照表

序号	名称	电气图形符号	Multisim 元器件图形符号	Multisim 元器件型号 / 参数
1	发光二极管	LED		LED-BLUE

表 4.16 三极管串联型可调稳压电路绘制记录表

序号	操作内容	完成情况
1	正确选取元器件	□完成 □未完成
2	完成电路连线绘制	□完成 □未完成
3	正确接入 20 V 可调直流电源	□完成 □未完成
4	将可调直流电源调至 12 V	□完成 □未完成
记录人:______ 时间:____年___月___日		

(2) 电路参数测试

将万用表按图 4.14 所示连接在电路中,用万用表 XMM1 测量电路输出电压。

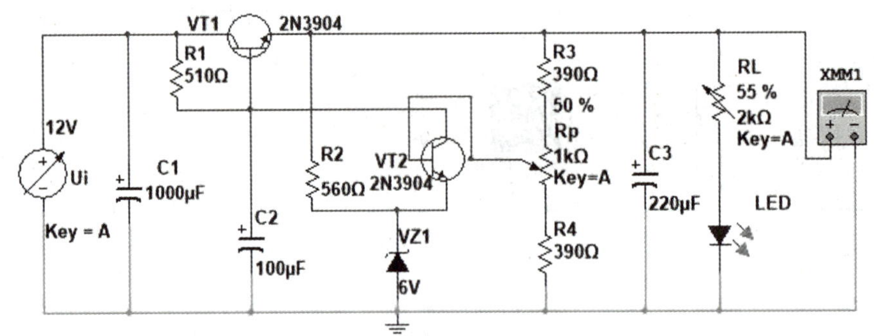

图 4.14 使用万用表测量三极管串联型可调稳压电路连接示意图

① 输入电压或负载电阻变化时输出电压测试

输入电压 U_I 及负载电阻 R_L 需设定的参数见表 4.17,将测量结果记录在表中。

表 4.17 U_I 及 R_L 变化时三极管串联型可调稳压电路输出电压记录表

U_I 及 R_L 变化情况	测量项目	输出电压值
U_I 减小,R_L 不变	$U_I=11$ V $R_L=1$ kΩ	
U_I 增大,R_L 不变	$U_I=13$ V $R_L=1$ kΩ	
U_I 不变,R_L 减小	$U_I=12$ V $R_L=0.8$ kΩ	
U_I 不变,R_L 增大	$U_I=12$ V $R_L=1.2$ kΩ	

分析仿真测量结果,可以得出:

三极管串联型可调稳压电路中,电源电压或负载变化时,电路的输出电压____________________________。

② 输出电压调节范围测试

电位器 R_P 按表 4.18 所示调节，将测量结果记录在表中。

表 4.18　三极管串联型可调稳压电路输出电压调节范围记录表

R_P 值	输出电压值
调至 0%	
调至 100%	

以上测试完成后，完成表 4.19。

表 4.19　三极管串联型可调稳压电路测试过程记录表

序号	操作内容	完成情况
1	万用表正确接入测试点	□完成　□未完成
2	完成电源电压或负载变化时输出电压测试，并记录在表中	□完成　□未完成
3	完成输出电压调节范围测试，并记录在表中	□完成　□未完成
记录人：________　时间：_____年____月____日		

2. 三极管串联型可调稳压电路的装调与测试

(1) 元器件识别与检测

三极管串联型可调稳压电路由二极管、滤波电容、三极管、稳压二极管、电阻、电位器和电源指示灯等 7 种元器件构成。为了更好地掌握元器件知识，请按表 4.20 要求，完成电路主要元器件的识别与检测。

表 4.20　主要元器件识别与检测记录表

元器件名称	识读检测内容	识读检测结果
电解电容 C_1	标称容量	________μF
	额定工作电压	________V
三极管 VT1	放大系数	________
	引脚顺序（有字一面朝向自己）	____、____、____
稳压二极管 VZ	稳压值	________V
发光二极管 LED	正向导通电压	________V
记录人：________　时间：_____年____月____日		

(2) 电路装接

根据三极管串联型可调稳压电路原理图，选择所需要的元器件，按布线设计在万能板上完成电路的装接，电路安装工艺要求见表 4.21。将结果记录在表 4.22 中。

表 4.21　电路安装工艺要求表

<table>
<tr><th>安装顺序</th><th>元器件符号</th><th>参数</th><th>数量</th><th>安装工艺要求</th><th>设备工具</th></tr>
<tr><td>1</td><td>VZ</td><td>6 V</td><td>1</td><td>按图(a)所示,水平卧式紧贴电路板安装,注意正负极性</td><td rowspan="11">镊子、斜口钳、电烙铁等常用装接工具</td></tr>
<tr><td rowspan="3">2</td><td>R_1</td><td>510 Ω</td><td>1</td><td rowspan="3">按图(b)所示,水平卧式紧贴电路板安装</td></tr>
<tr><td>R_2</td><td>560 Ω</td><td>1</td></tr>
<tr><td>R_3、R_4</td><td>360 Ω</td><td>2</td></tr>
<tr><td>3</td><td>VD1~VD4</td><td>1N4007</td><td>4</td><td>按图(c)所示,水平卧式紧贴电路板安装,注意正负极性</td></tr>
<tr><td rowspan="2">4</td><td>VT1</td><td>8050</td><td>1</td><td rowspan="2">按图(d)所示,引脚留 3~5 mm 高度,垂直电路板安装,注意区分引脚极性</td></tr>
<tr><td>VT2</td><td>9013</td><td>1</td></tr>
<tr><td>5</td><td>LED</td><td>红色</td><td>1</td><td>按图(e)所示,垂直紧贴电路板安装,注意区分引脚极性</td></tr>
<tr><td>6</td><td>R_P</td><td>1 kΩ</td><td>1</td><td>按图(f)所示,垂直紧贴电路板安装</td></tr>
<tr><td rowspan="3">7</td><td>C_1</td><td>1 000 μF</td><td>1</td><td rowspan="3">按图(g)所示,垂直紧贴电路板安装,注意引脚极性</td></tr>
<tr><td>C_2</td><td>100 μF</td><td>1</td></tr>
<tr><td>C_3</td><td>220 μF</td><td>1</td></tr>
<tr><td colspan="2">图样</td><td colspan="4">图(a)　图(b)　图(c)　图(d)
图(e)　图(f)　图(g)</td></tr>
<tr><td colspan="6">焊接工艺要求</td></tr>
<tr><td colspan="6">元器件按从小到大、从低到高顺序安装;焊点大小适中,无漏、假、虚、连焊,焊点光滑、圆润、干净、无毛刺;引脚加工尺寸及成形符合工艺要求;导线长度、剥线头长度符合工艺要求,芯线完好,捻头镀锡</td></tr>
</table>

表 4.22　电路装接记录表

序号	操作内容	完成情况
1	元器件按从小到大、从低到高顺序安装	□完成　□未完成
2	焊点大小适中、光滑、圆润、无毛刺,无漏、假、虚、连焊现象	□完成　□未完成
3	引脚加工尺寸及成形符合工艺要求	□完成　□未完成
4	导线长度、剥线头长度符合工艺要求,芯线完好,捻头镀锡	□完成　□未完成
记录人:________　时间:____年____月____日		

(3) 通电前检查

本电路电源使用 7.5 V 交流电。开始通电前，按表 4.23 的步骤，完成电路的通电前检查并记录结果。

表 4.23　电路通电前检查步骤记录表

序号	检查项目	检测结果记录
1	桌面、电路板面清理	□完成　□未完成
2	电源输入电压	输入电压______V；挡位：______　量程：______ 红表笔：______　黑表笔：______ 测得的电压：______V
3	电路板输入电阻	输入端______Ω；挡位：______　量程：______ 红表笔：______　黑表笔：______ 测得的电阻：______Ω
记录人：______　时间：____年____月____日		

(4) 电路电压参数测试

通电前检测各项都正常后，在电源输入端接入 7.5 V 交流电源，通电时注意安全用电规范。按表 4.24 逐项完成电路参数的测试，并将结果记录在表中。

表 4.24　电路参数测试结果记录表

序号	检查项目	输出电压结果记录
1	电位器顺时针转到底	挡位：______　量程：______ 红表笔：______　黑表笔：______ 测得的输出电压：______V
2	电位器逆时针转到底	挡位：______　量程：______ 红表笔：______　黑表笔：______ 测得的输出电压：______V
记录人：______　时间：____年____月____日		

(5) 常见故障分析

根据电路的调试和测试结果，分析出现下列电路故障的原因：

① 若输出电压不可调，可能是什么原因造成的？

____

② 输出电压波动很大，可能是什么原因？

____

任务总结

1. 任务评分

请在表 4.25 中完成各环节的评分。

表 4.25　三极管串联型可调稳压电路装调与测试任务评价表

<table>
<tr><th colspan="2">评分内容</th><th>配分</th><th>评分说明</th><th>得分</th></tr>
<tr><td rowspan="2">职业素养
(10 分)</td><td>安全意识</td><td>5 分</td><td>符合用电安全操作规范,出现不符合安全操作的行为,每项扣 1 分,扣完为止</td><td></td></tr>
<tr><td>现场整理</td><td>5 分</td><td>出现未整理现场、仪器仪表及工具摆放杂乱、不遵守纪律等现象,每项扣 1 分,扣完为止</td><td></td></tr>
<tr><td>任务准备
(10 分)</td><td>布线图设计</td><td>10 分</td><td>元器件摆放横平竖直,各元器件间距合适,元器件符号用铅笔画,各元器件封装按照规定尺寸,连线用蓝色水笔画,焊点用实心黑点涂黑,不符合要求每项扣 1 分,扣完为止</td><td></td></tr>
<tr><td rowspan="2">仿真调试
(10 分)</td><td>仿真电路绘制</td><td>5 分</td><td>按原理图正确绘制仿真图,电源电压正确,元器件参数正确。以上每项 2 分,扣完为止</td><td></td></tr>
<tr><td>电路参数测试</td><td>5 分</td><td>各项参数测试,每错 1 处扣 1 分,扣完为止</td><td></td></tr>
<tr><td rowspan="4">电路装调
(40 分)</td><td>元器件识读与检测</td><td>10 分</td><td>每错 1 空扣 1 分</td><td></td></tr>
<tr><td>电路装接</td><td>10 分</td><td>元器件选择错误、极性装错等,每处扣 1 分,扣完为止</td><td></td></tr>
<tr><td>安装工艺</td><td>10 分</td><td>元器件安装工艺、焊点、引脚成形及引线等不符合工艺标准,每处扣 1 分,扣完为止</td><td></td></tr>
<tr><td>电路功能</td><td>10 分</td><td>电路功能正常得 10 分,否则 0 分</td><td></td></tr>
<tr><td rowspan="3">测量分析
(30 分)</td><td>通电前检查</td><td>10 分</td><td>每错 1 处扣 2 分,扣完为止</td><td></td></tr>
<tr><td>电路参数测试</td><td>10 分</td><td>每错 1 处扣 5 分,扣完为止</td><td></td></tr>
<tr><td>电路故障分析</td><td>10 分</td><td>每题 5 分,扣完为止</td><td></td></tr>
<tr><td colspan="4">总得分</td><td></td></tr>
</table>

2. 学习小结

本任务通过软件仿真虚拟验证、实物电路的装调与测试两种方法,验证了电路的功能和理论分析结论,结合仿真结果和实物电路参数测量结果,梳理电路的工作原理,输入电压和负载变化时对输出电压的影响,以及输出电压的调节范围计算。

小结本次实训过程,记录问题、收获和反思。

任务拓展

1. 三极管串联型可调稳压电路中，若 VT1 三极管烧坏，会对电路输出电压造成什么影响？请分析原因。

2. 若装接电路时稳压二极管接反，会对电路输出电压造成什么影响？请分析原因。

项目 5　功率放大电路装调与测试

项目目标

◇ 认识 OTL 功率放大电路和 OCL 功率放大电路的组成，能区分不同类型的功率放大电路。

◇ 会分析 OTL 功率放大电路和 OCL 功率放大电路的工作原理。

◇ 会用软件仿真 OTL 功率放大电路和 OCL 功率放大电路的功能，并测试电路的参数。

◇ 能在万能板上按工艺要求正确完成电路的装接与调试，并测试电路的参数及波形。

◇ 能综合分析理论结果、仿真结果和实物电路测试结果。

◇ 养成规范操作、安全文明生产的职业素养，传承精益求精的工匠精神。

项目描述

功率放大电路应用于驱动仪表、扬声器、自动控制系统中的执行机构等，几乎所有家电、楼宇智能化系统、弱电设备、消防控制装置、交通通信设备、控制领域中要求放大电路有足够大的输出功率，这样的放大电路统称为功率放大电路。图 5.1 和图 5.2 所示是 1874 功率放大电路和双路 D 类功率放大电路。

图 5.1　1874 功率放大电路

图 5.2　双路 D 类功率放大电路

本项目以 OTL 功率放大电路和 OCL 功率放大电路为例，要求完成功率放大电路的虚拟仿真及仿真参数测试，万能板电路的布线设计、电路装接及电路参数、波形的测试。

项目结构

功率放大电路装调与测试思维导图如图 5.3 所示。

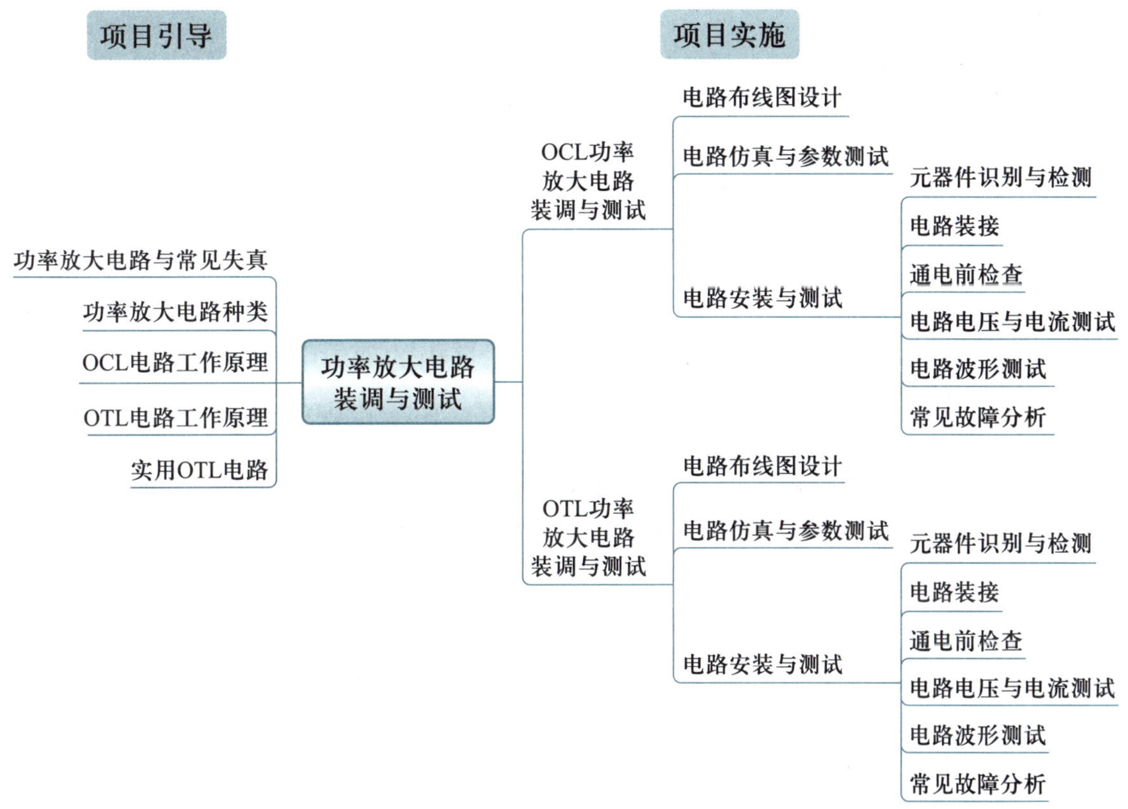

图 5.3 功率放大电路装调与测试思维导图

项目引导

问题 1 什么是功率放大电路？功率放大电路有哪些常见失真？

以________的失真、________的效率向负载提供________的输出功率的放大电路，称为功率放大电路，简称功放。由于功率放大电路工作在大信号状态，功率放大管的电压、电流变化幅度大，超出三极管特性曲线的线性范围，会产生________失真，严重时还将产生幅度失真，如图 5.4(a)所示。在常用的乙类推挽功率放大电路中,还会产生________失真,如图 5.4(b)所示。

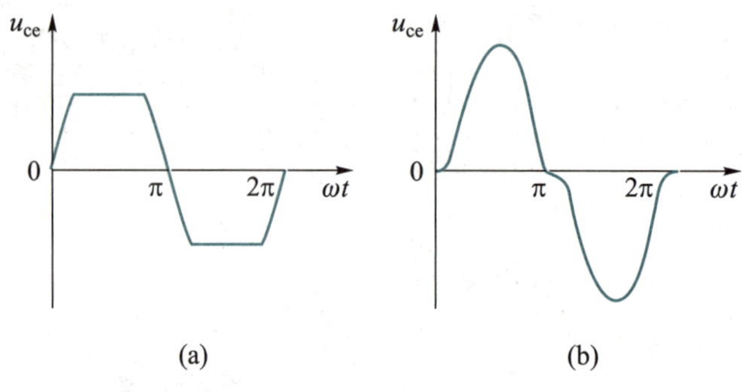

图 5.4 功率放大电路的失真

问题 2 功率放大电路有哪些种类?

功率放大电路种类很多,根据功放管静态工作点的不同,常用功率放大电路可分为___________、___________和___________3 种。

如图 5.5(a)所示,功放管静态工作点选择在放大区内的称为甲类功放电路。在工作过程中功放管处于________状态,输出波形________失真。由于设置的静态电流大,放大电路的效率较低,最高只能达到________。如图 5.5(b)所示,功放管静态工作点设置在截止区边缘的称为乙类功放电路。在工作过程中,功放管仅在输入信号的________导通,________截止,只有半波输出。由于几乎无静态电流,电路的功率损耗减到最少,使效率大大提高,最高可达___________。在实际使用中,乙类功放电路采用两个功放管组合起来交替工作,就可输出完整的信号。如图 5.5(c)所示,功放管的静态工作点介于甲类和乙类之间,称为甲乙类功放电路。它的波形失真和效率介于甲类和乙类之间,是实用功放电路经常采用的方式。

按功放输出端特点的不同,功率放大电路又可分为变压器耦合功率放大电路、____________________功率放大电路和___________功率放大电路等。

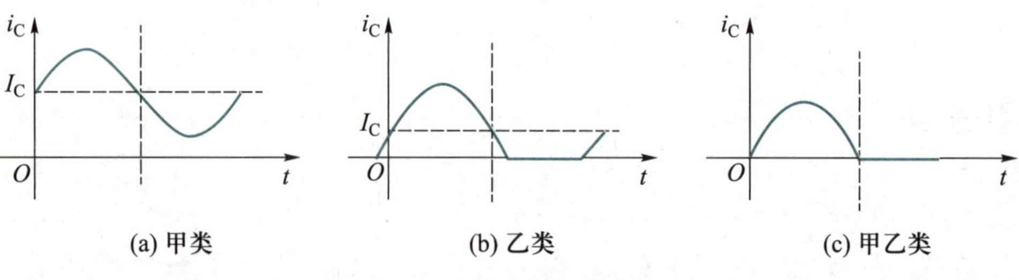

图 5.5 功放电路工作状态分类

职业视野

在功率放大电路中，甲类功率放大电路静态电流大，效率最高只能达到 50%；乙类功率放大电路几乎没有静态电流，效率大大提高了，但容易引起交越失真。而甲乙类功率放大电路，静态工作点介于甲类与乙类之间，兼顾了效率与失真，是实用的功率放大电路经常采用的工作方式。

问题 3 什么是 OCL 电路？它是如何工作的？

双电源互补对称功率放大电路，又称无输出电容功率放大电路，简称 OCL，电路的基本结构如图 5.6(a)所示。两个三极管特性对称，都工作在________。无输入信号时，$u_i=0$，三极管 VT1、VT2______，$i_{C1}=i_{C2}=0$，两管均无偏置，两管基极电流均为零而______。当输入信号到达电路输入端时，$u_i>0$，三极管 VT1______，VT2______，负载 R_L 上得到被放大的正半周电流信号，如图 5.6(b)实线所示；$u_i<0$，三极管 VT1______，VT2______，负载 R_L 上得到被放大的负半周电流信号，如图 5.6(c)虚线所示。

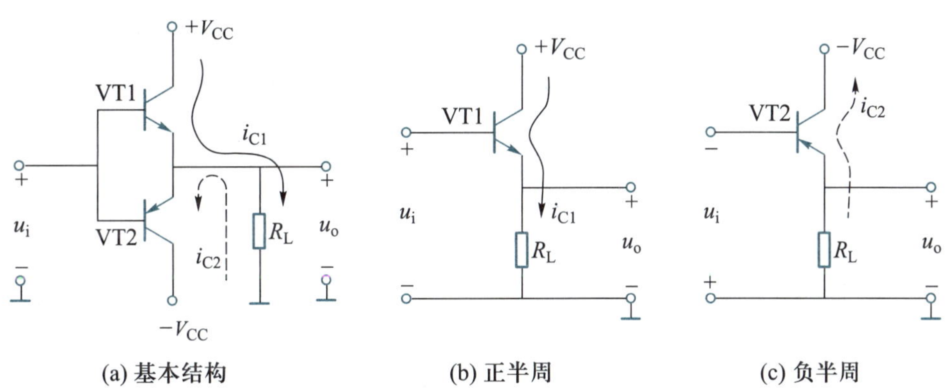

图 5.6 OCL 电路基本结构及工作状态

问题 4 什么是 OTL 电路？它是如何工作的？

图 5.7 所示为 OTL 功率放大电路，与 OCL 电路相比，省去了______，输出端加接了一个______。正半周时，$u_i>0$，三极管 VT1______，VT2______，负载 R_L 上得到被放大的___________，电容器 C______。负半周时，$u_i<0$，三极管 VT1______，VT2______，负载 R_L 上得到被放大的________________，电容器 C______。在一个周期内，两只管子________________，实现完整周期波形。电容 C 不仅耦合输出信号，还起到___________的作用。________________两个配对功率放大管，工作在____或____状态，无输出变压器，故称为______________________。

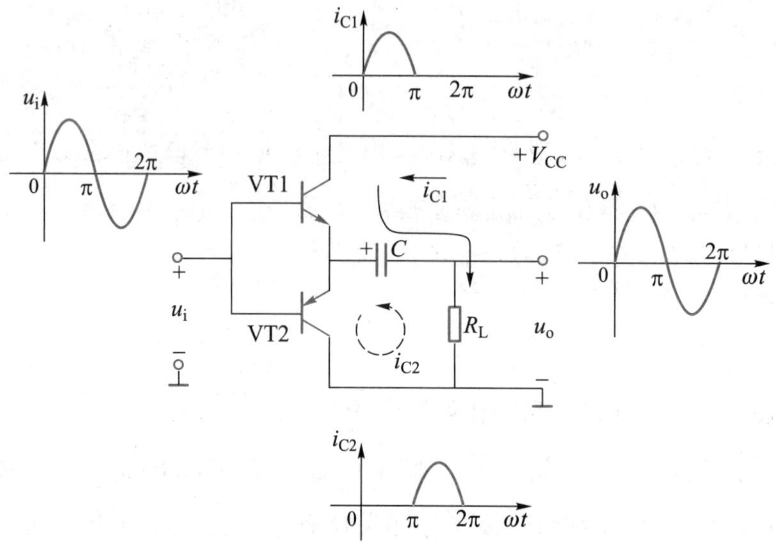

图 5.7　OTL 电路的工作原理图

问题 5　实用的 OTL 电路是如何工作的?

图 5.8 所示为实用的 OTL 功率放大电路,为______供电,______为中点电压调整,让两个功率管______,工作在电源电压一半______为静态电流调整,为减小______,一般调整功率放大管工作在______。OTL 功率放大电路中的自举电路,其中的电容 C_2 为______,自举电路由______组成。当输入信号 u_i 为负半周时,通过 VT1 基本放大电路反相放大,VT3 基极电位升高并放大,输出端电压也升高,由于 C_2 的作用,______被提升,避免了 VT3 的______,属自举现象。

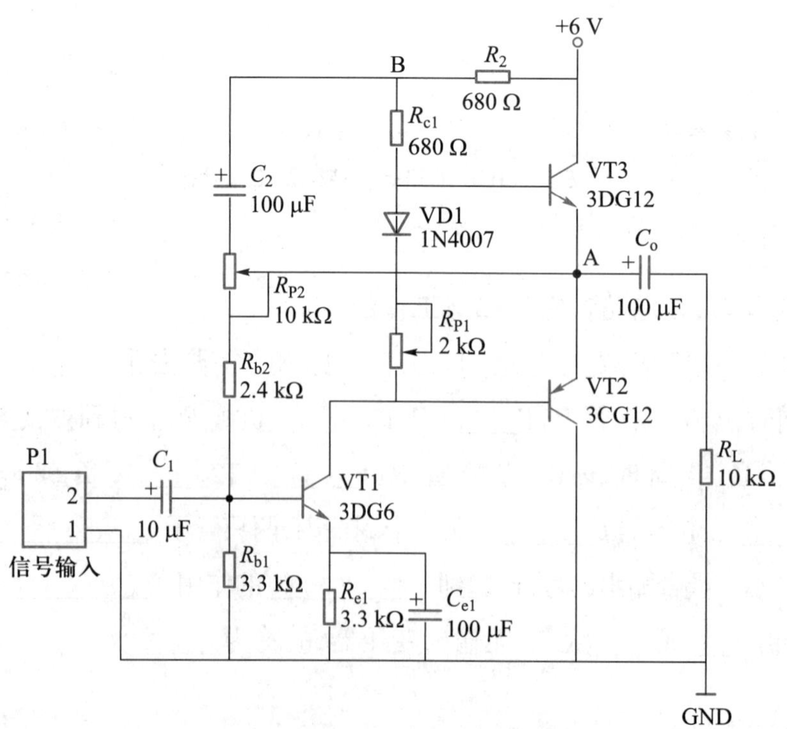

图 5.8　实用 OTL 放大电路原理图

项目实施

任务 1 OCL 功率放大电路装调与测试

任务目标

◇ 会分析 OCL 功率放大电路的工作原理。
◇ 会用 Multisim 软件仿真 OCL 功率放大电路功能，并测试电路电压与电流。
◇ 能按标准工艺要求在万能板上规范完成 OCL 功率放大电路装接与调试。
◇ 会用万用表测试 OCL 功率放大电路电压与电流。

任务描述

OCL 功率放大电路是常用于双电源适配器的功率放大电路。OCL 功率放大电路原理图如图 5.9 所示，实物电路板如图 5.10 所示，本任务要求完成以下内容：

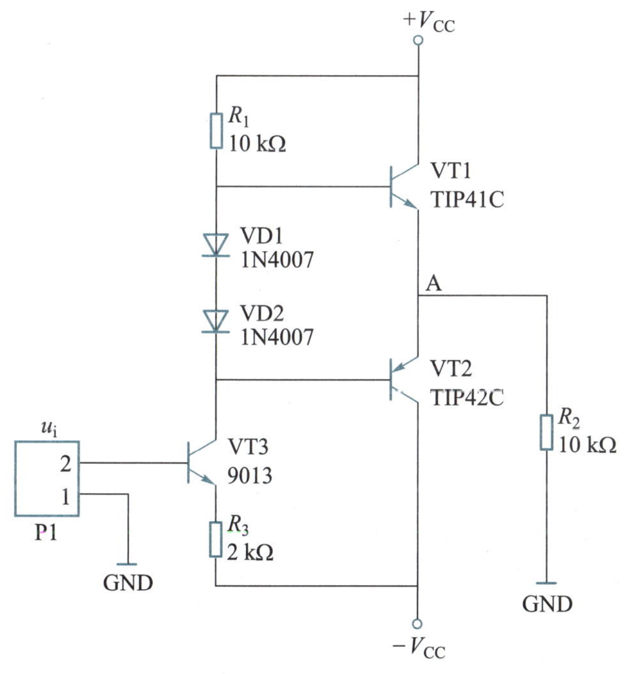

图 5.9 OCL 功率放大电路原理图

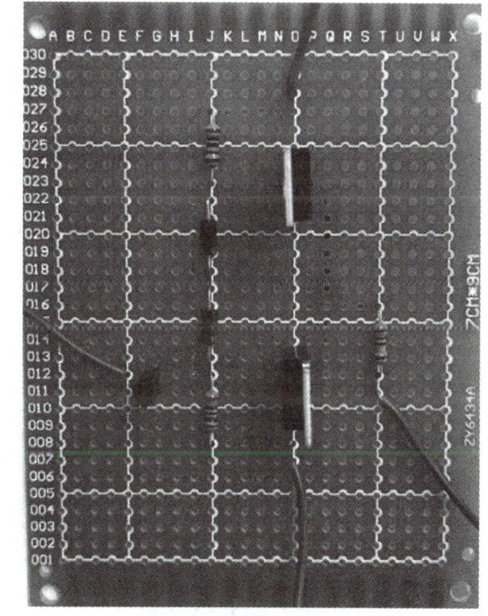

图 5.10 OCL 功率放大电路实物电路板

① 按布线规范和工艺要求，在布线练习区完成 OCL 功率放大电路布线设计。
② 在 Multisim 软件中，完成 OCL 功率放大电路的绘制；完成有信号输入时输出波形的测试。
③ 按布线图设计和安装工艺要求在万能板上完成电路的装接；装接好的电路接上 ±5V

直流电源调试。

④ 用万用表测量输入电流、输出电流、VD1 和 VD2 两端电压和 VT2 发射极(A 点)电位。

⑤ 用示波器测量电路 P1 处输入信号 u_i 波形和经功率放大后输出信号 u_o 的波形。

任务准备

1. 职业素养养成

(1) 安全防护准备

穿好防静电服和绝缘鞋,戴好防静电手环。

(2) 工具仪表准备

电烙铁、烙铁架、焊锡丝、斜口钳、镊子、高温海绵、螺丝刀、万用表、示波器等。

(3) 软件、电源、设备准备

检查 Multisim 软件是否能正常打开;检查 ±5 V 直流电源输出是否正常;检查示波器 CH1、CH2 两路通道是否能正常测量波形。将检查结果记录在表 5.1 中。

表 5.1 检查结果记录表

序号	检查内容	检查细目
1	安全防护准备	□防静电服 □绝缘鞋 □防静电手环
2	工具仪表准备	□工具 □仪表
3	软件、电源、设备准备	□软件正常 □电源正常 □设备正常
检查人:________ 时间:_____年____月____日		

2. 电路布线图设计

在图 5.11 所示的布线练习区中按布线工艺要求,完成 OCL 功率放大电路的布线图设计,电路部分元器件的实物封装参考表 5.2。

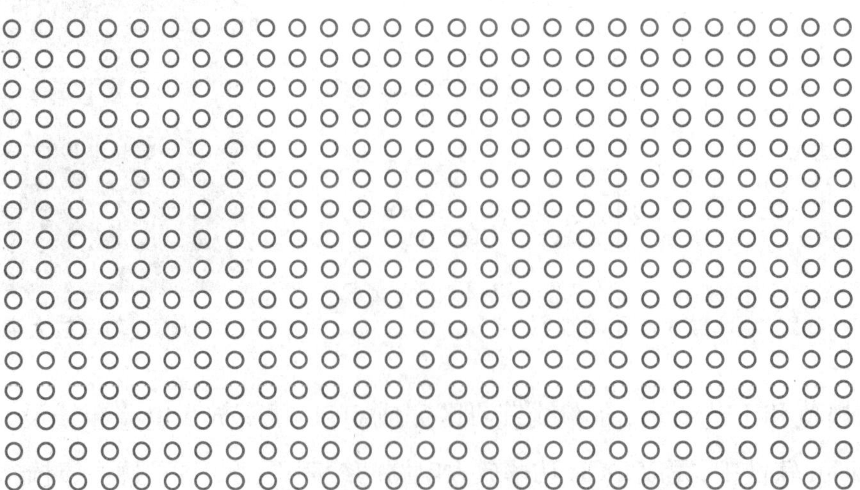

图 5.11 布线练习区

表 5.2　OCL 功率放大电路部分元器件实物对应封装表

序号	元器件名称	元器件实物	图形符号	封装
1	大功率三极管		VT	占3个孔 1 2 3

任务实施

1. OCL 功率放大电路仿真与测试

(1) 仿真电路绘制

在 Multisim 软件中，完成图 5.12 所示 OCL 功率放大电路仿真图的绘制。仿真中的元器件图形符号和型号参数见表 5.3。将过程记录在表 5.4 中。

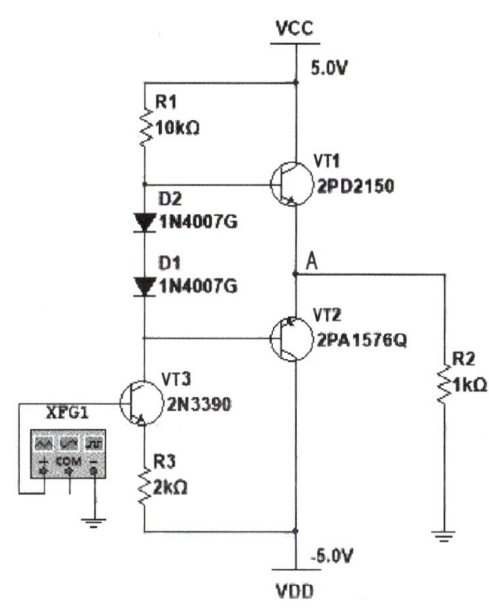

图 5.12　OCL 功率放大电路仿真电路图

表 5.3　仿真中的 OCL 功率放大电路部分元器件图形符号和型号对照表

序号	名称	电气图形符号	Multisim 元器件图形符号	Multisim 元器件型号 / 参数
1	三极管 VT3	VT	VT	2N3390

续表

序号	名称	电气图形符号	Multisim 元器件图形符号	Multisim 元器件型号 / 参数
2	功放三极管 VT1	VT	VT	2PD2150
3	功放三极管 VT2	VT	VT	2PA1576Q

表 5.4　OCL 功率放大电路仿真绘图记录表

序号	操作内容	完成情况
1	正确选取电阻、二极管和三极管	□完成　□未完成
2	完成电路连线绘制	□完成　□未完成
3	正确接入 ±5 V 直流电源	□完成　□未完成
4	输入 200 Hz、500 mV 交流信号	□完成　□未完成
记录人：______　　时间：____年____月____日		

(2) 电路参数测试

① OCL 功率放大仿真电路电压与电流的测试

将 Multisim 中的万用表按图 5.13 所示连接在电路中，各万用表测量的项目和各元器件需设定的参数见表 5.3，将测量结果分别记录在表 5.5 中。

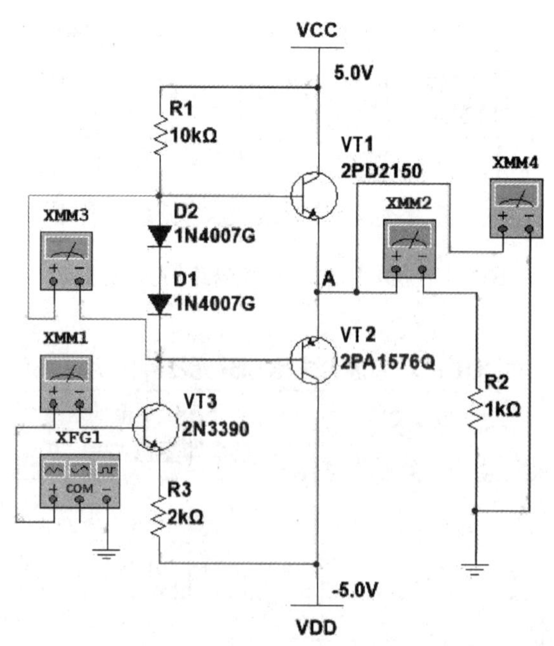

图 5.13　OCL 功率放大电路电压与电流测试连接示意图

表 5.5　OCL 功率放大电路电压与电流测试记录表

万用表	测量项目	测量结果
XMM1	输入电流	
XMM2	输出电流	
XMM3	VD1 和 VD2 两端电压	
XMM4	VT2 发射极（A 点）电位	

② OCL 功率放大仿真电路信号放大前后的测试

输入电压 u_i 为“500 mV、200 Hz”的正弦交流信号，将 Multisim 软件中的双踪示波器按图 5.14 所示连接在电路中，测量 OCL 功率放大电路输入信号 u_i 和功率放大后的输出信号 u_O 波形，记录在表 5.6 中。

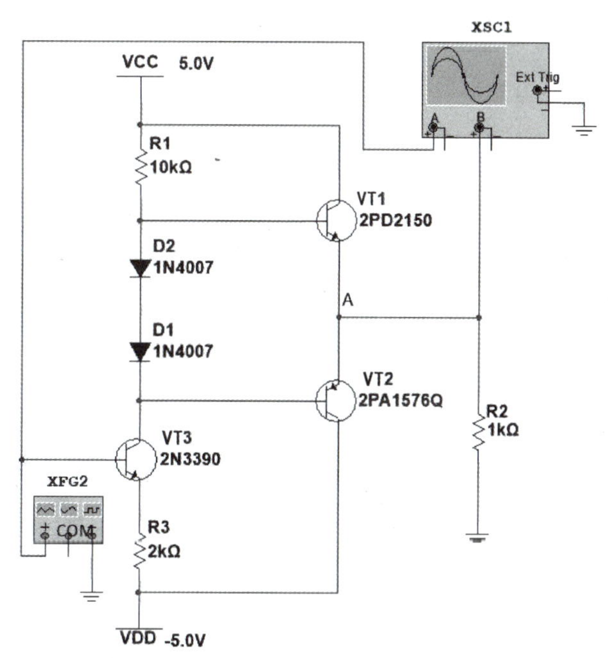

图 5.14　使用示波器测量输入信号 u_i 和输出信号 u_O 波形连接示意图

表 5.6　OCL 功率放大电路输入信号 u_i 和输出信号 u_O 波形测试记录表

u_i	u_O
峰 – 峰值________	峰 – 峰值________
有效值________	有效值________
周　期________	周　期________
频　率________	频　率________
X 轴挡位________	X 轴挡位________
Y 轴挡位________	Y 轴挡位________

分析仿真测量结果，能得出 OCL 功率放大电路中输入信号和输出信号的关系为：________________________________。

以上测试完成后，完成表 5.7。

表 5.7 OCL 功率放大电路测试过程记录表

序号	操作内容	完成情况
1	将万用表正确接入测试点	□完成 □未完成
2	完成参数测试并记录在表中	□完成 □未完成
3	将示波器正确接入测试点	□完成 □未完成
4	完成波形测试并记录在表中	□完成 □未完成
记录人：__________ 时间：______年____月____日		

2. OCL 功率放大电路装调与测试

(1) 元器件识别与检测

OCL 功率放大电路由电阻、二极管、信号放大三极管和功率放大三极管 4 种元器件构成，请按表 5.8 要求完成电路主要元器件的识别与检测。

表 5.8 主要元器件识别与检测记录表

序号	元器件名称	识读检测内容	识读检测结果
1	色环电阻 R_1	识读阻值	______Ω，误差 ±______%
		实测阻值	______Ω
2	三极管 VT2	管型	______
		标出引脚极性	
3	二极管 VD1	导通电压	__________V
记录人：__________ 时间：______年____月____日			

(2) 电路装接

根据 OCL 功率放大电路原理图，选择所需要的元器件，按布线设计在万能板上完成电路的装接，电路安装工艺要求见表 5.9。将结果记录在表 5.10 中。

表 5.9　电路安装工艺要求表

<table>
<tr><th>安装顺序</th><th>元器件符号</th><th>参数</th><th>数量</th><th>安装工艺要求</th><th>设备工具</th></tr>
<tr><td>1</td><td>R_1、R_2、R_3</td><td>10 kΩ、10 kΩ、2 kΩ</td><td>3</td><td>按图(a)所示，水平卧式紧贴电路板安装</td><td rowspan="5">镊子、斜口钳、电烙铁等常用装接工具</td></tr>
<tr><td>2</td><td>VD1、VD2</td><td>1N4007</td><td>2</td><td>按图(b)所示，水平卧式紧贴电路板安装，注意区分极性</td></tr>
<tr><td>3</td><td>VT3</td><td>9013</td><td>1</td><td>按图(c)所示，引脚留 3~5mm 高度垂直电路板安装，注意区分引脚极性</td></tr>
<tr><td rowspan="2">4</td><td>VT1</td><td>TIP41C</td><td>1</td><td rowspan="2">按图(d)所示，垂直电路板安装，注意区分引脚极性</td></tr>
<tr><td>VT2</td><td>TIP42C</td><td>1</td></tr>
<tr><td colspan="2">图样</td><td colspan="4">图(a)　图(b)　图(c)　图(d)</td></tr>
<tr><td colspan="6">焊接工艺要求</td></tr>
<tr><td colspan="6">元器件按从小到大、从低到高顺序安装；焊点大小适中，无漏、假、虚、连焊，焊点光滑、圆润、干净、无毛刺；引脚加工尺寸及成形符合工艺要求；导线长度、剥线头长度符合工艺要求，芯线完好，捻头镀锡</td></tr>
</table>

表 5.10　电路装接记录表

序号	操作内容	完成情况
1	元器件按从小到大、从低到高顺序安装	□完成　□未完成
2	焊点大小适中、光滑、圆润、无毛刺，无漏、假、虚、连焊现象	□完成　□未完成
3	引脚加工尺寸及成形符合工艺要求	□完成　□未完成
4	导线长度、剥线头长度符合工艺要求，芯线完好，捻头镀锡	□完成　□未完成
记录人：________　时间：_____年____月____日		

(3) 通电前检查

本电路电源使用 ±5 V 直流电。开始通电前，按表 5.11 的步骤完成电路的通电前检查并记录结果。

表 5.11　电路通电前检查步骤记录表

序号	检查项目	检测结果记录
1	桌面、电路板面清理	□完成　□未完成
2	电源输入电压	输入电压________V；挡位：________量程：________ 红表笔：____________黑表笔：____________ 测得的电压：____________V
3	电路板输入电阻	输入端________Ω；挡位：________量程：________ 红表笔：____________黑表笔：____________ 测得的电阻：____________Ω
记录人：________　时间：_____年____月____日		

(4) 电路电压与电流测试

通电前检测各项都正常后，在电源输入端接入 ±5V 直流电源，通电时注意安全用电规范。按表 5.12 逐项完成电路电压与电流的测试，并将结果记录在表中。

表 5.12　电路电压与电流测试结果记录表

序号	检测项目	检测结果记录
1	VD1、VD2 两端电压	量程:________ 挡位:________ 红表笔:________ 黑表笔:________ 测得的电压:____________V
2	VT2 发射极(A 点)电位	量程:________ 挡位:________ 红表笔:________ 黑表笔:________ 测得的电位:____________V
3	输入信号 U_i	量程:________ 挡位:________ 红表笔:________ 黑表笔:________ 测得的电压:____________V
4	负载电流 I_o	量程:________ 挡位:________ 红表笔:________ 黑表笔:________ 测得的电流:____________A
记录人:________ 时间:____年____月____日		

(5) 电路波形测试

在信号输入端输入 200 Hz、幅值为 500 mV 的正弦交流信号，用双踪示波器同时测量 OCL 功率放大电路输入信号 u_i 和放大后的输出信号 u_O 波形，并将结果记录在表 5.13 中。

表 5.13　电路电压波形测试结果记录表

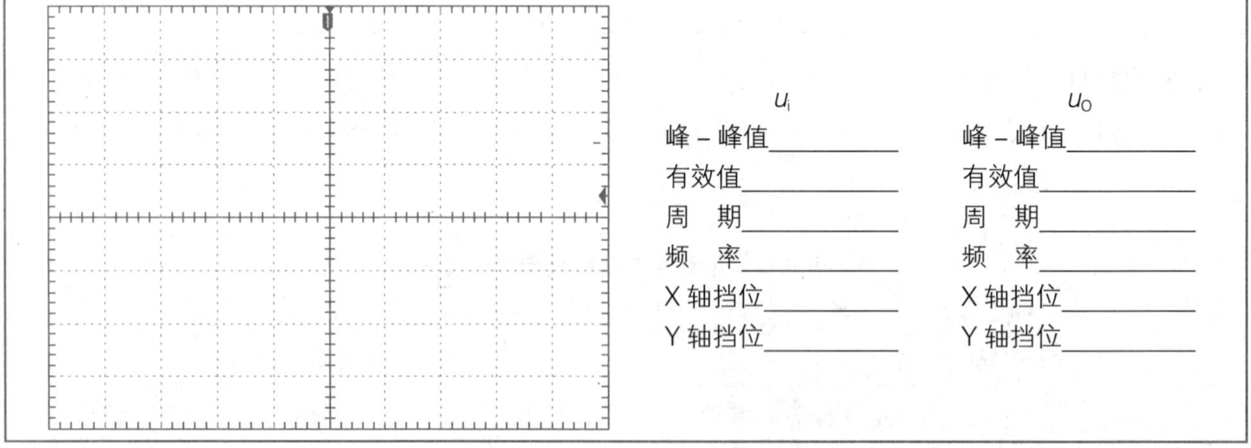

(6) 常见故障分析

根据电路的调试和测试结果，分析出现下列电路故障的原因：

① 若电路输入信号正常，输出信号出现交越失真，可能是什么原因造成的？

____。

② 若电路输入信号正常，输出信号出现非线性失真，可能是什么原因造成的？

____。

任务总结

1. 任务评价

在表 5.14 中完成各环节的评分。

表 5.14　OCL 功率放大电路装调与测试任务评价表

评分内容		配分	评分说明	得分
职业素养（10 分）	安全意识	5 分	符合用电安全操作规范，出现不符合安全操作的行为，每项扣 1 分，扣完为止	
	现场整理	5 分	出现未整理现场、仪器仪表及工具摆放杂乱、不遵守纪律等现象，每项扣 1 分，扣完为止	
任务准备（10 分）	布线图设计	10 分	元器件摆放横平竖直，各元器件间距合适，元器件符号用铅笔画，各元器件封装按照规定尺寸，连线用蓝色水笔画，焊点用实心黑点涂黑，不符合要求每项扣 1 分，扣完为止	
仿真调试（10 分）	仿真电路绘制	5 分	按原理图正确绘制仿真图，电源电压正确，元器件参数选择正确。以上每项 2 分，扣完为止	
	电路参数测试	5 分	各项参数测试，每错 1 处扣 1 分，扣完为止	
电路装调（35 分）	元器件识读与检测	5 分	每错 1 空扣 1 分	
	电路装接	10 分	元器件选择错误、极性装错等，每处扣 1 分，扣完为止	
	安装工艺	10 分	元器件安装工艺、焊点、引脚成形及引线等不符合工艺标准，每处扣 1 分，扣完为止	
	电路功能	10 分	电路功能正常得 10 分，否则 0 分	
测量分析（35 分）	通电前检查	5 分	每错 1 处扣 1 分，扣完为止	
	电路参数测试	10 分	每错 1 处扣 1 分，扣完为止	
	电路波形测试	10 分	每错 1 处扣 1 分，扣完为止	
	电路故障分析	10 分	每题 5 分，扣完为止	
总得分				

2. 学习小结

本任务通过软件仿真虚拟验证、实物电路的装调与测试两种方法，验证了电路的功能和理论分析结论，结合仿真结果和实物电路参数测量结果，梳理电路的工作原理。

小结本次实训过程，记录问题、收获和反思。

____
____
____
____
____
____

任务拓展

1. 若采用一个二极管接入电路，电路还能正常输出波形吗？若不能，会出现什么问题？

______________________________。

2. 若电路由双电源变成了单电源，VT2 的发射极电位会有何变化，当输入电压正常时，电路输出电压会有什么变化？

______________________________。

任务 2　OTL 功率放大电路装调与测试

任务目标

◇ 会分析 OTL 功率放大电路的工作原理。

◇ 会用 Multisim 软件仿真 OTL 功率放大电路功能，并测试电路电压与电流。

◇ 能按工艺要求在万能板上规范完成 OTL 功率放大电路装接与调试。

◇ 会用万用表测试 OTL 功率放大电路电压与电流。

任务描述

OTL 功率放大电路是推挽式无输出变压器功率放大电路。OTL 功率放大电路原理图如图 5.8 所示，实物电路板如图 5.15 所示，本任务要求完成以下内容：

① 按布线规范和工艺要求，在布线练习区完成OTL功率放大电路布线设计。

② 在Multisim软件中，完成OTL功率放大电路的绘制；完成当输入信号变化时对电路输出电压的测量。

③ 按布线图设计和安装工艺要求在万能板上完成电路的装接；装接好的电路接上6 V直流电源调试。

④ 用万用表测量输入电流、输出电流、A和B点的电位。

⑤ 用示波器测量电路输入信号 u_i 和经过功率放大后 R_L 两端的电压波形。

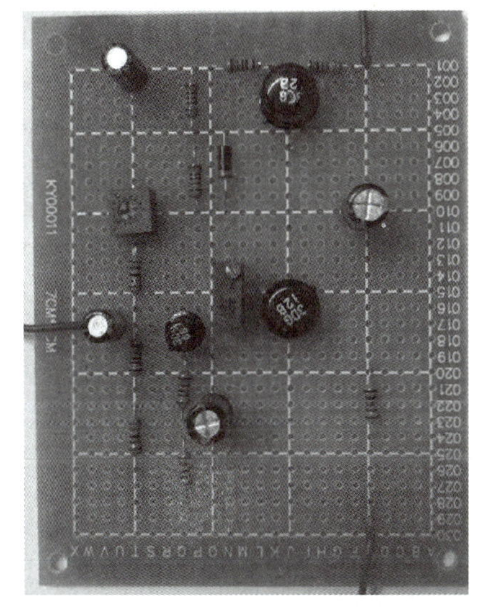

图5.15　OTL功率放大电路实物电路板

任务准备

1. 职业素养养成

(1) 安全防护准备

穿好防静电服和绝缘鞋，戴好防静电手环。

(2) 工具仪表准备

电烙铁、烙铁架、焊锡丝、斜口钳、镊子、高温海绵、螺丝刀、万用表、示波器等。

(3) 软件、电源、设备准备

检查Multisim软件是否能正常打开；检查输入电源6 V直流电输出是否正常；检查DG812信号发生器是否能正常输出信号。检查示波器CH1、CH2两路通道是否能正常测量波形。

将检查结果记录在表5.15中。

表5.15　检查结果记录表

序号	检查内容	检查细目
1	安全防护准备	□防静电服　□绝缘鞋　□防静电手环
2	工具仪表准备	□工具　□仪表
3	软件、电源、设备准备	□软件正常　□电源正常　□设备正常
检查人：________　时间：______年____月____日		

2. 电路布线图设计

在图5.16所示的布线练习区中，按布线工艺要求完成OTL功率放大电路的布线图设计，电路部分元器件的实物封装参考表5.16。

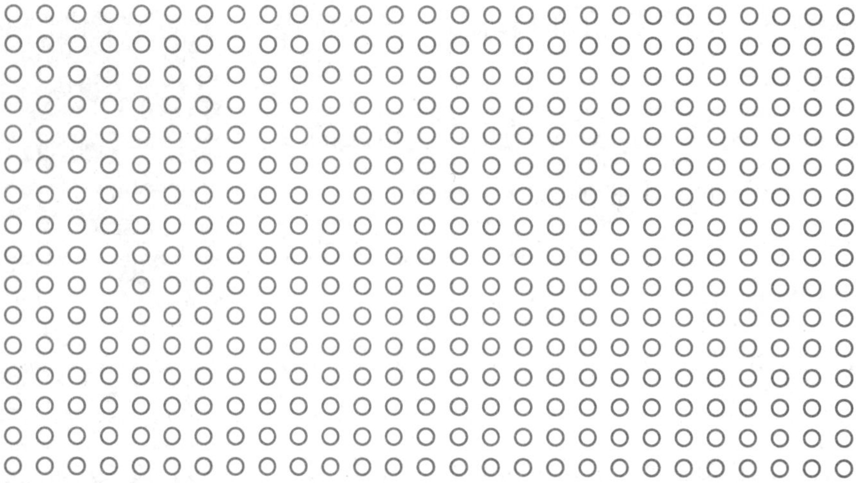

图 5.16　布线练习区

表 5.16　元器件实物对应封装表

序号	元器件名称	元器件实物	符号	封装
1	三极管 VT1	 3DG 6D	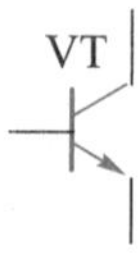 VT	占 3 个孔 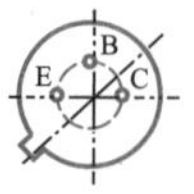 E B C
2	功率放大三极管 VT2		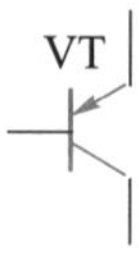 VT	占 6 个孔 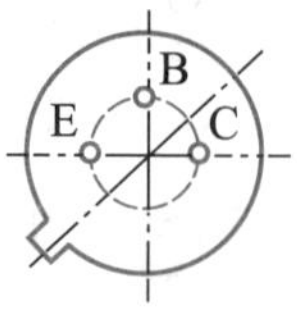 E B C
3	功率放大三极管 VT3	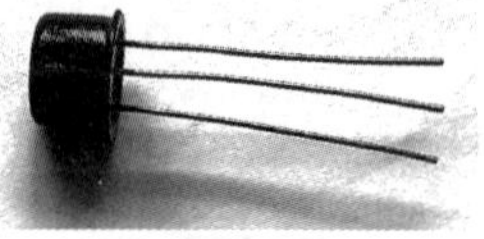	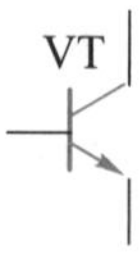 VT	占 6 个孔 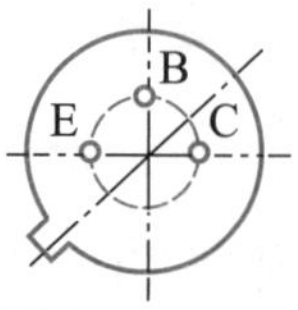 E B C
4	电位器		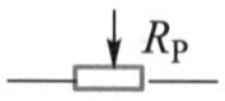 R_P	占 3 个孔 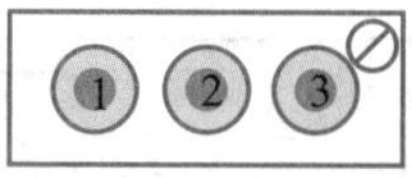 1 2 3

任务实施

1. OTL 功率放大电路仿真与测试

(1) 仿真电路绘制

在 Multisim 软件中，完成图 5.17 所示 OTL 功率放大电路仿真图的绘制。仿真中的部分元器件图形符号和型号参数见表 5.17。将过程记录在表 5.18 中。

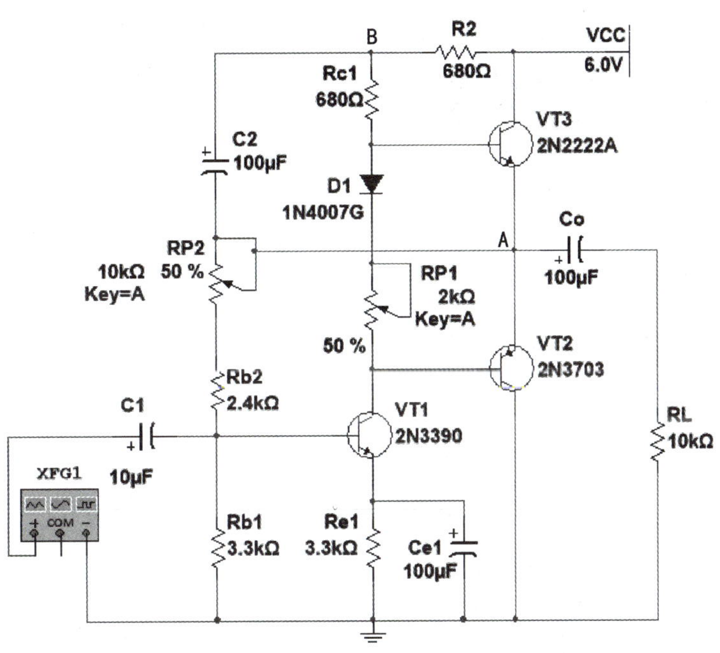

图 5.17　OTL 功率放大电路仿真电路图

表 5.17　仿真中的 OTL 功率放大电路部分元器件图形符号和型号对照表

序号	名称	电气图形符号	Multisim 元器件图形符号	Multisim 元器件型号 / 参数
1	三极管 VT1	VT		2N3390
2	三极管 VT2	VT		2N3703
3	三极管 VT3	VT		2N2222A
4	电位器	R_P		2 kΩ、10 kΩ

表 5.18　OTL 功率放大电路仿真绘制记录表

序号	操作内容	完成情况
1	正确选取电阻、电容和三极管	□完成　□未完成
2	完成电路连线绘制	□完成　□未完成
3	正确接入 +6 V 直流电	□完成　□未完成
4	输入 200 Hz、500 mV 交流信号	□完成　□未完成
记录人:__________　时间:______年____月____日		

(2) 电路参数的测试

① OTL 功率放大电路电压与电流测试

将 Multisim 软件中的万用表按图 5.18 所示连接在电路中，各万用表测量的项目和各元器件需设定的参数见表 5.19，将测量结果分别记录在表 5.20 中。

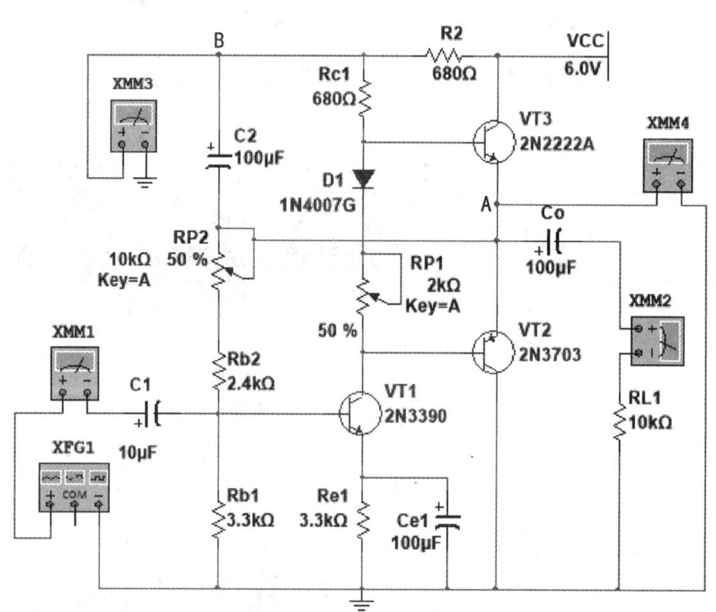

图 5.18　OTL 功率放大电路万用表连接示意图

表 5.19　OTL 功率放大电路电压与电流测试记录表

万用表	测量项目	测量结果
XMM1	输入电流	
XMM2	输出电流	
XMM3	B 点电位	
XMM4	A 点电位	

② OTL 功率放大电路信号放大前后波形测试

将 Multisim 中的双踪示波器按图 5.19 所示连接在电路中，测 OTL 功率放大电路输入信号 u_i 和放大后的输出信号 u_O 波形，分别记录在表 5.20 中。

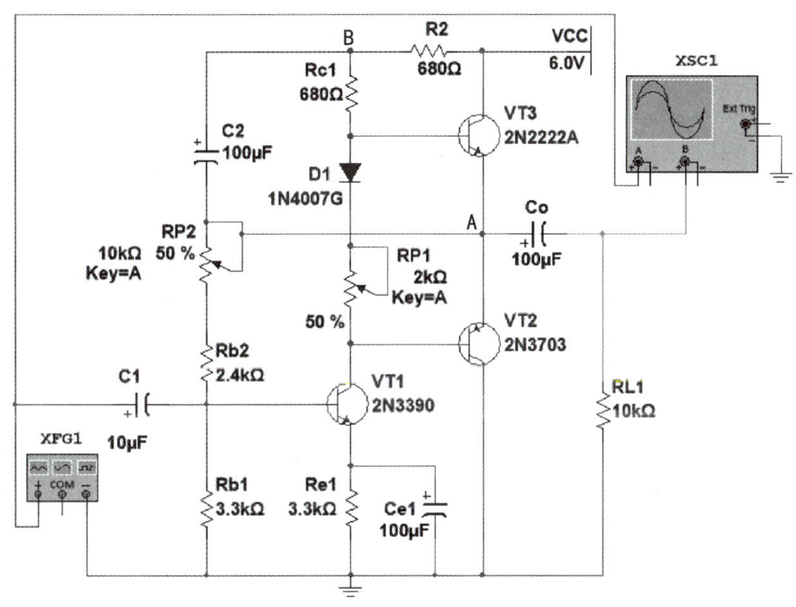

图 5.19　示波器测量输入信号 u_i 和输出信号 u_O 波形连接示意图

表 5.20　电路电压波形测试记录表

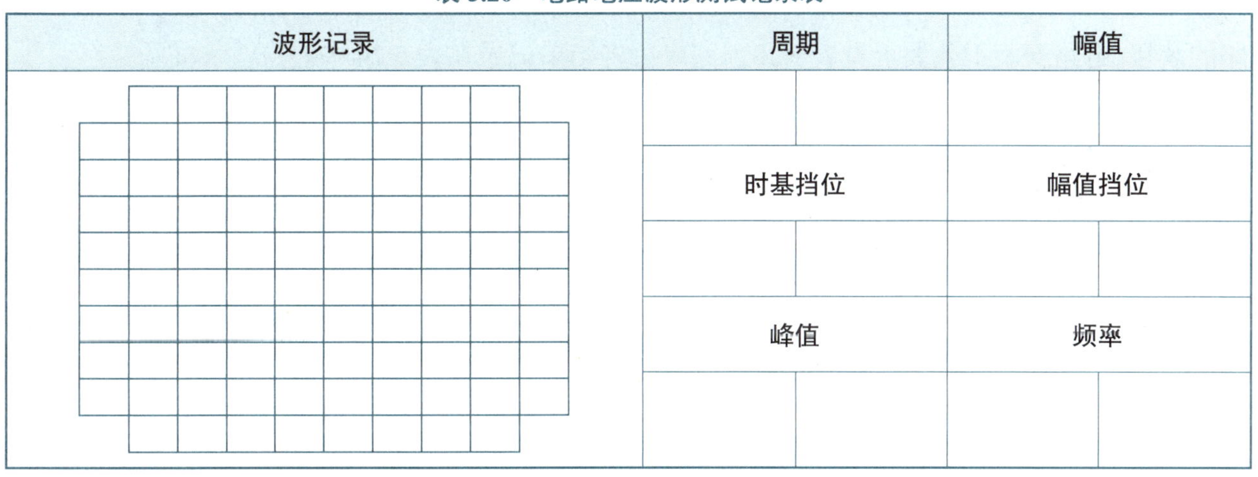

波形记录	周期		幅值	
	时基挡位		幅值挡位	
	峰值		频率	

分析仿真测量结果，得出 OTL 功率放大电路中输入信号和输出信号的关系为：____。

以上测试完成后，完成表 5.21。

表 5.21　OTL 功率放大电路测试过程记录表

序号	操作内容	完成情况
1	将万用表正确接入测试点	□完成　□未完成
2	完成参数测试并记录在表中	□完成　□未完成
3	将示波器正确接入测试点	□完成　□未完成
4	完成波形测试并记录在表中	□完成　□未完成
记录人：__________　时间：______年____月____日		

2. OTL 功率放大电路装调与测试

(1) 元器件识别与检测

OTL 功率放大电路由电阻、二极管、三极管、电位器 4 种元器件构成，请按表 5.22 要求，完成电路主要元器件的识别与检测。

表 5.22　主要元器件识别与检测记录表

元器件名称	识读检测内容	识读检测结果
色环电阻 R_2	识读阻值	______Ω，误差 ±______%
	实测阻值	______Ω
三极管 VT1	管型	______
	放大系数 β	______
二极管 VD1	导通电压	______V
电位器 R_{P1}	实测最大电阻值	______Ω
记录人：__________　　时间：______年____月____日		

(2) 电路装接

根据 OTL 功率放大电路原理图，正确选择所需要的元器件，按布线设计在万能板上完成电路的装接，电路安装工艺要求见表 5.23。完成后将结果记录在表 5.24 中。

表 5.23　电路安装工艺要求表

安装顺序	元器件符号	参数	数量	安装工艺要求	设备工具
1	R_L	10 kΩ	1	按图(a)所示，水平卧式紧贴电路板安装	镊子、斜口钳、电烙铁等常用装接工具
	R_{b2}	2.4 kΩ	1		
	R_{c1}、R_2	680 Ω	2		
	R_{e1}、R_{b1}	3.3 kΩ	2		
2	VD1	1N4007	1	按图(b)所示，水平卧式紧贴电路板安装，注意区分极性	
3	VT1	3DG6	1	按图(c)所示，水平卧式紧贴电路板安装，注意区分引脚极性	
	VT2	3CG12	1		
	VT3	3DG12	1		
4	R_{P1}	2 kΩ	1	按图(d)所示，垂直紧贴电路板安装	
	R_{P2}	10 kΩ	1		
5	C_1	10 μF	1	按图(e)所示，垂直紧贴电路板安装，注意引脚极性	
	C_{e1}、C_o、C_2	100 μF	3		
图样	图(a)　图(b)　图(c)　图(d)　图(e)				
焊接工艺要求					
元器件按从小到大、从低到高顺序安装；焊点大小适中，无漏、假、虚、连焊，焊点光滑、圆润、干净、无毛刺；引脚加工尺寸及成形符合工艺要求；导线长度、剥线头长度符合工艺要求，芯线完好，捻头镀锡					

表 5.24 电路装接记录表

序号	操作内容	完成情况
1	元器件按从小到大、从低到高顺序安装	□完成 □未完成
2	焊点大小适中、光滑、圆润、无毛刺,无漏、假、虚、连焊现象	□完成 □未完成
3	引脚加工尺寸及成形符合工艺要求	□完成 □未完成
4	导线长度、剥线头长度符合工艺要求,芯线完好,捻头镀锡	□完成 □未完成
记录人:________ 时间:_____年____月____日		

(3) 通电前检查

本电路电源使用 6 V 直流电。开始通电前,按表 5.25 的步骤完成电路的通电前检查并记录结果。

表 5.25 电路通电前检查步骤记录表

序号	检查项目	检测结果记录
1	桌面、电路板面清理	□完成 □未完成
2	电源输入电压	端口:_____输入电压:_____V;挡位:_____量程:_____ 红表笔:__________黑表笔:__________ 测得的电压:_____V
3	电路板输入电阻	输入端_____Ω 挡位:_____量程:_____ 红表笔:__________黑表笔:__________ 测得的电阻:_____Ω
记录人:________ 时间:_____年____月____日		

(4) 电路电压与电流测试

通电前检测各项都正常后,在电源输入端,接入 6 V 直流电源,通电时注意安全用电规范。按表 5.26 逐项完成电路电压与电流的测试,并将结果记录在表中。

表 5.26 电路电压与电流测试结果记录表

序号	检查项目	检测结果记录
1	输入电流	量程:______________挡位:______________ 红表笔:______________黑表笔:______________ 测得的电流:______________A
2	输出电流	量程:______________挡位:______________ 红表笔:______________黑表笔:______________ 测得的电流:______________A
3	C2 正极点电位	量程:______________挡位:______________ 红表笔:______________黑表笔:______________ 测得的电位:______________V
4	VT3 发射极电位	量程:______________挡位:______________ 红表笔:______________黑表笔:______________ 测得的电位:______________V
记录人:________ 时间:_____年____月____日		

(5) 电路波形测试

在信号输入端输入“200 Hz、500 mV”的正弦交流信号，用示波器同时测量 OTL 功率放大电路输入信号 u_i 和放大后的输出信号 u_O 波形，并将结果记录在表 5.27 中。

表 5.27 电路电压波形测试结果记录表

	u_i	u_O
	峰－峰值______	峰－峰值______
	有效值______	有效值______
	周　期______	周　期______
	频　率______	频　率______
	X 轴挡位______	X 轴挡位______
	Y 轴挡位______	Y 轴挡位______

(6) 常见故障分析

根据电路的调试和测试结果，分析出现下列电路故障的原因：

① 若电路输入信号正常，输出信号出现交越失真，可能是什么原因造成的？

____。

② 若电路输入信号正常，输出信号出现非线性失真，可能是什么原因造成的？

____。

任务总结

1. 任务评价

请在表 5.28 中完成各环节的评分。

表 5.28 OTL 功率放大电路装调与测试任务评价表

评分内容		配分	评分说明	得分
职业素养（10 分）	安全意识	5 分	符合用电安全操作规范，出现不符合安全操作的行为，每项扣 1 分，扣完为止	
	现场整理	5 分	出现未整理现场、仪器仪表及工具摆放杂乱、不遵守纪律等现象，每项扣 1 分，扣完为止	
任务准备（10 分）	布线图设计	10 分	元器件摆放横平竖直，各元器件间距合适，元器件符号用铅笔画，各元器件封装按照规定尺寸，连线用蓝色水笔画，焊点用实心黑点涂黑，不符合要求每项扣 1 分，扣完为止	

续表

评分内容		配分	评分说明	得分
仿真调试（10 分）	仿真电路的绘制	5 分	按原理图正确绘制仿真图，电源电压正确，元器件参数正确。以上每项 2 分，扣完为止	
	电路参数的测试	5 分	各项参数测试，每错 1 处扣 1 分，扣完为止	
电路装调（35 分）	元器件识读与检测	5 分	每错 1 空扣 1 分	
	电路装接	10 分	元器件选择错误、极性装错等，每处扣 1 分，扣完为止	
	安装工艺	10 分	元器件安装工艺、焊点、引脚成形及引线等不符合工艺标准，每处扣 1 分，扣完为止	
	电路功能	10 分	电路功能正常得 10 分，否则 0 分	
测量分析（35 分）	通电前检查	5 分	每错 1 处扣 1 分，扣完为止	
	电路参数测试	10 分	每错 1 处扣 1 分，扣完为止	
	电路波形测试	10 分	每错 1 处扣 1 分，扣完为止	
	电路故障分析	10 分	每题 5 分，扣完为止	
总得分				

2. 学习小结

本任务通过软件仿真虚拟验证、实物电路的装调与测试两种方法，验证了电路的功能和理论分析结论，结合仿真结果和实物电路参数测量结果，梳理电路的工作原理。

小结本次实训过程，记录问题、收获和反思。

____

____

____

____

____

____

任务拓展

1. 将 R_{P1} 改成一个二极管接入电路，电路还能正常输出波形吗？若不能，会出现什么问题?

____。

2. 若单电源电压减小,VT2 的发射极电位会有何变化? 在输入信号相同的情况下,若电源电压减小会对输出波形造成什么影响?

____。

项目 6　逻辑电路装调与测试

项目目标

◇ 认识四路抢答器和五进制计数器的组成，能区分不同类型的逻辑电路。
◇ 会分析四路抢答器和五进制计数器的工作原理。
◇ 会用软件仿真四路抢答器和五进制计数器的功能，并测试电路的电压。
◇ 能在万能板上按标准工艺要求规范完成四路抢答器和五进制计数器的装接与调试。
◇ 会测试四路抢答器和五进制计数器的功能和电路的电压。
◇ 能综合分析理论结果、仿真结果和实物电路测试结果。
◇ 养成规范操作、安全文明生产的职业素养，传承精益求精的工匠精神。

项目描述

逻辑电路是一种以处理二进制信息为基础，传递和处理离散信号，实现数字信号逻辑运算和操作的电路。逻辑电路只分高、低电平，抗干扰能力强，精度和保密性佳，广泛应用于计算机、数字控制、通信、自动化和仪表等方面。图 6.1、图 6.2 所示是交通灯电路板和数据选择器电路板，它们是典型的逻辑电路。

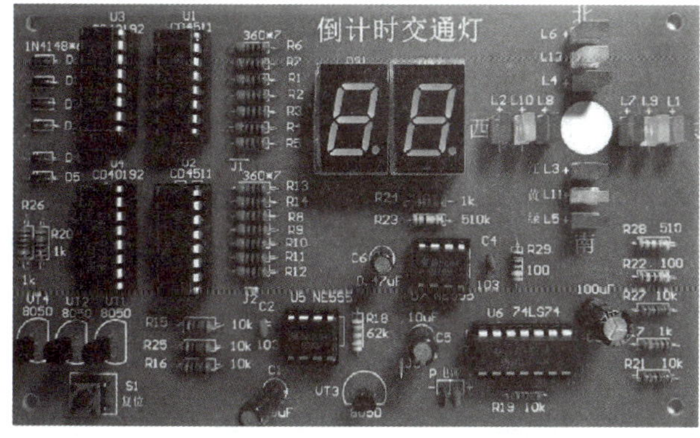

图 6.1　交通灯电路板

图 6.2　数据选择器电路板

本项目以四路抢答器和五进制计数器为例，按要求完成逻辑电路的虚拟仿真及仿真测试，万能板电路的布线设计、电路装接和电路功能及电压、波形的测量。

项目结构

逻辑电路装调与测试思维导图如图 6.3 所示。

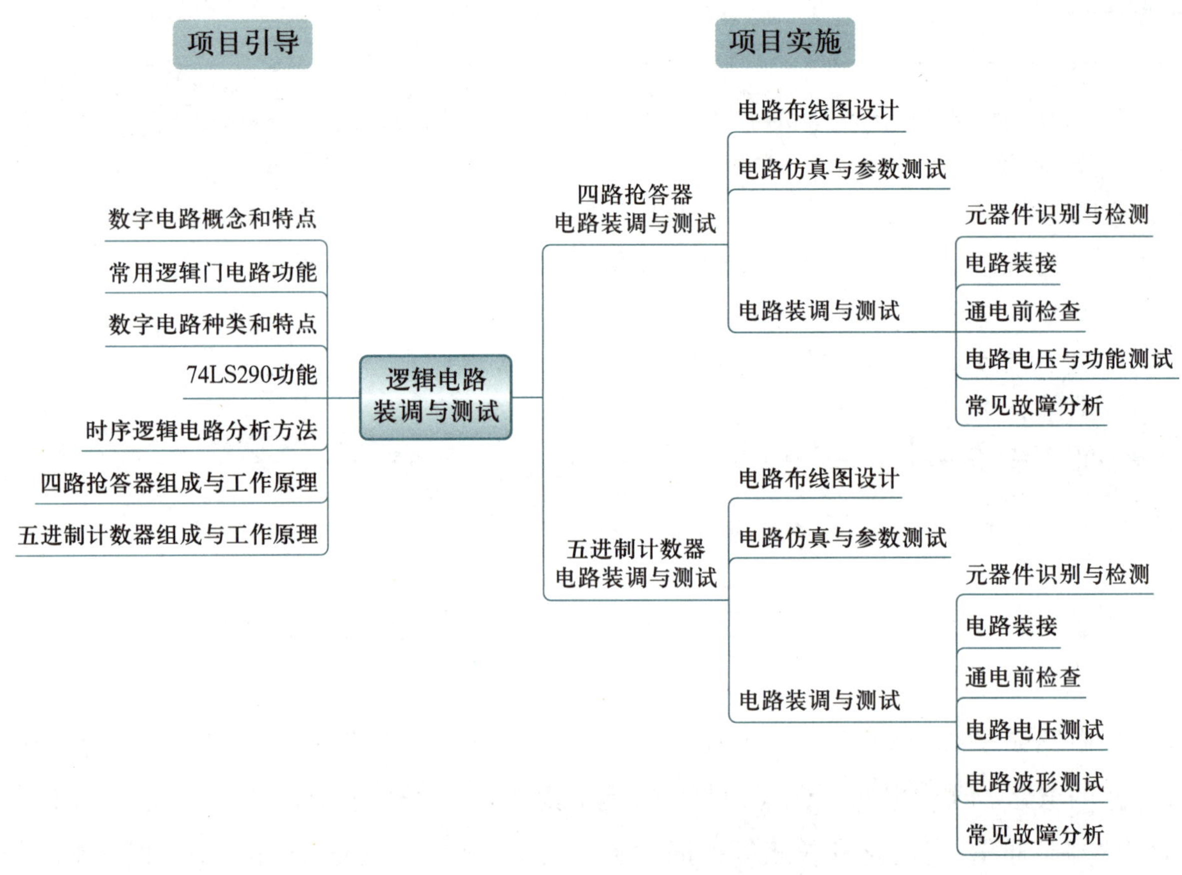

图 6.3　逻辑电路装调与测试思维导图

项目引导

问题 1　什么是数字电路？数字电路有什么特点？

用______完成对数字量进行算术运算和逻辑运算的电路称为数字电路。数字电路是以______为基础的，其中的工作信号是离散的______信号。

问题 2　**常用逻辑门电路有哪些，其功能是什么？**

常用的门电路在逻辑功能上有**与**门、**或**门、**非**门、**与非**门、**或非**门、**异或**门等。在表 6.1 中完成常用逻辑门电路的逻辑功能、逻辑表达式和图形符号的比较。

表 6.1　常用逻辑门电路比较表

常用逻辑门	逻辑功能	逻辑表达式	图形符号
与门	有 **0** 出 **0**，全 **1** 出 **1**		
或门	有 **1** 出 **1**，全 **0** 出 **0**		
非门	有 **1** 出 **0**，有 **0** 出 **1**		
与非门	有 **0** 出 **1**，全 **1** 出 **0**		
或非门	有 **1** 出 **0**，全 **0** 出 **1**		
异或门	同出 **0**，异出 **1**		

问题 3　**数字电路分哪几种？各有什么特点？**

数字电路分组合逻辑电路和时序逻辑电路。组合逻辑电路由最基本的**与**门电路、**或**门电路和**非**门电路组成，其输出值仅依赖于______的当前值，与输入变量的______无关，即______记忆功能；时序逻辑电路也由上述基本逻辑门电路组成，但存在______回路，它的输出值不仅依赖于______的当前值，也依赖于______的过去值，即具有______功能。

问题 4　**集成电路 74LS290 的功能是什么？**

74LS290 为________________加法计数器，其引脚如图 6.4 所示，逻辑功能见表 6.2。

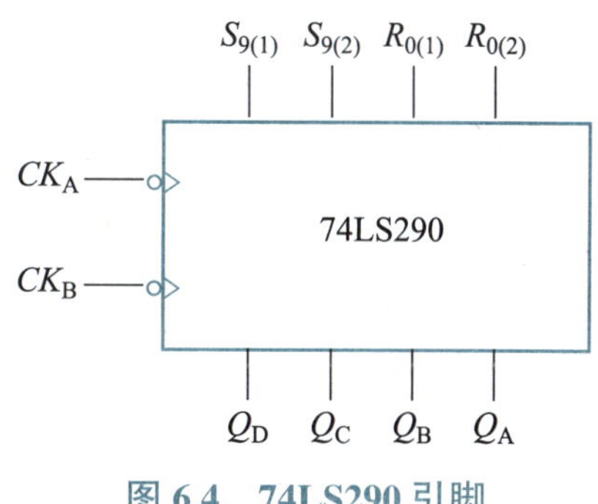

图 6.4　74LS290 引脚

表 6.2　74LS290 集成电路的逻辑功能表

输入						输出
$R_{0(1)}$	$R_{0(2)}$	$R_{9(1)}$	$R_{9(2)}$	CK_A	CK_B	Q_D　Q_C　Q_B　Q_A
1	**1**	**0**	**0**	×	×	**0000**
×	×	**1**	**1**	×	×	**1001**
0	**0**	**0**	**0**	CP	**0**	二进制计数
0	**0**	**0**	**0**	**0**	CP	五进制计数
0	**0**	**0**	**0**	CP	Q_A	十进制计数

由图 6.4 和表 6.2 可看出：

CK_A、CK_B 均为输入计数脉冲，_____有效。$R_{9(1)}$、$R_{9(2)}$ 为_____端，$R_{0(1)}$、$R_{0(2)}$ 为_____端，它们均不受时钟脉冲的控制，为_____端。

当 $R_{0(1)}=R_{0(2)}=\mathbf{1}$，$R_{9(1)}=R_{9(2)}=\mathbf{0}$ 时，计数器清 0。

当 $R_{9(1)}=R_{9(2)}=\mathbf{1}$ 时，计数器置数为 **1001**，即置“9”。

当 $R_{0(1)}=R_{0(2)}=\mathbf{0}$，$R_{9(1)}=R_{9(2)}=CK_B=\mathbf{0}$ 时，计数脉冲在 CK_A 端则构成二进制计数器。

当 $R_{0(1)}=R_{0(2)}=\mathbf{0}$，$R_{9(1)}=R_{9(2)}=CK_A=\mathbf{0}$ 时，计数脉冲在 CK_B 端则构成五进制计数器。

当 $R_{0(1)}=R_{0(2)}=\mathbf{0}$，$R_{9(1)}=R_{9(2)}=\mathbf{0}$ 时，把 CK_B 与 Q_A 连接，计数脉冲加在 CK_A 端，构成十进制计数器。

因此，74LS290 可以实现二 – 五 – 十进制计数。通过适当连接，该电路可以扩充功能，组成______计数器。

问题 5　如何分析时序逻辑电路？

第一步：分析电路图，列_________。

第二步：将驱动方程代入相应触发器的_________，求得各触发器的状态方程。

第三步：根据电路图写出_________。

第四步：根据状态方程和输出方程，列出该时序电路的_________，画出状态图或_________。

问题 6　四路抢答器由哪几部分组成？它是如何工作的？

四路抢答器电路如图 6.5 所示，它由_________、_________、_________、_________等构成。_________4 个按键作为四路抢答器开关，_________为对应的抢答指示灯，RESET 键为抢答_________。当按下抢答复位键开始抢答。一旦某路抢答成功，对应的 LED 指示灯被点亮。输出被_________，此时按下其余按键抢答_________，直到再次按下抢答复位键才能开始新一轮抢答。

U3A
&
CD4012
U3B
&
CD4012
U1A
74LS112
U1B
74LS112
U2A
74LS112
U2B
74LS112
LED1
LED2
LED3
LED4
R_6 470 Ω
R_7 470 Ω
R_8 470 Ω
R_9 470 Ω
R_1 5.1 kΩ
R_2 5.1 kΩ
R_3 5.1 kΩ
R_4 5.1 kΩ
R_5 5.1 kΩ
V_{CC}
S1
S2
S3
S4
RESET
GND

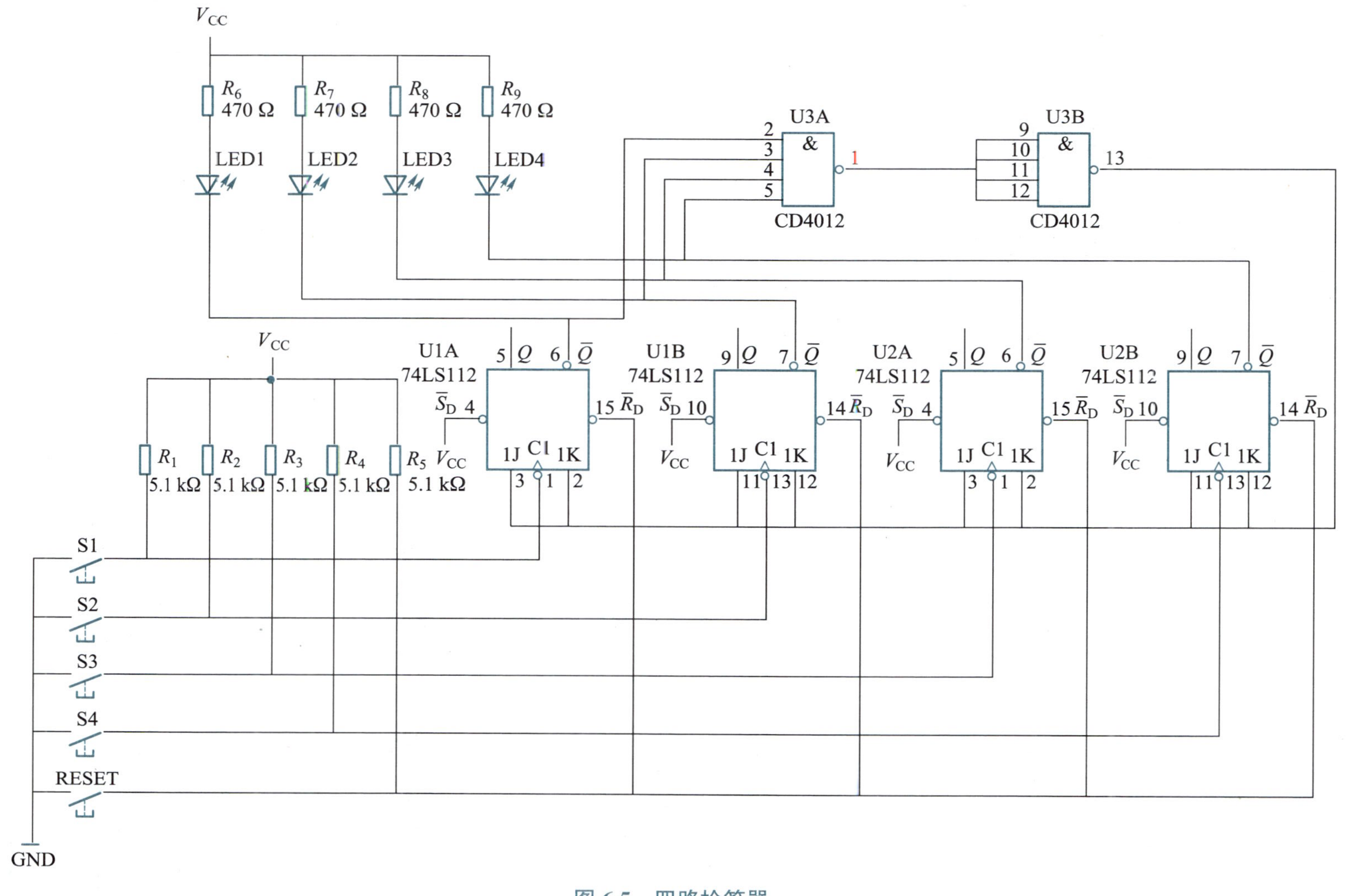

图 6.5　四路抢答器

问题 7　五进制计数器由哪几部分组成？它是如何工作的？

五进制计数器如图 6.6 所示，它由__________、__________组成，其主要功能是__________计数，实现__________的循环计数。

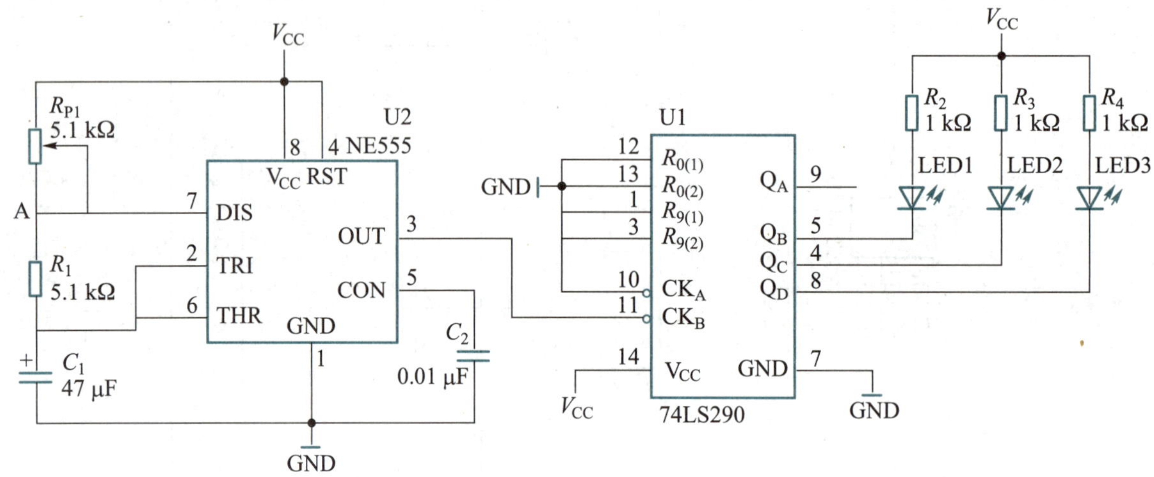

图 6.6　五进制计数器

NE555 构成的多谐振荡器输出一定频率的__________，输送给 74LS290 作为 CP 脉冲信号，74LS290 集成电路 $R_{0(1)}=R_{0(2)}=R_{9(1)}=R_{9(2)}=CK_A=\mathbf{0}$，$CK_B=CP$ 时处于__________计数工作状态，Q_B、Q_C、Q_D 从 **000~100** 五进制输出，LED1~LED3 显示对应数值，输出__________电平时点亮。

项目实施

任务 1　四路抢答器装调与测试

任务目标

◇ 会分析四路抢答器的工作原理。

◇ 会用 Multisim 软件仿真四路抢答器功能，并测试电路电压。

◇ 能按工艺要求在万能板上完成四路抢答器的装接与调试。

◇ 会用万用表测试四路抢答器的电路电压，会测试四路抢答器的功能。

任务描述

四路抢答器适用于各类知识竞赛、文娱综艺节目等场合。四路抢答器原理图如图 6.5 所示，实物电路板如图 6.7 所示。本任务要求完成以下内容：

① 按布线规范和工艺要求，在布线练习区完成四路抢答器布线设计。

② 在 Multisim 仿真软件中，完成四路抢答器的绘制、电路电压及功能测试。

③ 按布线图设计和安装工艺要求，在万能板上完成四路抢答器电路的装接；装接好的电路接通 5 V 直流电源调试；用万用表测试电路电压，并完成四路抢答器电路功能测试。

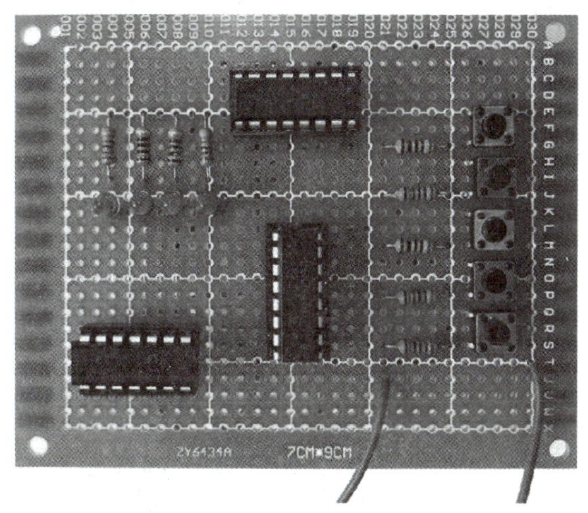

图 6.7　四路抢答器实物电路板

任务准备

1. 职业素养养成

(1) 安全防护准备

穿好防静电服和绝缘鞋，戴好防静电手环。

(2) 工具仪表准备

电烙铁、烙铁架、焊锡丝、斜口钳、镊子、高温海绵、螺丝刀、万用表等。

(3) 软件、电源、设备准备

检查 Multisim 软件是否能正常打开；检查电源 5 V 直流电输出是否正常。

将检查结果记录在表 6.3 中。

表 6.3　检查结果记录表

序号	检查内容	检查细目
1	安全防护准备	□防静电服　□绝缘鞋　□防静电手环
2	工具仪表准备	□工具　□仪表
3	软件、电源、设备准备	□软件正常　□电源正常　□设备正常
检查人：__________　时间：______年____月____日		

2. 电路布线图设计

在图 6.8 所示的布线练习区中，按布线工艺要求完成四路抢答器的布线图设计。电路部分元器件的实物封装参考表 6.4。

图 6.8　布线练习区

表 6.4　部分元器件实物对应封装表

序号	元器件名称	元器件实物	图形符号	封装
1	轻触开关		S	占 3×4 个孔
2	74LS112 集成电路		74LS112, 5 Q, 6 $\overline{Q}$, $\overline{S}_D$ 4, 15 $\overline{R}_D$, 1J, C1, 1K, 3, 1, 2	占 4×8 个孔
3	CD4012 集成电路		2, 3, 4, 5, &, 1, CD4012	占 4×7 个孔

任务实施

1. 四路抢答器仿真与测试

(1) 仿真电路绘制

打开 Multisim 软件,新建文件,保存并命名为“四路抢答器仿真图”,保存到指定文件夹。

根据图 6.5,在新建的“四路抢答器仿真图”中完成该电路的绘制。仿真中的部分元器件图形符号和型号参数见表 6.5。四路抢答器仿真电路图如图 6.9 所示。将过程记录在表 6.6 中。

表 6.5　仿真中的部分元器件图形符号和型号对照表

序号	名称	电气图形符号	Multisim 元器件图形符号	Multisim 元器件型号 / 参数
1	轻触开关	S		PB-ON
2	74LS112 集成电路	74LS112；5 Q；6 $\overline{Q}$；$\overline{S}_D$ 4；15 $\overline{R}_D$；1J；C1；1K；3；1；2	10；~2PR；11 2J；2Q 9；13 2CLK；12 2K；~2Q 7；~2CLR；14；74LS112D	74LS112D
3	CD4012 集成电路	2；3；4；5；&；1；CD4012	4012BD_5V	4012BD_5V

表 6.6　四路抢答器仿真绘制记录表

序号	操作内容	完成情况
1	正确选取轻触开关、74LS112 和 CD4012 集成电路等元器件	□完成　□未完成
2	完成电路连线绘制	□完成　□未完成
3	正确接入 +5V 直流电源	□完成　□未完成
记录人:________　时间:_____年___月___日		

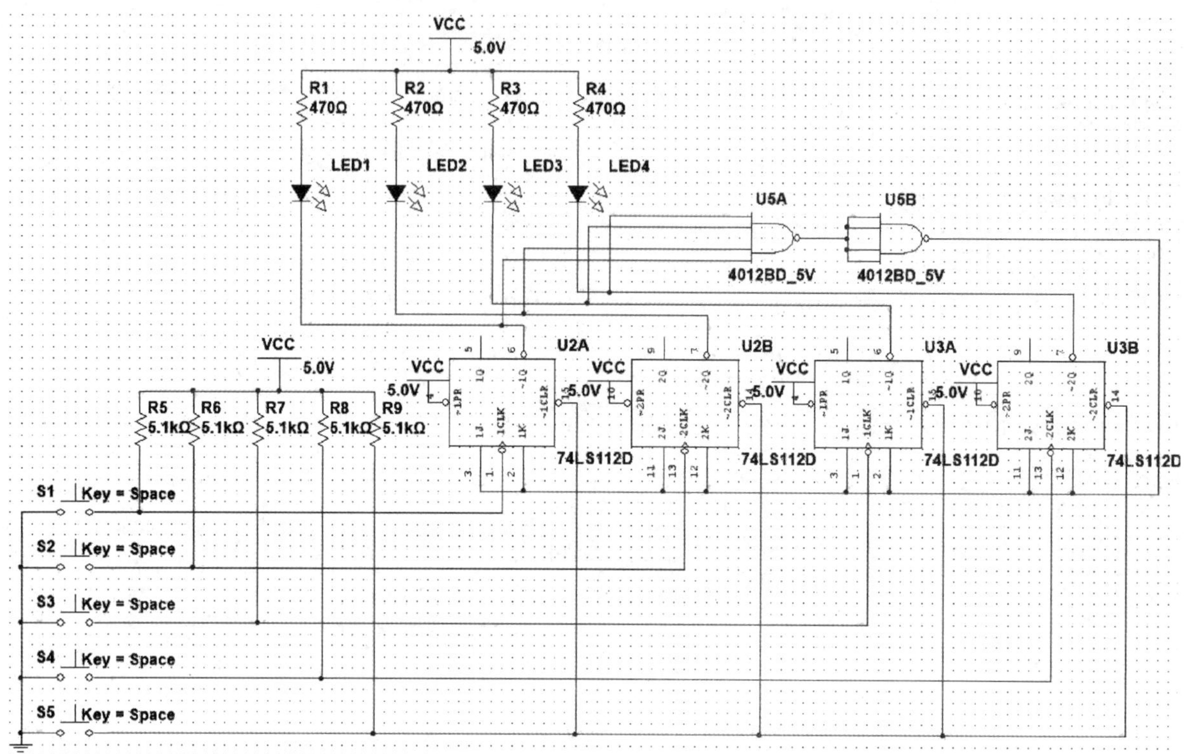

图 6.9　四路抢答器仿真电路图

(2) 电路电压测试

将 Multisim 软件中的万用表按图 6.10 所示连接在电路中,各万用表测量的项目见表 6.7,将测量结果记录在该表中。

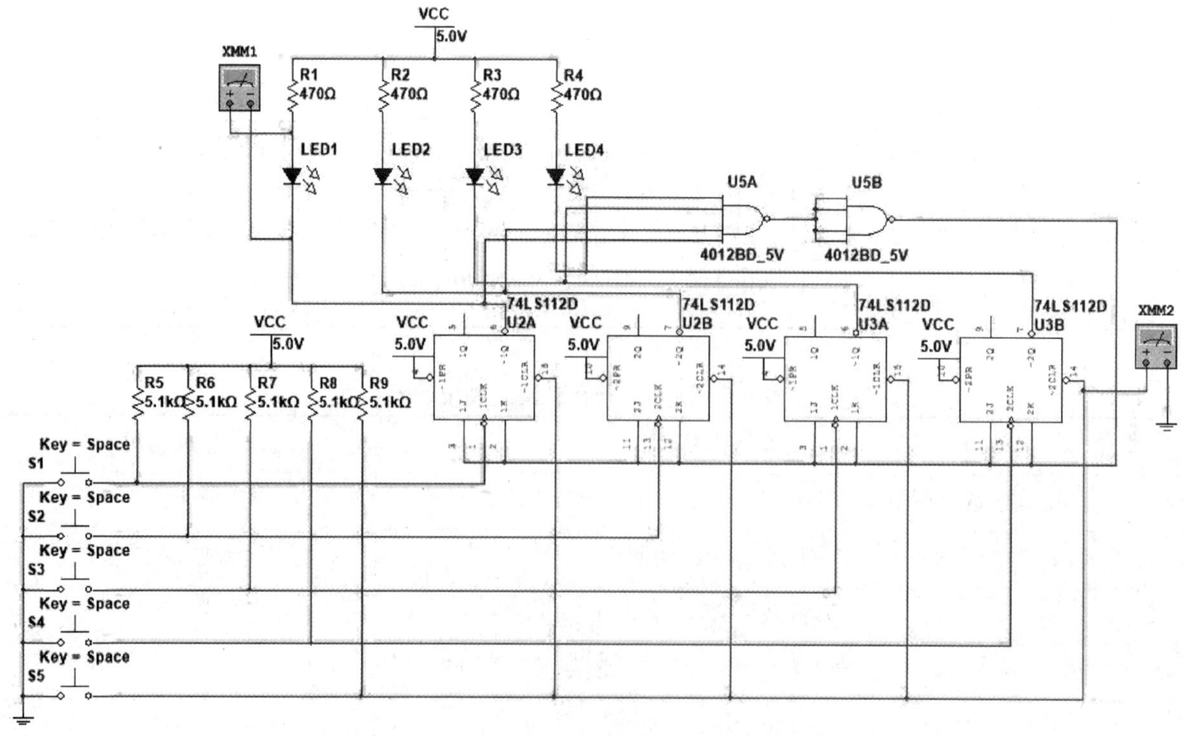

图 6.10　四路抢答器电路电压测试连接示意图

表 6.7 四路抢答器电路电压记录表

万用表	测量项目	测量结果
XMM1	LED1 点亮时两端电压	
XMM2	S5 按下时 U3B_14 脚电位	

(3) 电路功能测试

运行仿真,按表 6.8 测试仿真中四路抢答器的功能。注:表中轻触开关按下状态为 **1**,无效状态为 ×;LED 灯亮状态为 **1**,否则为 **0**。

表 6.8 四路抢答器仿真功能表

输入					输出				功能
RESET	S1	S2	S3	S4	LED1	LED2	LED3	LED4	
1	×	×	×	×	0	0	0	0	复位
×	1	×	×	×	1	0	0	0	按键 1 抢答有效
×	×	1	×	×	0	1	0	0	按键 2 抢答有效
×	×	×	1	×	0	0	1	0	按键 3 抢答有效
×	×	×	×	1	0	0	0	1	按键 4 抢答有效

通过电路功能仿真验证,得出四路抢答器的功能为:

① RESET 键为__________,当按下__________,才可以开始抢答。

② 当有一路抢答成功,对应的______被点亮,指示______的一路,此时按下______无效。直到______抢答复位键才能开始新一轮抢答。

职业视野

虚拟仿真软件的核心是虚拟仿真技术,又称为模拟技术,就是用一个系统模仿另一个真实系统的技术。虚拟仿真实际上是一种可创建和体验虚拟世界的计算机系统。这种虚拟世界由计算机生成,可以是现实世界的再现,也可以是构想中的世界,用户可借助视觉、听觉及触觉等多种传感通道与虚拟世界进行自然交互。

随着计算机技术的发展,仿真技术逐步自成体系,成为继数学推理、科学实验之后人类认识自然界客观规律的第三类基本方法,而且正在发展成为人类认识、改造和创造客观世界的一项通用性、战略性技术。电路仿真已成为电子电路设计的非常高效的工具,也是工程技术人员必须掌握的技能。

2. 四路抢答器装调与测试

(1) 元器件识别与检测

四路抢答器由电阻、发光二极管、轻触开关、74LS112D 集成电路和 CD4012 集成电路 5 种元器件构成,请按表 6.9 要求完成电路主要元器件的识别与检测。

表 6.9　主要元器件识别与检测记录表

元器件名称	识读检测内容	识读检测结果
色环电阻 R_6	识读阻值	______Ω，误差______%
	实测阻值	______Ω
发光二极管	引脚极性	______μF
	正向导通电压	______V
轻触开关	画出引脚对应的开关	
74LS112D 集成电路	标出引脚排列	
记录人：__________　　时间：______年____月____日		

(2) 电路装接

根据四路抢答器电路原理图，选择所需要的元器件，按布线设计在万能板上完成电路的装接，电路安装工艺要求见表 6.10。安装完成后，将结果记录在表 6.11 中。

表 6.10　电路安装工艺要求表

安装顺序	元器件符号	参数	数量	安装工艺要求	设备工具
1	R_1~R_5	5.1 kΩ	5	按图(a)所示，水平卧式紧贴电路板安装	镊子、斜口钳、电烙铁等常用装接工具
	R_6~R_9	470 Ω	4		
2	S_1~S_4、RESET		5	按图(b)所示，紧贴电路板安装	
3	集成块底座	DIP-16	2	按图(c)所示，水平卧式紧贴电路板安装，注意凹槽口朝向	
		DIP-14	1		
4	LED1~LED4	红色	4	按图(d)所示，垂直紧贴电路板安装，注意区分正负极性	
5	集成电路	74LS112	2	按图(e)所示，水平卧式紧贴电路板安装，注意凹槽口朝向与底座一致	
		CD4012	1		
图样	图(a)	图(b)	图(c)	图(d)	图(e)
焊接工艺要求					
元器件按从小到大、从低到高顺序安装；焊点大小适中，无漏、假、虚、连焊，焊点光滑、圆润、干净、无毛刺；引脚加工尺寸及成形符合工艺要求；导线长度、剥线头长度符合工艺要求，芯线完好，捻头镀锡					

表 6.11　电路装接记录表

序号	操作内容	完成情况
1	元器件按从小到大、从低到高顺序安装	□完成　□未完成
2	焊点大小适中、光滑、圆润、无毛刺，无漏、假、虚、连焊现象	□完成　□未完成
3	引脚加工尺寸及成形符合工艺要求	□完成　□未完成
4	导线长度、剥线头长度符合工艺要求，芯线完好，捻头镀锡	□完成　□未完成
记录人：＿＿＿＿　时间：＿＿年＿＿月＿＿日		

（3）通电前检查

本电路电源使用 5 V 直流电供电。开始通电前，按表 6.12 的步骤，完成电路的通电前检查并记录结果。

表 6.12　电路通电前检查步骤记录表

序号	检查项目	检测结果记录
1	桌面、电路板面清理	□完成　□未完成
2	电源输入电压	输入电压＿＿V；挡位：＿＿＿＿　量程：＿＿＿＿ 红表笔：＿＿＿＿＿＿黑表笔：＿＿＿＿＿＿ 测得的电压：＿＿＿＿V
3	电路板输入电阻	输入端＿＿Ω；挡位：＿＿＿＿　量程：＿＿＿＿ 红表笔：＿＿＿＿＿＿黑表笔：＿＿＿＿＿＿ 测得的电阻：＿＿＿＿Ω
记录人：＿＿＿＿　时间：＿＿年＿＿月＿＿日		

（4）电路电压和功能测试

通电前检测各项都正常后，在电源输入端接入 5V 直流电源，通电时注意安全用电规范。按表 6.13 逐项完成电路电压的测试，按表 6.14 逐项完成对应输入状态下电路输出的指示灯亮灭情况和电路功能测试，并将结果记录在表中。

表 6.13　电路电压测试结果记录表

序号	检查项目	检测结果记录
1	LED1 点亮时两端电压	量程：＿＿＿＿＿＿挡位：＿＿＿＿＿＿ 红表笔：＿＿＿＿＿＿黑表笔：＿＿＿＿＿＿ 测得的电压：＿＿＿＿＿＿V
2	S1 按下时 R_1 两端电压	量程：＿＿＿＿＿＿挡位：＿＿＿＿＿＿ 红表笔：＿＿＿＿＿＿黑表笔：＿＿＿＿＿＿ 测得的电压：＿＿＿＿＿＿V
记录人：＿＿＿＿　时间：＿＿年＿＿月＿＿日		

表 6.14　四路抢答器电路功能表

输入					输出				功能
RESET	S1	S2	S3	S4	LED1	LED2	LED3	LED4	
1	×	×	×	×					
×	1	×	×	×					
×	×	1	×	×					
×	×	×	1	×					
×	×	×	×	1					

(5) 常见故障分析

根据电路的调试和测试结果，分析出现下列电路故障的原因：

① 若按下复位键，电路输出的 4 盏指示灯没有复位，可能是什么原因造成的？

______

② 若有一路抢答按键按下后，其余抢答按键按下电路状态仍可以改变（没有锁存），可能是什么故障？

______

任务总结

1. 任务评价

请在表 6.15 中完成各环节的评分。

表 6.15　四路抢答器电路装调与测试任务评价表

评分内容		配分	评分说明	得分
职业素养（10 分）	安全意识	5 分	符合用电安全操作规范，出现不符合安全操作的行为，每项扣 1 分，扣完为止	
	现场整理	5 分	出现未整理现场、仪器仪表及工具摆放杂乱、不遵守纪律等现象，每项扣 1 分，扣完为止	
任务准备（10 分）	布线图设计	10 分	元器件摆放横平竖直，各元器件间距合适，元器件符号用铅笔画，各元器件封装按照规定尺寸，连线用蓝色水笔画，焊点用实心黑点涂黑，不符合要求每项扣 1 分，扣完为止	
仿真调试（10 分）	仿真电路绘制	5 分	按原理图正确绘制仿真图，电源电压正确，元器件参数正确。以上每项 2 分，扣完为止	
	电路电压和功能测试	5 分	各项参数测试，每错 1 处扣 1 分，扣完为止	

续表

评分内容		配分	评分说明	得分
电路装调(35 分)	元器件识读与检测	5 分	每错 1 空扣 1 分	
	电路装接	10 分	元器件选择错误、极性装错等,每处扣 1 分,扣完为止	
	安装工艺	10 分	元器件安装工艺、焊点、引脚成形及引线等不符合工艺标准,每处扣 1 分,扣完为止	
	电路功能	10 分	电路功能正常得 10 分,否则 0 分	
测量分析(35 分)	通电前检查	5 分	每错 1 处扣 1 分,扣完为止	
	电路电压测试	10 分	每错 1 处扣 1 分,扣完为止	
	电路功能测试	10 分	每错 1 处扣 1 分,扣完为止	
	电路故障分析	10 分	每题 5 分,扣完为止	
总得分				

2. 学习小结

本任务通过软件仿真虚拟验证、实物电路的装调与测试两种方法,验证了电路的功能和理论分析结论,结合仿真结果和实物电路功能电压测量结果,梳理四路抢答器电路的工作原理。

小结本次实训过程,记录问题、收获和反思。

____

____

____

____

____

____

任务拓展

1. 四路抢答器电路中,若采用相同逻辑功能的集成电路与 74LS112 互换,电路还能正常工作吗?

____

____

2. 通过本任务的电路功能分析方法,总结组合逻辑电路的分析方法。假如要设计五路抢答器,电路该如何改进?

____

____

任务2 五进制计数器电路装调与测试

任务目标

◇ 会分析五进制计数器的工作原理。
◇ 会用 Multisim 软件仿真五进制计数器功能,并测试电路电压。
◇ 能按工艺要求在万能板上完成五进制计数器的装接与调试。
◇ 会用万用表测试五进制计数器的电路电压,会用示波器测试脉冲信号和五进制计数器信号波形。

任务描述

五进制计数器电路原理图如图 6.6 所示,实物电路板如图 6.11 所示。本任务要求完成以下内容:

① 按布线规范和工艺要求,在布线练习区完成五进制计数器电路布线设计。

② 在 Multisim 软件中,完成五进制计数器电路的绘制、电路电压的测试和五进制计数器信号波形的测试。

③ 按布线图设计和安装工艺要求,在万能板上完成电路的装接;装接好的电路接上 5 V 直流电源调试;用万用表测量电路电压,用示波器测量脉冲信号和五进制计数器信号的波形。

图 6.11 五进制计数器实物电路板

任务准备

1. 职业素养养成

(1) 安全防护准备

穿好防静电服和绝缘鞋,戴好防静电手环。

(2) 工具仪表准备

电烙铁、烙铁架、焊锡丝、斜口钳、镊子、高温海绵、螺丝刀、万用表、示波器等。

(3) 软件、电源、设备准备

检查 Multisim 软件是否能正常打开;检查电源 5V 直流电输出是否正常;检查示波器 CH1、CH2 两路通道是否能正常测量波形。

将检查结果记录在表 6.16 中。

表 6.16　检查结果记录表

序号	检查内容	检查细目
1	安全防护准备	□防静电服　□绝缘鞋　□防静电手环
2	工具仪表准备	□工具　□仪表
3	软件、电源、设备准备	□软件正常　□电源正常　□设备正常
检查人：__________　时间：______年____月____日		

2. 电路布线图设计

在图 6.12 所示的布线练习区中，按布线工艺要求完成五进制计数器的布线图设计。

图 6.12　布线练习区

任务实施

1. 五进制计数器电路仿真与测试

(1) 仿真电路绘制

打开 Multisim 软件，新建文件，保存并命名为“五进制计数器仿真图”，保存到指定文件夹。

根据图 6.6，在新建的“五进制计数器仿真图”中完成该电路的绘制。五进制计数器仿真电路图如图 6.13 所示。将过程记录在表 6.17 中。

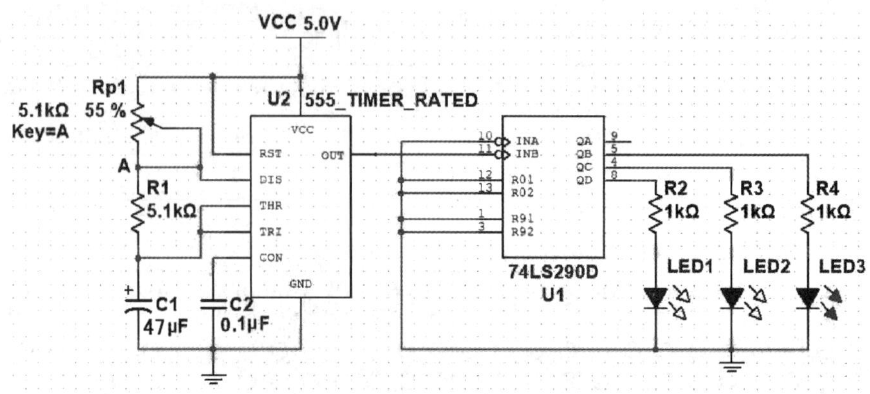

图 6.13　五进制计数器仿真电路图

表 6.17　五进制计数器电路仿真绘制记录表

序号	操作内容	完成情况
1	正确选取电阻、电位器、发光二极管、74LS290 和 555 集成电路等元器件	□完成　□未完成
2	完成电路连线绘制	□完成　□未完成
3	正确接入 5V 直流电源	□完成　□未完成
记录人：＿＿＿＿＿　时间：＿＿＿年＿＿月＿＿日		

(2) 电路参数测试

① 五进制计数器电路电压的测试

将 Multisim 软件中的万用表按图 6.14 所示连接在电路中，各万用表测量的项目见表 6.18，将测量结果记录在该表中。

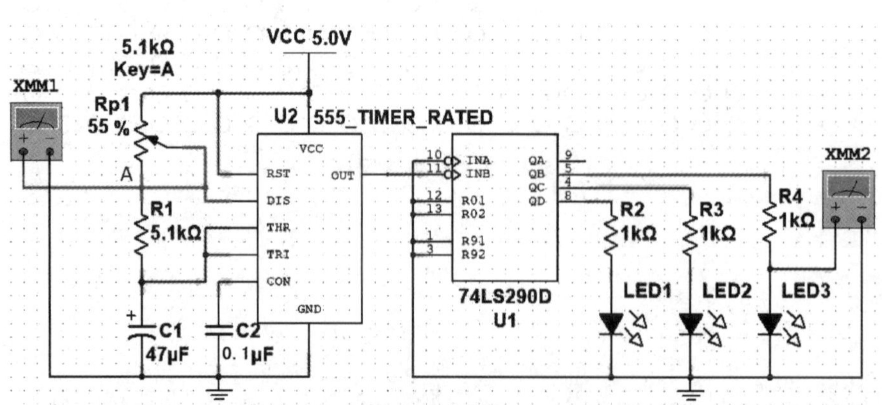

图 6.14　五进制计数器电路万用表连接示意图

表 6.18　五进制计数器电路电压测试记录表

万用表	测量项目	测量结果
XMM1	A 点电位	
XMM2	LED3 点亮时两端电压	

② 五进制计数器信号仿真波形的测试

将 Multisim 软件中的双踪示波器按图 6.15 所示连接在电路中，测量 NE555 输出的脉冲波形和高位计数信号波形，记录在表 6.19 中。

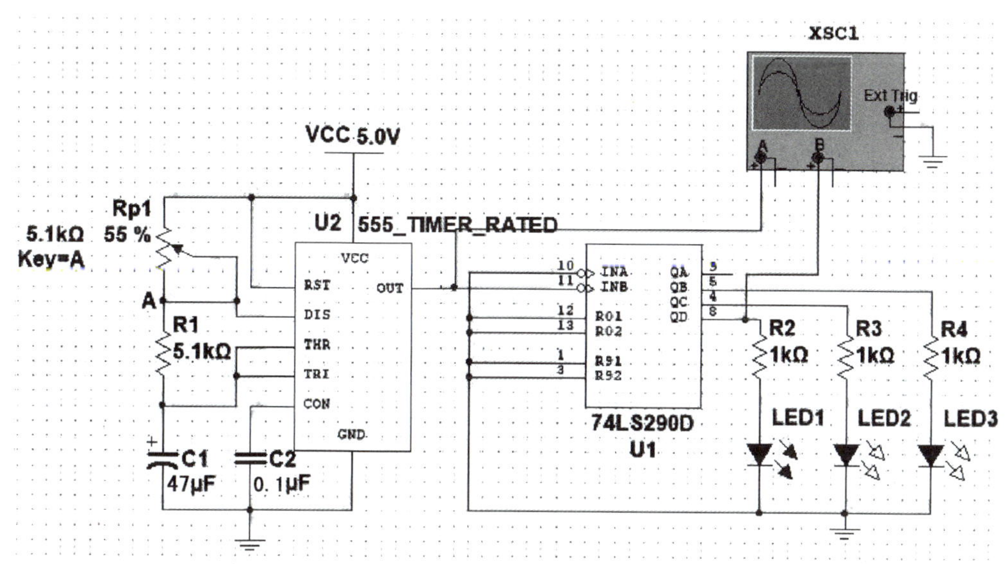

图 6.15　示波器测量 NE555 输出的脉冲波形和高位计数信号波形连接示意图

表 6.19　五进制计数器中输出脉冲和高位计数信号波形测试记录表

波形记录	周期		幅值	
	时基挡位		幅值挡位	
	峰值		频率	

完成后将过程结果记录在表 6.20 中。

表 6.20　五进制计数器电路测试过程记录表

序号	操作内容	完成情况
1	将万用表正确接入测试点	□完成　□未完成
2	完成参数测试并记录在表中	□完成　□未完成
3	将示波器正确接入测试点	□完成　□未完成
4	完成波形测试并记录在表中	□完成　□未完成
记录人:＿＿＿＿＿　时间:＿＿＿年＿＿月＿＿日		

2. 五进制计数器电路装调与测试

(1) 元器件识别与检测

五进制计数器电路由电阻、瓷片电容、电解电容、发光二极管、NE555 集成电路和 74LS290 集成电路构成,请按表 6.21 要求完成电路主要元器件的识别与检测。

表 6.21　主要元器件识别与检测记录表

元器件名称	识读检测内容	识读检测结果
色环电阻 R_1	识读阻值	＿＿＿Ω,误差＿＿＿%
	实测阻值	＿＿＿Ω
电解电容 C_1	标称容量	＿＿＿μF
	额定工作电压	＿＿＿V
NE555 集成电路	标出引脚排列	
记录人:＿＿＿＿＿　时间:＿＿＿年＿＿月＿＿日		

(2) 电路装接

根据五进制计数器电路原理图,从提供的元器件中选择所需要的元器件,按布线设计在万能板上完成电路的装接,电路安装工艺要求见表 6.22。完成后将结果记录在表 6.23 中。

表 6.22　电路安装工艺要求表

安装顺序	元器件符号	参数	数量	安装工艺要求	设备工具
1	R_1	5.1 kΩ	1	按图(a)所示，水平卧式紧贴电路板安装	镊子、斜口钳、电烙铁等常用装接工具
	R_2、R_3、R_4	1 kΩ	3		
2	C_2	0.1 μF	1	按图(b)所示，垂直电路板安装	
3	集成电路底座	DIP-8	1	按图(c)所示，水平卧式紧贴电路板安装，注意凹槽口朝向	
		DIP-14	1		
4	LED1~LED3	红色	3	按图(d)所示，垂直紧贴电路板安装，注意区分正负极性	
5	R_{P1}	5.1 kΩ	1	按图(e)所示，垂直紧贴电路板安装	
6	C_1	47 μF	1	按图(f)所示，紧贴电路板安装，注意区分正负极性	
7	U1	74LS290	1	按图(g)所示，水平卧式紧贴电路板安装，注意凹槽口朝向与底座一致	
	U2	NE555	1		
图样	图(a) 图(b) 图(c) 图(d) 图(e) 图(f) 图(g)				
焊接工艺要求					
元器件按从小到大、从低到高顺序安装；焊点大小适中，无漏、假、虚、连焊，焊点光滑、圆润、干净、无毛刺；引脚加工尺寸及成形符合工艺要求；导线长度、剥线头长度符合工艺要求，芯线完好，捻头镀锡					

表 6.23　电路装接记录表

序号	操作内容	完成情况
1	元器件按从小到大、从低到高顺序安装	□完成　□未完成
2	焊点大小适中、光滑、圆润、无毛刺，无漏、假、虚、连焊现象	□完成　□未完成
3	引脚加工尺寸及成形符合工艺要求	□完成　□未完成
4	导线长度、剥线头长度符合工艺要求，芯线完好，捻头镀锡	□完成　□未完成
记录人：________　时间：____年____月____日		

(3) 通电前检查

本电路电源使用 5 V 直流电。开始通电前，按表 6.24 的步骤，完成电路的通电前检查，并记录结果。

表 6.24 电路通电前检查步骤记录表

序号	检查项目	检测结果记录
1	桌面、电路板面清理	□完成 □未完成
2	电源输入电压	输入电压______V；挡位：______ 量程：______ 红表笔：__________黑表笔：__________ 测得的电压：______V
3	电路板输入电阻	输入端______Ω；挡位：______ 量程：______ 红表笔：__________黑表笔：__________ 测得的电阻：______Ω
记录人：________ 时间：____年___月___日		

(4) 电路电压测试

通电前检测各项都正常后，在电源输入端接入 5V 直流电源，通电时注意安全用电规范。按表 6.25 逐项完成电路电压的测试，并将结果记录在表中。

表 6.25 电路电压测试结果记录表

序号	检查项目	检测结果记录
1	A 点电位	量程：______________挡位：______________ 红表笔：____________黑表笔：______________ 测得的电位：____________V
2	LED3 点亮时两端电压	量程：______________挡位：__________ 红表笔：____________黑表笔：______________ 测得的电压：____________V
记录人：________ 时间：____年___月___日		

(5) 电路波形测试

用双踪示波器同时测量五进制计数器电路中 NE555 输出的脉冲波形和计数信号波形，将测得的波形和参数记录在表 6.26 中。

表 6.26 NE555 输出脉冲波形和计数信号波形测试记录表

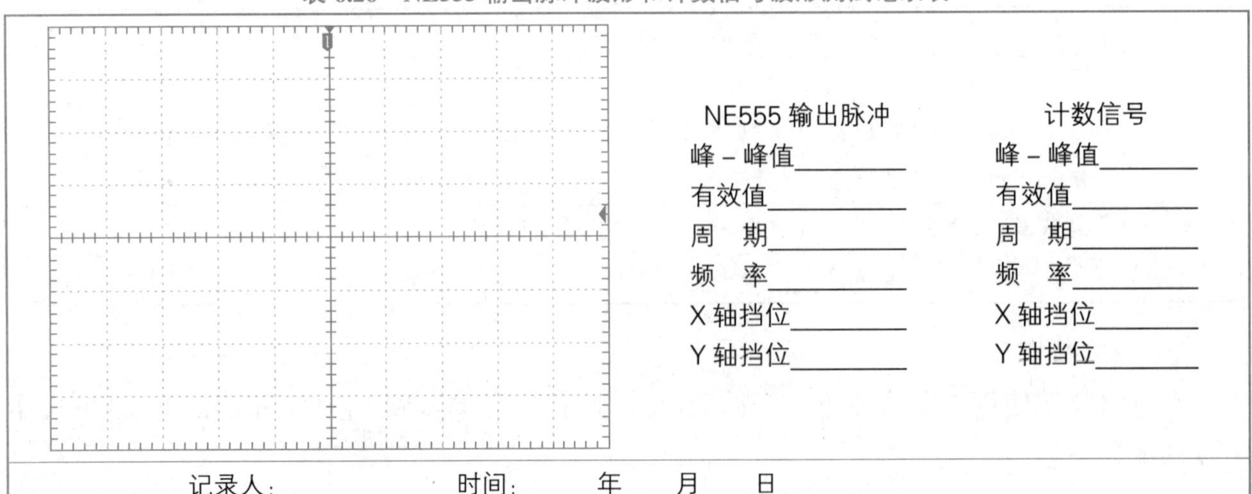

NE555 输出脉冲	计数信号
峰－峰值________	峰－峰值________
有效值________	有效值________
周　期________	周　期________
频　率________	频　率________
X 轴挡位________	X 轴挡位________
Y 轴挡位________	Y 轴挡位________

记录人：________ 时间：____年___月___日

(6) 常见故障分析

根据电路的调试和测试结果,分析出现下列电路故障的原因:

① 若 NE555 集成电路无输出脉冲波形,可能是什么原因造成的?

____

② 若 74LS290 有正常脉冲输入,输出不能实现五进制计数,可能是什么故障?

____

任务总结

1. 任务评价

请在表 6.27 中完成各环节的评分。

表 6.27 五进制计数器电路装调与测试任务评价表

评分内容		配分	评分说明	得分
职业素养(10 分)	安全意识	5 分	符合用电安全操作规范,出现不符合安全操作的行为,每项扣 1 分,扣完为止	
	现场整理	5 分	出现未整理现场、仪器仪表及工具摆放杂乱、不遵守纪律等现象,每项扣 1 分,扣完为止	
任务准备(10 分)	布线图设计	10 分	元器件摆放横平竖直,各元器件间距合适,元器件符号用铅笔画,各元器件封装按照规定尺寸,连线用蓝色水笔画,焊点用实心黑点涂黑,不符合要求每项扣 1 分,扣完为止	
仿真调试(10 分)	仿真电路的绘制	5 分	按原理图正确绘制仿真图,电源电压正确,元器件参数正确。以上每项 2 分,扣完为止	
	电路电压和功能的测试	5 分	各项参数测试,每错 1 处扣 1 分,扣完为止	
电路装调(35 分)	元器件识读与检测	5 分	每错 1 空扣 1 分	
	电路装接	10 分	元器件选择错误、极性装错等,每处扣 1 分,扣完为止	
	安装工艺	10 分	元器件安装工艺、焊点、引脚成形及引线等不符合工艺标准,每处扣 1 分,扣完为止	
	电路功能	10 分	电路功能正常得 10 分,否则 0 分	
测量分析(35 分)	通电前检查	5 分	每错 1 处扣 1 分,扣完为止	
	电路电压测试	10 分	每错 1 处扣 1 分,扣完为止	
	电路波形测试	10 分	每错 1 处扣 1 分,扣完为止	
	电路故障分析	10 分	每题 5 分,扣完为止	
总得分				

2. 学习小结

本任务通过软件仿真虚拟验证、实物电路的装调与测试两种方法，验证了电路的功能和理论分析结论，结合仿真结果和实物电路参数测量结果，梳理电路的工作原理、逻辑电路的分析方法。

小结本次实训过程，记录问题、收获和反思。

任务拓展

1. 由 74LS290 构成的五进制计数器电路，该如何改进，让电路实现十进制计数并显示？

2. 还有哪些逻辑功能芯片可以实现计数器电路？这些计数器电路可以用在生活中的哪些场合？

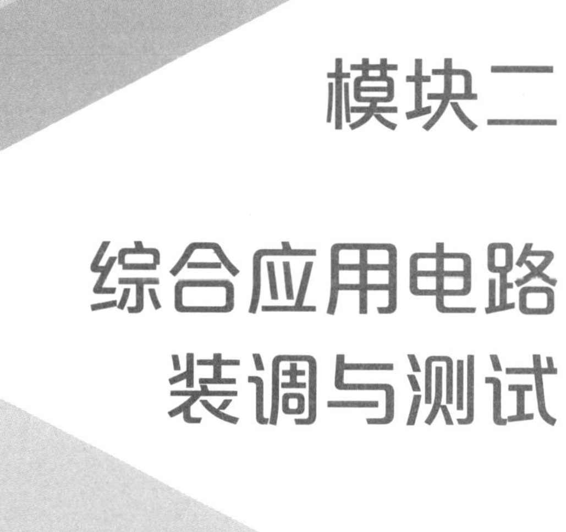

模块二

综合应用电路装调与测试

项目 7　电源电路装调与测试

项目目标

◇ 认识双路可调直流稳压电源电路和直流升压电路，会分析电路的工作原理。

◇ 能在印制电路板上完成双路可调直流稳压电源电路和直流升压电路的装接与调试。

◇ 会测试双路可调直流稳压电源电路和直流升压电路的电压与电流。

◇ 会排除双路可调直流稳压电源电路和直流升压电路的常见故障。

◇ 养成规范操作、安全文明生产的职业素养，传承精益求精的工匠精神。

项目描述

每个电子设备都需要一个供给能量的电源电路。在日常生活中，常见的电源电路有整流电源、逆变电源和变频器 3 种。这些常见电源中整流电源用得较多，图 7.1 和图 7.2 所示是电子实训台常见的电源模块和太阳能充电装置中的稳压降压模块。

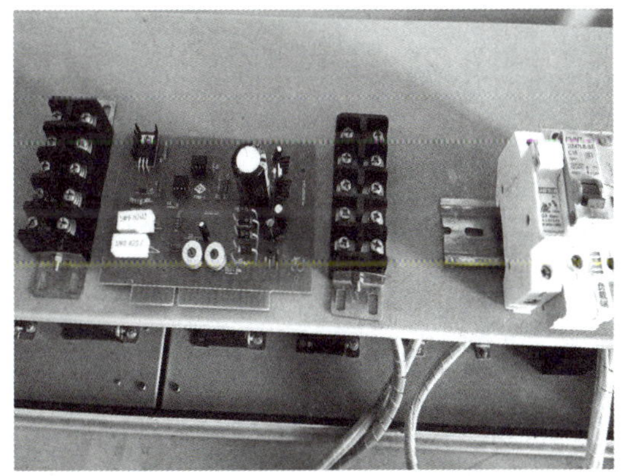

图 7.1　电子实训台电源模块

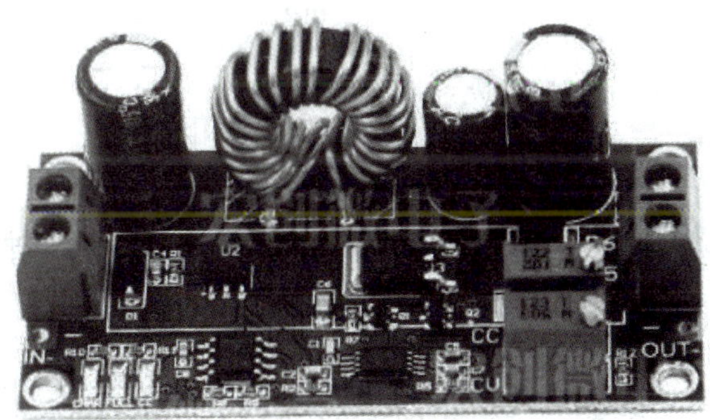

图 7.2　太阳能充电装置中的稳压降压模块

本项目以双路可调直流稳压电源电路和直流升压电路为例，在分析电路工作原理的基础上，要求按工艺规范完成双路可调直流稳压电源电路和直流升压电路的装配、焊接，进行电路功能的调试,并使用万用表和示波器完成电压与电流的测试。

项目结构

电源电路装调与测试思维导图如图 7.3 所示。

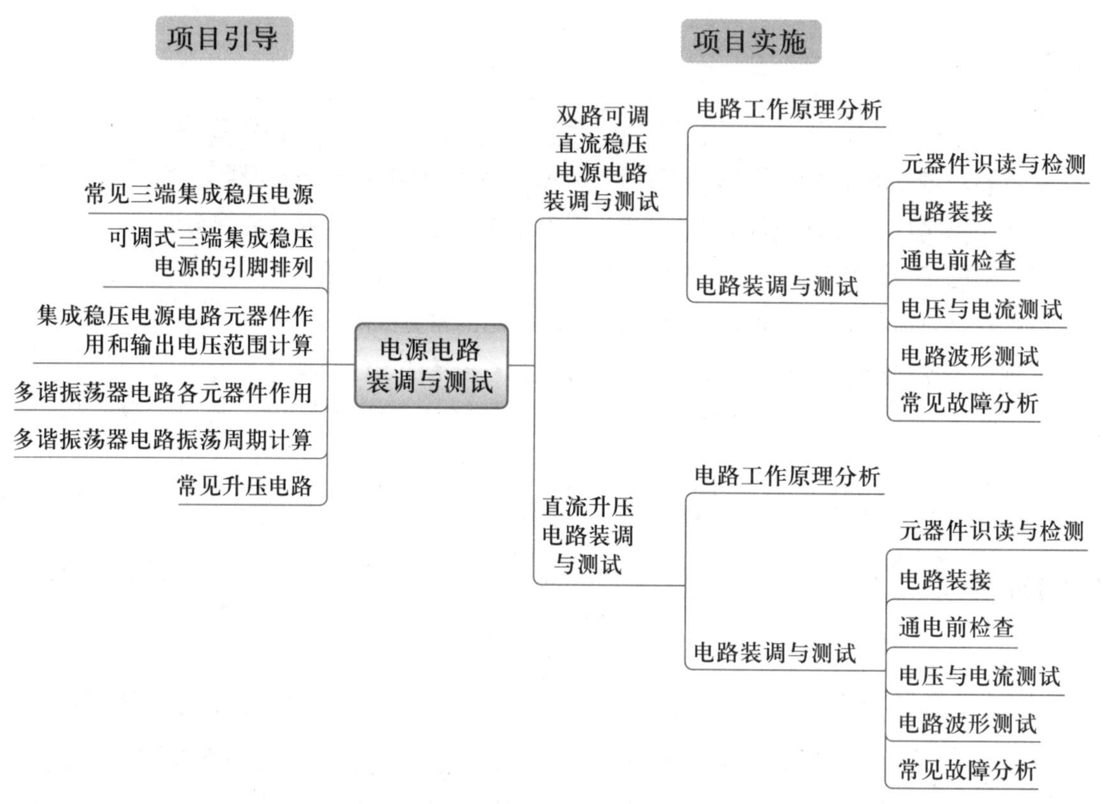

图 7.3　电源电路装调与测试思维导图

项目引导

问题 1　常用可调式三端集成稳压电源有哪些?

常见的可调式三端集成稳压电源产品国产型号有______、______,进口型号有______、______等。后两位数字为 17,表示______;若为 37,则表示______。

问题 2　可调式三端集成稳压电源的引脚是怎样排列的?

将可调式三端集成稳压电源正面(有字一面)朝向自己,3 个引脚朝下放置,CW317 系列可调式三端集成稳压电源引脚排列如图 7.4 所示,① 脚为____________、② 脚为____________、

③ 脚为＿＿＿＿＿＿；CW337 系列可调式三端集成稳压电源引脚排列如图 7.5 所示，① 脚为＿＿＿＿＿＿、② 脚为＿＿＿＿＿＿、③ 脚为＿＿＿＿＿＿。

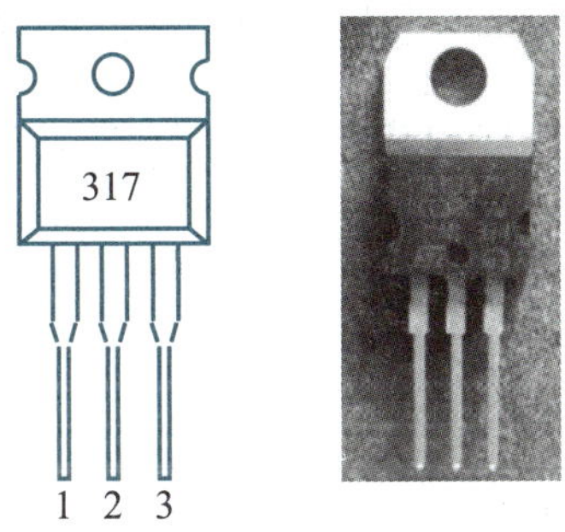

图 7.4　CW317 系列可调式三端集成稳压电源引脚排列图

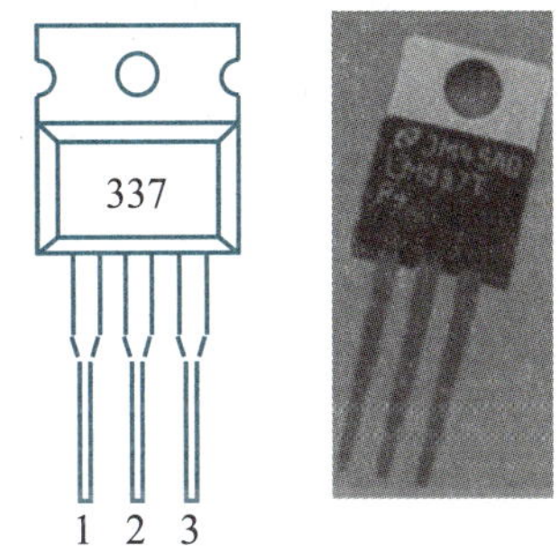

图 7.5　CW337 系列可调式三端集成稳压电源引脚排列图

问题 3　CW317 系列可调式三端集成稳压电源基本电路中，电容器 C_1、C_4，二极管 VD5，电位器 R_P 作用是什么？电路的输出电压范围如何计算？

CW317 系列可调式三端集成稳压电源基本电路如图 7.6 所示，电路中电容 C_1 和 C_2 是输入端滤波电容，C_4 是输出端滤波电容，二极管 VD5 对集成电路 CW317 起保护作用，电位器 R_P 的作用是调整输出电压。

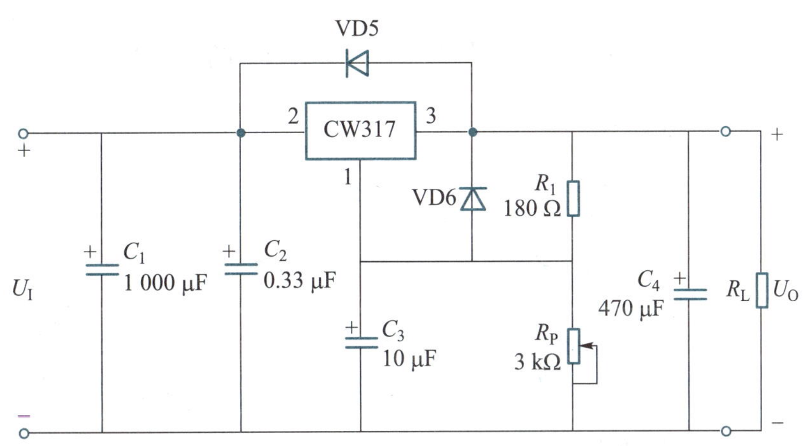

图 7.6　CW317 系列可调式三端集成稳压电源基本电路

该电路输出电压：

$$U_o=\_\_\_\_\_\_\_\_$$

式中，1.25 是＿＿＿＿＿＿＿＿，＿＿＿＿＿＿＿＿就可以改变输出电压范围，该电路输出电压可在＿＿＿＿＿＿＿＿范围内连续可调，最大输出电流 I_L 为＿＿＿。

问题 4　NE555 构成的多谐振荡器电路中，电阻器 R_1、R_2，电容器 C 的作用是什么？

NE555 构成的多谐振荡器电路原理图如图 7.7 所示，给电路通电，电源通过 R_1 和 R_2 对 C_1

充电，当 C_1 两端电压充至____________时，NE555 的 3 脚输出____________，NE555 芯片内部三极管______，C_1 通过 R_2 经 NE555 内部三极管对地放电；当 C_1 两端电压放至__________时，NE555 的 3 脚输出__________，NE555 芯片内部三极管______，电源又通过 R_1 和 R_2 对 C_1 充电。如此循环，使 NE555 一直输出一定频率的波形。R_1、R_2、C_1 的作用是______________________________，即决定电路输出波形的频率。

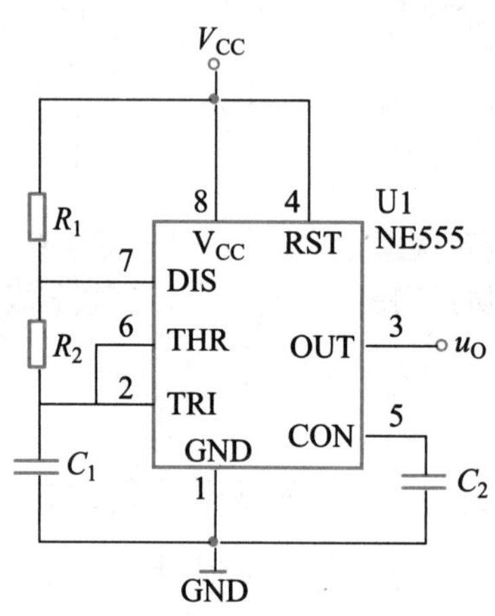

图 7.7 NE555 构成的多谐振荡器电路原理图

问题 5 NE555 构成的多谐振荡器电路的振荡周期如何计算?

NE555 构成的多谐振荡器电路原理图如图 7.7 所示，C_1 两端电压从 0 充至 $\frac{2}{3}V_{CC}$ 的时间，即为电路输出________的时间，C_1 通过 R_2 经 NE555 内部三极管对地放电的时间即为电路输出________的时间，电路的充放电时间和振荡周期见表 7.1。

表 7.1 多谐振荡器电路充放电时间和振荡周期计算公式

多谐振荡器电路高电平持续时间计算	$t_{WH} \approx 0.7(R_1+R_2)C_1$
多谐振荡器电路低电平持续时间计算	$t_{WL} \approx 0.7R_2C_1$
多谐振荡器电路振荡周期计算	$T=t_{WH}+t_{WL} \approx 0.7(R_1+2R_2)C_1$

问题 6 常用的升压电路有哪几种?

常用的升压电路有________升压电路和________升压电路。

项目实施

任务 1　双路可调直流稳压电源电路装调与测试

任务目标

◇ 会分析双路可调直流稳压电源电路的工作原理。

◇ 能按工艺要求在印制电路板上规范完成双路可调直流稳压电源电路的装接与调试。

◇ 会用万用表测试双路可调直流稳压电源电路的电压与电流，会用示波器测试输出电压波形。

◇ 会分析双路可调直流稳压电源电路的常见故障。

任务描述

CW317、CW337 系列可调式三端集成稳压电源构成的双路可调直流稳压电源电路可提供稳定的可调直流稳压电源，具有体积小、性能稳定、使用方便等特点，广泛应用于各种电子设备的可调电源部分。双路可调直流稳压电源电路原理图如图 7.8 所示，电路板实物如图 7.9 所示。

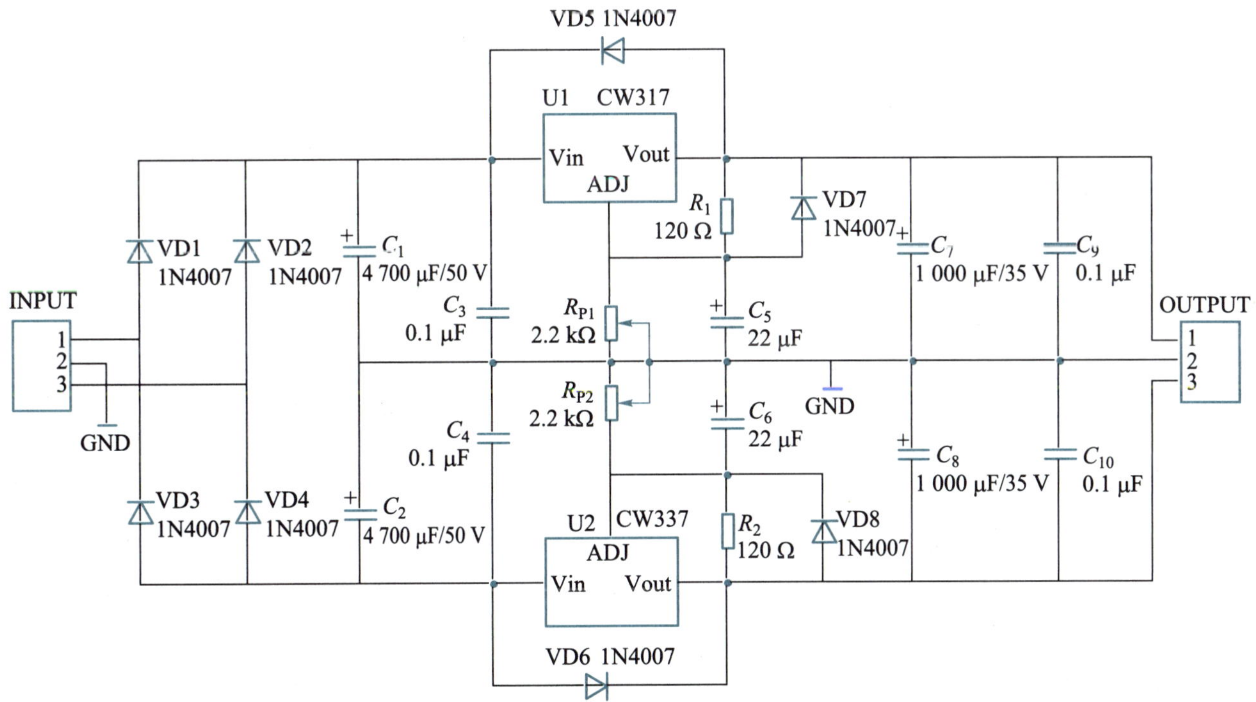

图 7.8　双路可调直流稳压电源电路原理图

本任务要求完成以下内容：

① 识别、清点与检测装接电路所需要的元器件。

② 按工艺规范在印制电路板上完成双路可调直流稳压电源电路的装接。

③ 对装接好的电路进行通电前检查，检查无误后接通两组 12 V 交流电。

图 7.9　双路可调直流稳压电源电路板实物

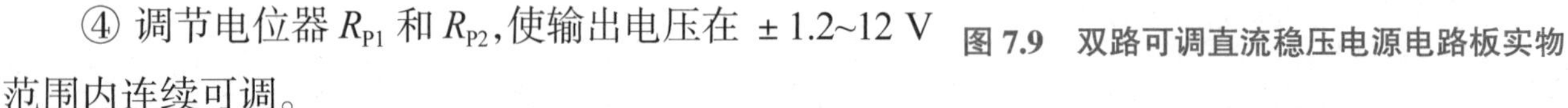

④ 调节电位器 R_{P1} 和 R_{P2}，使输出电压在 ±1.2~12 V 范围内连续可调。

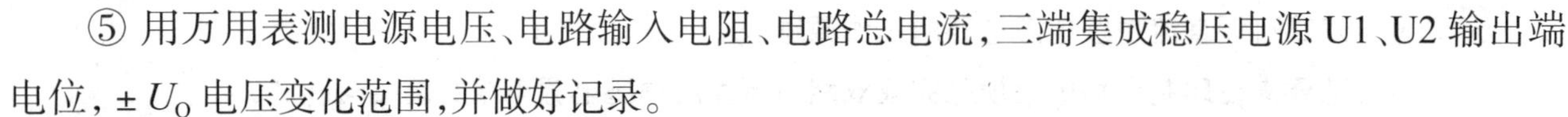

⑤ 用万用表测电源电压、电路输入电阻、电路总电流，三端集成稳压电源 U1、U2 输出端电位，$\pm U_O$ 电压变化范围，并做好记录。

⑥ 用示波器测输出电压 U_O 为 ±12 V 时的波形，并做好记录。

⑦ 结合电路的测试结果，进行电路常见故障分析。

任务准备

1. 职业素养养成

(1) 安全防护准备

穿好防静电服和绝缘鞋，戴好防静电手环。

(2) 工具仪表准备

电烙铁、烙铁架、焊锡丝、斜口钳、镊子、高温海绵、螺丝刀、万用表、示波器等。

(3) 电源、设备准备

检查变压器输出两组 12V 交流电输出是否正常；检查示波器 CH1、CH2 两路通道是否能正常测量波形。

将检查结果记录在表 7.2 中。

表 7.2　检查结果记录表

序号	检查内容	检查细目
1	安全防护准备	□防静电服　□绝缘鞋　□防静电手环
2	工具仪表准备	□工具　□仪表
3	电源、设备准备	□电源正常　□设备正常
检查人：________　时间：_____年____月____日		

2. 电路工作原理分析

双路可调直流稳压电源电路如图 7.8 所示，图中____________组成桥式整流电路，把交流电转换为脉动直流电，电位器 R_{P1}、R_{P2} 和电阻 R_1、R_2 组成____________电路，接在 CW317、

CW337 集成稳压器的调整端。下面以 CW317 这路为例进行分析：

改变____________大小可调节输出电压的大小，$U_O \approx 1.25\left(1+\frac{R_{P1}}{R_1}\right)$，在 1.25~24 V 范围内连续可调。输入端的并联电容 C_1 和 C_3 旁路整流电路输出的干扰信号；电容 C_5 可以消除 R_{P1} 的波动电压，使取样电压稳定；电容 C_7 和 C_9 起____________作用。

3. 元器件清点与核对

装接双路可调直流稳压电源电路所需要的元器件清单见表 7.3，请按清单清点与核对元器件，将清点核对结果记录在表 7.3 中。

表 7.3　元器件清点核对记录表

序号	符号	名称	规格	数量	是否齐全
1	R_1、R_2	固定电阻	120 Ω	2	□是　□否
2	VD1~VD8	整流二极管	1N4007	8	□是　□否
3	U1	可调式三端集成稳压电源	CW317	1	□是　□否
4	U2	可调式三端集成稳压电源	CW337	1	□是　□否
5	C_3、C_4、C_9、C_{10}	瓷片电容	0.1 μF	4	□是　□否
6	C_7、C_8	电解电容	1 000 μF/35 V	2	□是　□否
7	C_1、C_2	电解电容	4 700 μF/50 V	2	□是　□否
8	C_5、C_6	电解电容	22 μF/50 V	2	□是　□否
9	R_{P1}、R_{P2}	电位器	2.2 kΩ	2	□是　□否

任务实施

1. 元器件识读与检测

为确保装接在电路中的每个元器件都正常，装接电路前，请识读与检测下列元器件，并将识读与检测结果填在表 7.4 中。

表 7.4　元器件识读与检测结果记录表

序号	元器件名称	识读检测内容	识读检测结果
1	色环电阻 R_1	识读阻值	______Ω，误差 ±______%
		实测阻值	______Ω
2	整流二极管 VD1	正向导通电压	______V
		反向截止电阻	______Ω
3	电位器 R_{P1}	识读阻值	______Ω
		是否正常	□是　□否

续表

序号	元器件名称	识读检测内容	识读检测结果
4	瓷片电容 C_3	识读容量	______μF
5	电解电容 C_6	识读容量	______μF
		额定工作电压	______V

2. 电路装接

根据提供的双路可调直流稳压电源电路原理图，正确选择元器件，按表 7.5 工艺要求正确地焊接在印制电路板上。将结果记录在表 7.6 中。

表 7.5　电路安装工艺卡

序号	元器件符号	参数	数量	安装工艺要求	设备工具
1	R_1、R_2	120 Ω	2	按图(a)所示，水平卧式紧贴电路板安装	镊子、斜口钳、电烙铁等常用装接工具
2	VD1~VD8	1N4007	8	按图(b)所示，水平卧式紧贴电路板安装，注意正负极性	
3	C_3、C_4、C_9、C_{10}	0.1 μF	4	按图(c)所示，垂直紧贴电路板安装	
4	U1	CW317	1	按图(d)所示，水平卧式紧贴电路板安装，注意引脚顺序	
	U2	CW337	1		
5	R_{P1}、R_{P2}	2.2 kΩ	2	按图(e)所示，垂直紧贴电路板安装	
6	C_7、C_8	1 000 μF/35 V	2	按图(f)所示，垂直紧贴电路板安装，注意正负极性	
	C_1、C_2	4 700 μF/50 V	2		
	C_5、C_6	22 μF/50 V	2		
图样	图(a)　图(b)　图(c)　图(d)　图(e)　图(f)				
焊接工艺要求					
元器件按从小到大、从低到高顺序安装；在线路板上所焊接的元器件的焊点大小适中，无漏、假、虚、连焊，焊点光滑、圆润、干净、无毛刺；引脚加工尺寸及成形符合工艺要求；导线长度、剥线头长度符合工艺要求，芯线完好，捻头镀锡					

表 7.6　电路装接记录表

序号	操作内容	完成情况
1	元器件按从小到大、从低到高顺序安装	□完成　□未完成
2	焊点大小适中、光滑、圆润、无毛刺，无漏、假、虚、连焊现象	□完成　□未完成
3	引脚加工尺寸及成形符合工艺要求	□完成　□未完成
4	导线长度、剥线头长度符合工艺要求，芯线完好，捻头镀锡	□完成　□未完成
检查人：__________　时间：______年____月____日		

3. 通电前检查

本电路输入端接两组 12 V 交流电。开始通电前，按表 7.7 通电前检查步骤，完成电路的通电前检查，并记录结果。

表 7.7　电路通电前检查步骤记录表

<table>
<tr><th>序号</th><th>检查项目</th><th colspan="2">检测结果记录</th></tr>
<tr><td>1</td><td>桌面、电路板面清理</td><td colspan="2">□完成　□未完成</td></tr>
<tr><td>2</td><td>电源输入电压</td><td># 第一组输入电压______V
挡位:______量程:______
红表笔:____________
黑表笔:____________
测得的电压:________V</td><td># 第二组输入电压______V
挡位:______量程:______
红表笔:____________
黑表笔:____________
测得的电压:________V</td></tr>
<tr><td>3</td><td>电路板输入电阻</td><td># 第一组输入端________Ω
挡位:______　量程:______
红表笔:____________
黑表笔:____________
测得的电阻:____________</td><td># 第二组输入端________Ω
挡位:______量程:______
红表笔:____________
黑表笔:____________
测得的电阻:________Ω</td></tr>
<tr><td colspan="4">记录人:________　时间:_____年___月___日</td></tr>
</table>

4. 电路电压与电流测试

通电前检测各项都正常后，在电源输入端分别接入两组 12 V 交流电源，通电时注意单手操作。按表 7.8 逐项完成电路电压与电流的测试，并将结果记录在表中。

表 7.8　电路电压与电流测试结果记录表

<table>
<tr><th>序号</th><th>检查项目</th><th>检测结果记录</th></tr>
<tr><td>1</td><td>U1 输出端电位</td><td>量程:____________挡位:____________
红表笔:____________黑表笔:____________
测得的电位:________________________V</td></tr>
<tr><td>2</td><td>U2 输出端电位</td><td>量程:____________挡位:____________
红表笔:____________黑表笔:____________
测得的电位:________________________V</td></tr>
<tr><td>3</td><td>调节 R_{P1}，$+U_O$ 电压变化范围</td><td>量程:____________挡位:____________
红表笔:____________黑表笔:____________
测得的电压范围:____________________V</td></tr>
<tr><td>4</td><td>调节 R_{P2}，$-U_O$ 电压变化范围</td><td>量程:____________挡位:____________
红表笔:____________黑表笔:____________
测得的电压范围:____________________V</td></tr>
<tr><td>5</td><td>电路总电流</td><td>量程:____________挡位:____________
红表笔:____________黑表笔:____________
测得的电流:________________________A</td></tr>
<tr><td colspan="3">记录人:________　时间:_____年___月___日</td></tr>
</table>

5. 电路波形测试

调节电位器 R_{P1} 和 R_{P2}，使电路输出电压为 ±12 V，用双踪示波器同时测量 $\pm U_O$ 的电压波形，将测得的波形和波形参数记录在表 7.9 中。

表 7.9　电路输出电压波形测试记录表

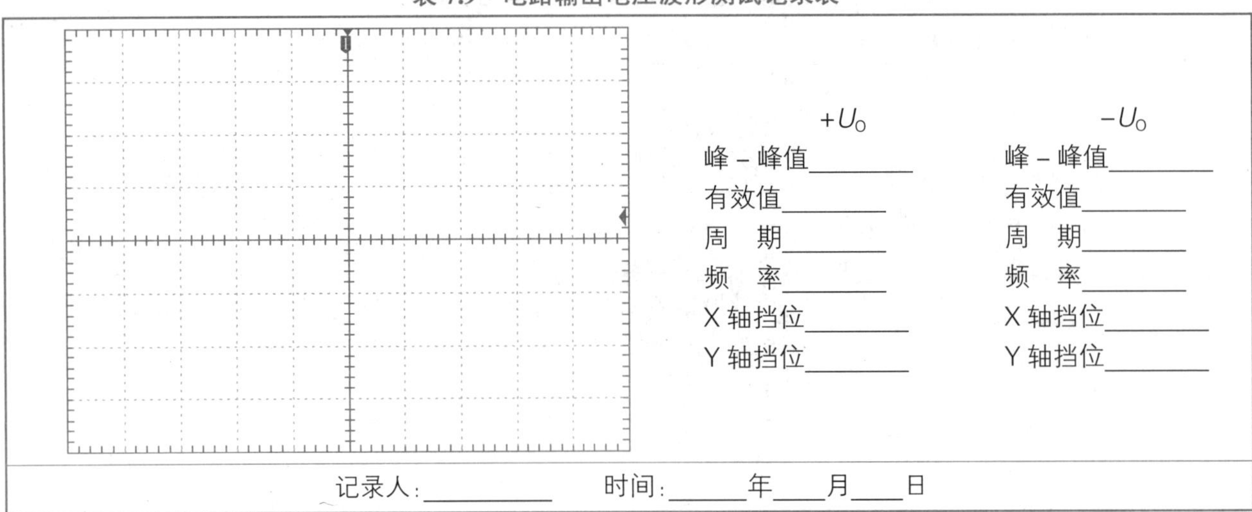

$+U_O$	$-U_O$
峰 – 峰值________	峰 – 峰值________
有效值________	有效值________
周　期________	周　期________
频　率________	频　率________
X 轴挡位________	X 轴挡位________
Y 轴挡位________	Y 轴挡位________

记录人：__________　　时间：______年____月____日

6. 常见故障分析

根据电路的调试和测试结果，分析出现下列电路故障的原因：

(1) 若测得电路输入电阻为零，可能是什么原因造成的？

____

(2) 若电路负输出电压一直是固定值，调节 R_{P2} 输出电压不变，可能是什么原因造成的？

____

(3) 若调节 R_{P1} 和 R_{P2}，三端集成稳压电源 U1、U2 输出端电位都能正常调节变化，但电路却无输出电压，可能是什么原因造成的？

____

任务总结

1. 任务评价

请在表 7.10 中完成各环节的评分。

表 7.10　双路可调直流稳压电源电路装调与测试任务评价表

评分内容		配分	评分说明	得分
职业素养（10 分）	安全意识	5 分	符合用电安全操作规范，出现不符合安全操作的行为，每项扣 1 分，扣完为止	
	现场整理	5 分	出现未整理现场、仪器仪表及工具摆放杂乱、不遵守纪律等现象，每项扣 1 分，扣完为止	

续表

评分内容		配分	评分说明	得分
装接准备（20 分）	原理分析	5 分	每错 1 空扣 1 分，扣完为止	
	元器件清点核对	5 分	开始操作 15 min 后，发现每少点或错点 1 个元器件扣 1 分，扣完为止	
	元器件识读检测	10 分	每错 1 空扣 1 分，扣完为止	
电路装调（35 分）	元器件装接	10 分	元器件选择错误、极性装错等，每处扣 1 分，扣完为止	
	安装工艺	10 分	元器件安装工艺、焊点、引脚成形及引线等不符合工艺标准，每处扣 1 分，扣完为止	
	电路功能	15 分	电路功能正常得 15 分，否则 0 分	
测量分析（35 分）	通电前检查	5 分	每错 1 处扣 1 分，扣完为止	
	电路电压与电流测试	10 分	每错 1 处扣 1 分，扣完为止	
	电路波形测试	10 分	每错 1 处扣 1 分，扣完为止	
	电路故障分析	10 分	第 1、2 题每题 3 分，第 3 题 4 分	
总得分				

2. 学习小结

总结本次实训过程和知识要点，记录问题、收获和反思。

____

任务拓展

1. 在双路可调直流稳压电源电路中，CW317 和 CW337 两种集成电路能互换使用吗？

____

2. 若安装好的双路可调直流稳压电源电路通电后输出的正电压不可调，分析电路可能出现的故障。

____

3. 在日常生活中普遍使用工频交流电，而很多电子产品都需要直流电源供电，请你利用所学的知识,为电路设计一个输出电压范围在 12~15 V 的直流稳压电源。在下框中画出具体的电路图,并标出元器件参数。

任务 2 直流升压电路装调与测试

任务目标

◇ 会分析直流升压电路的工作原理。

◇ 能按工艺要求在印制电路板上规范完成直流升压电路的装接与调试。

◇ 会用万用表测试直流升压电路的电压与电流,会用示波器测试输出电压波形。

◇ 会分析直流升压电路的常见故障。

任务描述

在实际应用电路中,通常需要通过直流升压电路来驱动闪光灯组的 LED 或者显示屏背光的 LED,并且可以根据不同情况调节 LED 的明暗程度,如氙气灯、数码管时钟、VFD 显示器、魔术眼、霓虹灯等。直流升压电路原理图如图 7.10 所示,电路板实物如图 7.11 所示。

本任务要求完成以下内容:

① 识别、清点与检测装接电路所需要的元器件。

② 按工艺要求在印制电路板上规范完成直流升压电路的装接。

③ 对装接好的电路进行上电前检查,检查无误后通 12 V 交流电。

④ 用万用表测电源输入电压,电路输入电阻,电路总工作电流,U1 输出端电位,TP2、TP3、TP4 电位,并做好记录。

⑤ 用示波器测 TP1 和 TP4 点的波形。

⑥ 结合电路的测试结果,进行电路常见故障分析。

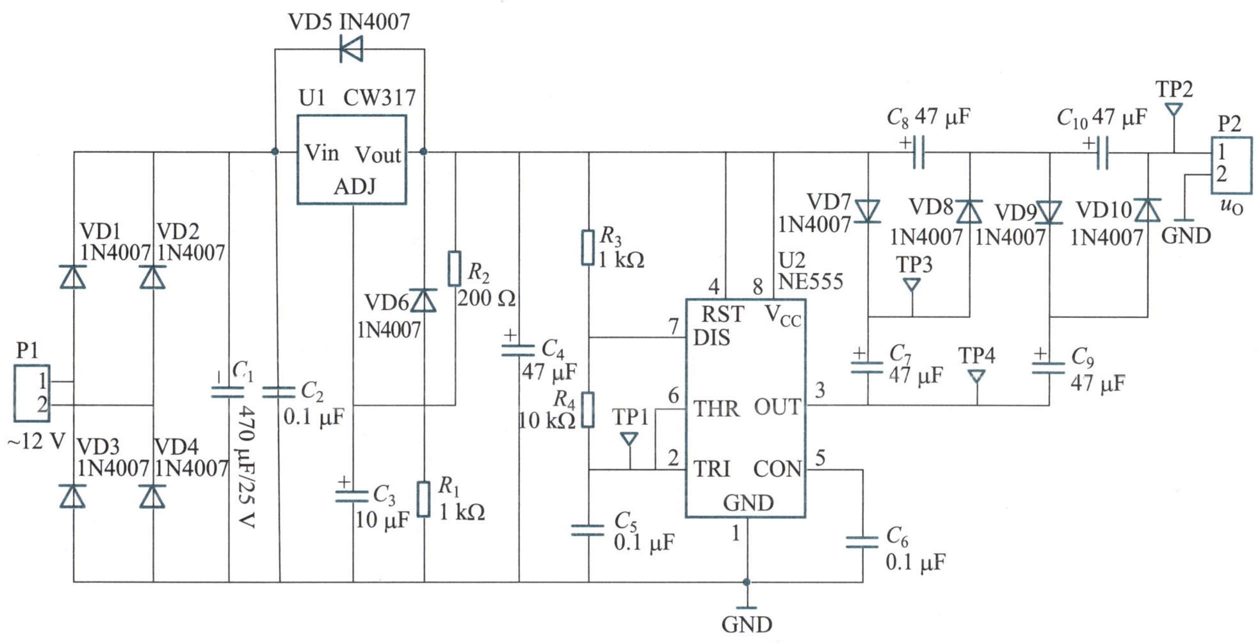

图 7.10 直流升压电路原理图

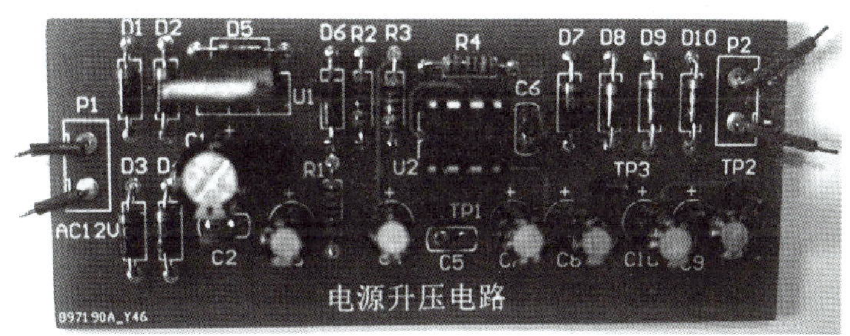

图 7.11 直流升压电路实物图

任务准备

1. 职业素养养成

(1) 安全防护准备

穿好防静电服和绝缘鞋,戴好防静电手环。

(2) 工具仪表准备

电烙铁、烙铁架、焊锡丝、斜口钳、镊子、高温海绵、螺丝刀、万用表、示波器等。

(3) 电源、设备准备

检查工作台上的 12 V 交流电源是否正常;检查示波器 CH1、CH2 两路通道是否能正常测量波形。

将检查结果记录在表 7.11 中。

表 7.11　检查结果记录表

序号	检查内容	检查细目
1	安全防护准备	□防静电服　□绝缘鞋　□防静电手环
2	工具仪表准备	□工具　□仪表
3	电源、设备准备	□电源正常　□设备正常
检查人：________　时间：_____年____月____日		

2. 电路工作原理分析

直流升压电路能输出约______电源电压，但输出__________，驱动能力__________。直流升压电路如图 7.10 所示，图中__________和__________组成____________电路，把交流电转换为直流电；U1 和 C_2、C_3、C_4、R_1、R_2、VD5、VD6 组成__________电路，U2 和 R_3、R_4、C_5、C_6 组成 NE555__________电路，C_7~C_{10}、VD7~VD10 组成__________电路。

NE555 的 3 脚输出频率约 1.5kHz 的________。当 NE555 的 3 脚波形输出第一个低电平时，VD7________，电源经 VD7 给 C_7 充电，使 C_7 最高充至________；当 3 脚波形输出第一个高电平时，C_7 负极电位约为 V_{CC}，C_7 正极电位为 $2V_{CC}$ 左右。此时，VD8________，C_7 正极的 $2V_{CC}$ 电压通过 VD8 给 C_8 充电，C_8 正极电位最高充到 $2V_{CC}$。

当 NE555 的 3 脚波形输出第 2 个低电平时，VD9 导通，C_8 正极的 $2V_{CC}$ 电压经 VD9 给 C_9 充电，使 C_9 最高充至 $2V_{CC}$；当 3 脚波形输出第二个高电平，C_9 负极电位约为 V_{CC}，C_9 正极电位为 $3V_{CC}$ 左右。此时，VD10 导通，C_9 正极的 $3V_{CC}$ 电压通过 VD10 给 C_{10} 充电，C_{10} 正极电位最高充到 $3V_{CC}$。

3. 元器件清点与核对

装接直流升压电路所需要的元器件清单见表 7.12，请按清单清点与核对元器件，将清点核对结果记录在表中。

表 7.12　元器件清点核对记录表

序号	符号	名称	规格	数量	是否齐全
1	R_1，R_3	固定电阻	1 kΩ	2	□是　□否
2	R_2	固定电阻	200 Ω	1	□是　□否
3	R_4	固定电阻	10 kΩ	1	□是　□否
4	VD1~VD10	二极管	1N4007	10	□是　□否
5	C_2，C_5，C_6	瓷片电容	0.1 μF	3	□是　□否
6	C_1	电解电容	470 μF/25 V	1	□是　□否
7	C_3	电解电容	10 μF/50 V	1	□是　□否
8	C_4，C_7~C_{10}	电解电容	47 μF/50 V	5	□是　□否
9	U2 底座	8 脚芯片底座	DIP-8	1	□是　□否
10	U2	集成电路	NE555	1	□是　□否
11	U1	集成稳压电源	CW317	1	□是　□否
12	TP1~TP4	排针	1P	4	□是　□否
13	P1，P2	电源接口	2P	2	□是　□否

任务实施

1. 元器件识读与检测

为确保装接在电路中的每个元器件都正常，装接电路前，请识读与检测元器件，并将识读与检测结果填在表 7.13 中。

表 7.13　元器件识读与检测结果记录表

序号	元器件名称	识读检测内容	识读检测结果
1	色环电阻 R_1	识读阻值	______Ω，误差 ±______%
		实测阻值	______Ω
2	整流二极管 VD1	正向导通电压	______V
		反向截止电阻	______Ω
3	瓷片电容 C_2	识读容量	______μF
4	电解电容 C_1	识读容量	______μF
		额定工作电压	______V

2. 电路装接

根据提供的直流升压电路原理图，正确选择元器件，把它们按表 7.14 工艺要求正确地焊接在印制电路板上，将结果记录在表 7.15 中。

表 7.14　电路安装工艺卡

安装顺序	元器件符号	参数	数量	安装工艺要求	设备工具
1	R_1、R_3	1 kΩ	2	按图（a）所示，水平卧式紧贴电路板安装	镊子、斜口钳、电烙铁等常用装接工具
	R_2	200 Ω	1		
	R_4	10 kΩ	1		
2	VD1~VD10	1N4007	10	按图（b）所示，水平卧式紧贴电路板安装，注意正负极性	
3	U2 底座	DIP-8	1	按图（c）所示，水平卧式紧贴电路板安装，注意底座凹口朝向	
4	C_2，C_5，C_6	0.1 μF	3	按图（d）所示，垂直紧贴电路板安装	
5	TP1~TP4	1P	4	按图（e）所示，垂直紧贴电路板安装	
6	P1，P2	2P	2		
7	C_3	10 μF/50 V	1	按图（f）所示，垂直紧贴电路板安装，注意正负极性	
	C_4，C_7~C_{10}	47 μF/50 V	5		
	C_1	470 μF/25 V	1		
8	U1	CW317	1	按图（g）所示，垂直紧贴电路板安装，注意引脚顺序	
9	U2	NE555	1	按图（h）所示，水平卧式插入芯片底座，注意凹口朝向与底座一致	

续表

图样	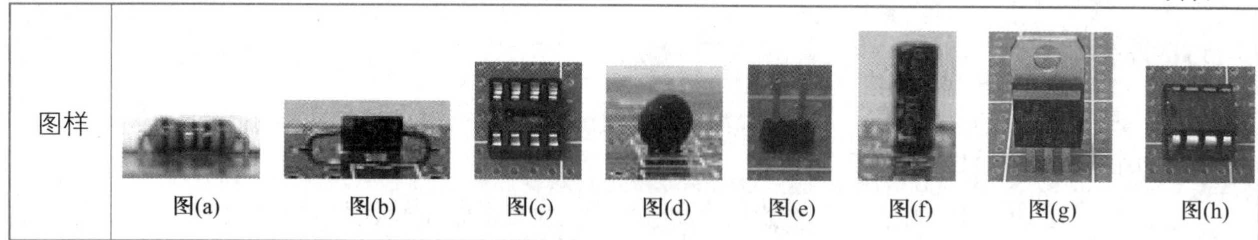 图(a) 图(b) 图(c) 图(d) 图(e) 图(f) 图(g) 图(h)
焊接工艺要求	
元器件按从小到大、从低到高顺序安装；在线路板上所焊接的元器件的焊点大小适中，无漏、假、虚、连焊，焊点光滑、圆润、干净、无毛刺；引脚加工尺寸及成形符合工艺要求；导线长度、剥线头长度符合工艺要求，芯线完好，捻头镀锡	

表 7.15 电路装接记录表

序号	操作内容	完成情况
1	元器件按从小到大、从低到高顺序安装	□完成 □未完成
2	焊点大小适中、光滑、圆润、无毛刺，无漏、假、虚、连焊现象	□完成 □未完成
3	引脚加工尺寸及成形符合工艺要求	□完成 □未完成
4	导线长度、剥线头长度符合工艺要求，芯线完好，捻头镀锡	□完成 □未完成
记录人：______ 时间：____年___月___日		

3. 通电前检查

本电路输入端接 12 V 交流电。开始通电前，按表 7.16 通电前检查步骤，完成电路的通电前检查，并记录结果。

表 7.16 电路通电前检查步骤记录表

序号	检查项目	检测结果记录
1	桌面、电路板面清理	□完成 □未完成
2	电源输入电压	输入电压______V；挡位：______ 量程：______ 红表笔：______ 黑表笔：______ 测得的电压：______V
3	电路板输入电阻	输入端______Ω；挡位：______ 量程：______ 红表笔：______ 黑表笔：______ 测得的电阻：______Ω
记录人：______ 时间：____年___月___日		

4. 电路电压与电流测试

通电前检测各项都正常后，在电源输入端，接入 12 V 交流电源，通电时注意单手操作。按表 7.17 逐项完成电路电压与电流的测试，并将结果记录在表中。

表 7.17　电路电压与电流测试结果记录表

序号	检查项目	检测结果记录
1	U1 输出端电位	量程：__________ 挡位：__________ 红表笔：__________ 黑表笔：__________ 测得的电位：____________________V
2	NE555 工作电压	量程：__________ 挡位：__________ 红表笔：__________ 黑表笔：__________ 测得的电压：____________________V
3	TP2 电位	量程：__________ 挡位：__________ 红表笔：__________ 黑表笔：__________ 测得的电位：____________________V
4	TP3 电位	量程：__________ 挡位：__________ 红表笔：__________ 黑表笔：__________ 测得的电位：____________________V
5	TP4 电位	量程：__________ 挡位：__________ 红表笔：__________ 黑表笔：__________ 测得的电位：____________________V
6	电路总电流	量程：__________ 挡位：__________ 红表笔：__________ 黑表笔：__________ 测得的电流：____________________A
记录人：__________　　时间：______年____月____日		

5. 电路波形测试

用双踪示波器同时测量 TP1、TP4 点的电压波形，将测得的波形和波形参数记录在表 7.18 中。

表 7.18　TP1、TP4 点波形测试记录表

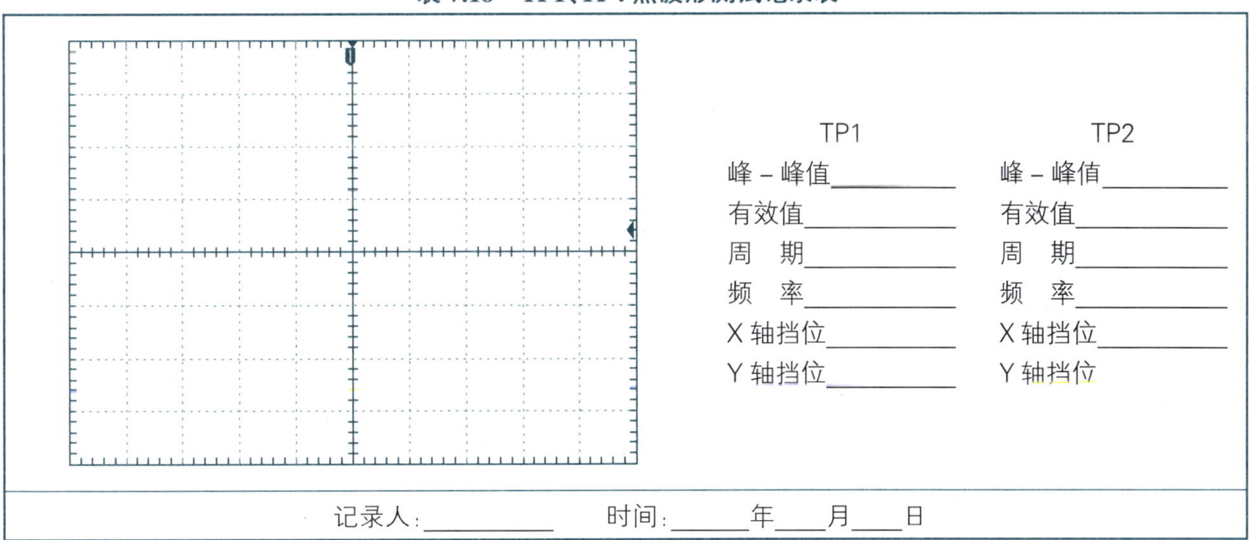

TP1	TP2
峰 – 峰值__________	峰 – 峰值__________
有效值__________	有效值__________
周　期__________	周　期__________
频　率__________	频　率__________
X 轴挡位__________	X 轴挡位__________
Y 轴挡位__________	Y 轴挡位__________

记录人：__________　　时间：______年____月____日

6. 常见故障分析

根据电路的调试和测试结果，分析出现下列电路故障的原因：

(1) 若测得电路中三端集成稳压电源 U1 输出端无波形，可能是什么原因造成的？

____

(2) 若电路 TP2 输出电压只有 $2V_{CC}$，可能是什么原因造成的？

____

任务总结

1. 任务评价

请在表 7.19 中完成各环节的评分。

表 7.19 直流升压电路装调与测试任务评价表

评分内容		配分	评分说明	得分
职业素养（10 分）	安全意识	5 分	符合用电安全操作规范，出现不符合安全操作的行为，每项扣 1 分，扣完为止	
	现场整理	5 分	出现未整理现场、仪器仪表及工具摆放杂乱、不遵守纪律等现象，每项扣 1 分，扣完为止	
装接准备（20 分）	原理分析	5 分	每错 1 空扣 1 分，扣完为止	
	元器件清点核对	5 分	开始操作 15 min 后，发现每少点或错点 1 个元器件扣 1 分，扣完为止	
	元器件识读检测	10 分	每错 1 空扣 1 分，扣完为止	
电路装调（35 分）	元器件装接	10 分	元器件选择错误、极性装错等，每处扣 1 分，扣完为止	
	安装工艺	10 分	元器件安装工艺、焊点、引脚成形及引线等不符合工艺标准，每处扣 1 分，扣完为止	
	电路功能	15 分	电路功能正常得 15 分，否则 0 分	
测量分析（35 分）	通电前检查	5 分	每错 1 处扣 1 分，扣完为止	
	电路电压与电流测试	10 分	每错 1 处扣 1 分，扣完为止	
	电路波形测试	10 分	每错 1 处扣 1 分，扣完为止	
	电路故障分析	10 分	每题 5 分，扣完为止	
总得分				

2. 学习小结

总结本次实训过程和知识要点，记录问题、收获和反思。

任务拓展

1. 直流升压电路中 R_1 和 R_2 的作用是什么？若 U2 的供电电压需改为 5 V，这两个电阻的参数应该换成多少？

2. 若要将输出电压升至 $4V_{CC}$，电路应该如何改进？请在下框中画出具体的改进电路图。

项目 8　信号产生电路装调与测试

项目目标

◇ 认识矩形波产生电路、四路波形产生电路和脉冲产生电路，会分析电路的工作原理。

◇ 能在印制电路板上完成矩形波产生电路、四路波形产生电路和脉冲产生电路的装接与调试。

◇ 会测试双路矩形波产生电路、四路波形产生电路和脉冲产生电路的电压与电流。

◇ 会排除矩形波产生电路、四路波形产生电路和脉冲产生电路的常见故障。

◇ 养成规范操作、安全文明生产的职业素养，传承精益求精的工匠精神。

项目描述

信号产生电路通常也称振荡器。振荡器的种类很多，按振荡激励方式可分为自激振荡器、他激振荡器；按电路结构可分为阻容振荡器、电感电容振荡器、晶体振荡器、音叉振荡器等；按输出波形可分为正弦波、方波、锯齿波等振荡器。振荡器广泛用于电子工业、医疗、科学研究等方面。图 8.1 所示的信号产生模块和图 8.2 所示的便携式调频收音机主板，都有典型的信号产生电路。

图 8.1　信号产生模块

图 8.2　便携式调频收音机主板

本项目以矩形波发生电路、四路波形产生电路和脉冲产生电路为例，按要求完成矩形波产生电路、四路波形产生电路和脉冲产生电路的装配、焊接，进行电路功能的调试，并使用万用表和示波器完成电压与电流的测试。

项目结构

信号产生电路装调与测试思维导图如图 8.3 所示。

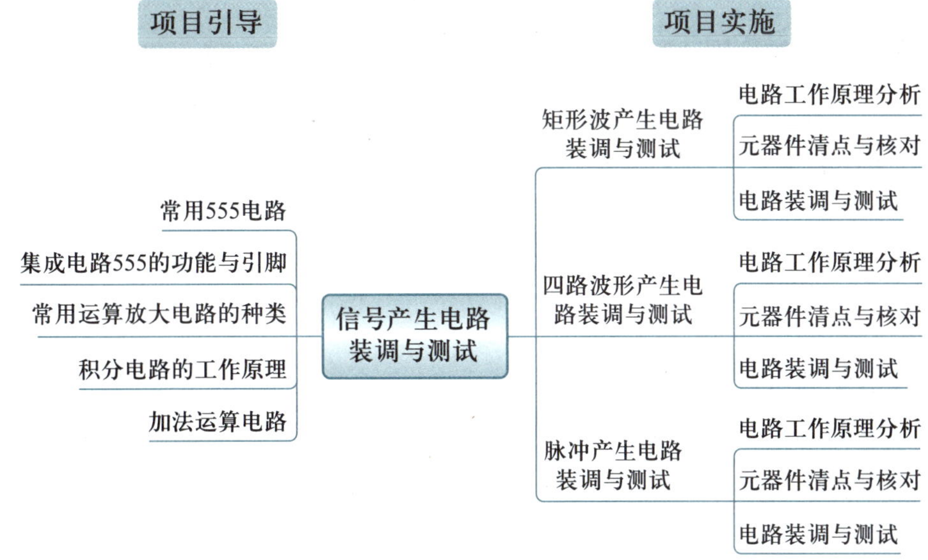

图 8.3 信号产生电路装调与测试思维导图

项目引导

问题 1 常用的集成电路 555 应用电路有哪些?

常用的集成电路 555 应用于波形产生的______________、用于定时的______________、用于波形整形的______________,NE555 是 555 系列的计时集成电路的其中一种型号。

问题 2 集成电路 555 的功能是什么?其引脚如何排列?

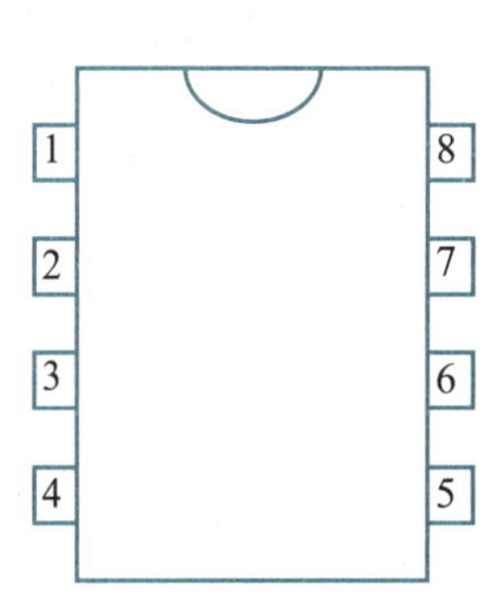

图 8.4 集成电路 555 引脚排列图

集成电路 555 时基电路,又称 555 定时器,是中规模单片集成电路。它具有功能强、使用灵活、适用范围宽的特点。通常只需外接少量阻容元件,就可以方便地组成多种应用电路,在工业控制、定时、仿声、电子乐器等诸多领域有着广泛的应用。集成电路 555 引脚排列如图 8.4 所示,若集成电路 555 缺口朝上放置,则左上角第一个引脚为 1 号脚,其余引脚逆时针方向递增,其各个引脚功能为:①脚:______________、

②脚：______________、③脚：______________、④脚：______________、⑤脚：______________、⑥脚：______________、⑦脚：______________、⑧脚：______________。

问题 3 常用的集成运算放大电路有哪些？

常用的由运算放大电路构成的线性电路有输入信号从同相输入端输入的__________，有输入信号从反相输入端输入的__________，也有同时从反相输入端和同相输入端同时输入的__________。

问题 4 积分电路是如何工作原理的？

积分电路如图 8.5 所示，根据虚短特性：同相和反相输入端电平__________；根据虚断特性：流过 R 与流过 C 的__________；当输入端电压为高电平时，电流从__________到__________给电容充电，电容__________的电位为 0；随着电容充电电压__________，u_O 电压__________。R 和 C 与充放电的时间成正比。

问题 5 什么是加法运算电路？

图 8.6 所示是有两个输入端的加法运算电路。输入电压 u_{I1}、u_{I2} 分别通过 R_1 和 R_2 同时接到__________端，反馈电阻 R_f 将输出电压引回到反相输入端。为了保证两输入端平衡，平衡电阻 $R=R_1 // R_2 // R_f$。

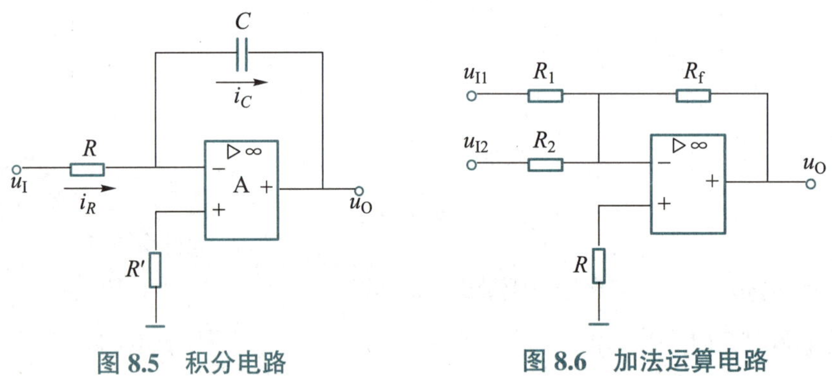

图 8.5 积分电路　　图 8.6 加法运算电路

当 $R_1=R_2=R_f$ 时，则 $u_O=-(u_{I1}+u_{I2})$，实现__________运算，负号表示输出电压与输入电压__________。

职业视野

SMT 技术即表面组装技术，又称表面贴装技术，是一种将无引脚或短引脚表面组装元器件安装在印制电路板或其他基板的表面上，通过回流焊或浸焊等方法加以焊接组装的电路装连技术，是目前电子组装行业中主流的一种技术和工艺。

SMT 是电子产业的重要核心技术之一。中国 SMT 产业主要集中在珠江三角洲地区和长江三角洲地区。SMT 产业是一个重要的基础性产业，对于推动我国的电子信息产业结构调整和产业升级有着重要意义。

项目实施

任务 1　矩形波产生电路装调与测试

任务目标

◇ 会分析矩形波产生电路的工作原理。

◇ 能按工艺要求在印制电路板上规范完成矩形波产生电路的装接与调试。

◇ 会用万用表测试矩形波产生电路的电压，会用示波器测试输出电压波形。

◇ 会分析矩形波产生电路的常见故障。

任务描述

矩形波产生电路可提供稳定的矩形波脉冲信号，且具有体积小、性能稳定、使用方便等特点，广泛应用于各个电路的信号发生模块。矩形波产生电路原理图如图 8.7 所示，实物电路板如图 8.8 所示。本任务要求完成以下内容：

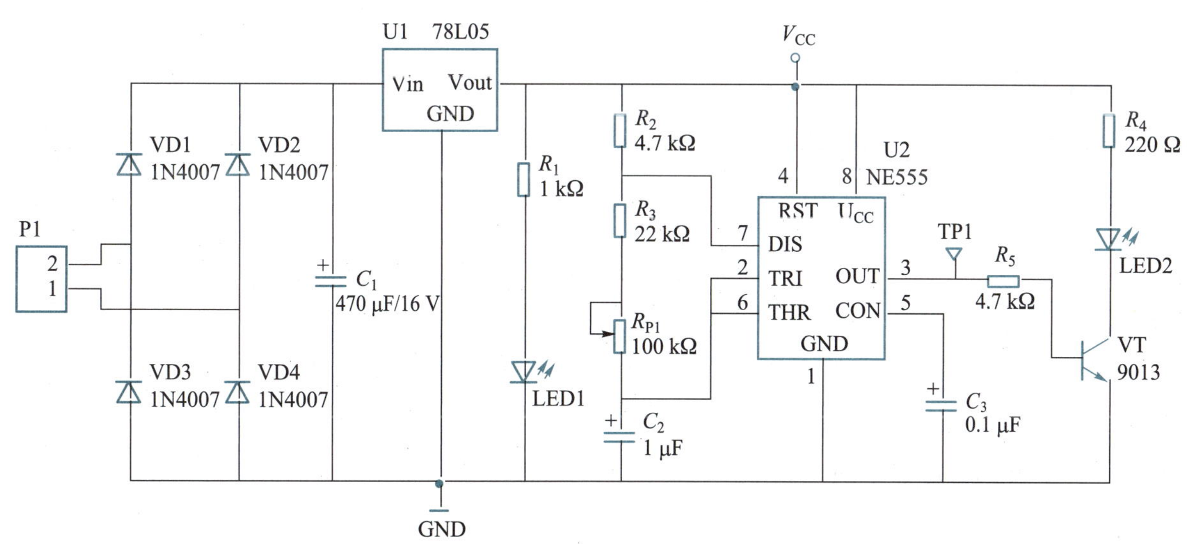

图 8.7　矩形波产生电路原理图

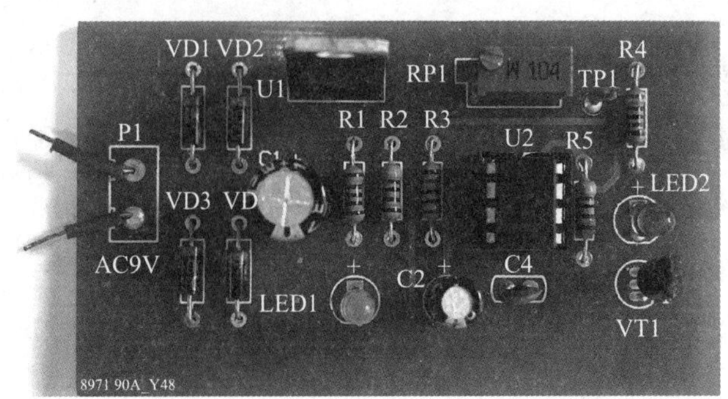

图 8.8　矩形波产生电路实物电路板

① 识别、清点与检测装接矩形波产生电路所需要的元器件。

② 按工艺规范在印制电路板上完成矩形波产生电路的装接。

③ 对装接好的电路进行通电前检查，检查无误后接通 9 V 交流电。

④ 调节电位器 R_{P1}，控制输出占空比可调的方波，使 LED2 闪烁。

⑤ 用万用表测电源电压、电路输入电阻、U1 输出端电位和 U2 的 4 脚、5 脚、8 脚电位，并做好记录。

⑥ 用示波器测 U2 的 3 脚和 6 脚输出波形，并做好记录。

⑦ 结合电路的测试结果，进行电路常见故障分析。

任务准备

1. 职业素养养成

(1) 安全防护准备

穿好防静电服和绝缘鞋，戴好防静电手环。

(2) 工具仪表准备

电烙铁、烙铁架、焊锡丝、斜口钳、镊子、高温海绵、螺丝刀、万用表、示波器等。

(3) 电源、设备准备

检查工作台上 9 V 交流电压是否正常；检查示波器 CH1、CH2 两路通道是否能正常测量波形。

将检查结果记录在表 8.1 中。

表 8.1　检查结果记录表

序号	检查内容	检查细目
1	安全防护准备	□防静电服　□绝缘鞋　□防静电手环
2	工具仪表准备	□工具　□仪表
3	电源、设备准备	□电源正常　□设备正常
检查人:________　时间:_____年____月____日		

2. 电路工作原理分析

在图 8.7 所示的矩形波产生电路中，由__________组成桥式整流电路，把__________转换为__________，电容器 C_1 和集成稳压电路 U1 构成__________，输出 +5 V 稳定的直流电，电阻 R_1 和发光二极管 LED1 组成__________，R_2、R_3、R_{P1} 和 C_2 组成__________。R_5、R_4、VT1 和 LED2 组成了开关电路，可通过 LED2 亮灭状态观察 NE555 矩形波发生电路输出的__________。

3. 元器件清点与核对

装接矩形波产生电路所需要的元器件清单见表 8.2，请按清单清点与核对元器件，将清点核对结果记录在表 8.2 中。

表 8.2　元器件清点核对记录表

序号	符号	名称	规格	数量	是否齐全
1	R_1	固定电阻	1 kΩ	1	□是 □否
2	R_2、R_5	固定电阻	4.7 kΩ	2	□是 □否
3	R_3	固定电阻	22 kΩ	1	□是 □否
4	R_4	固定电阻	220 Ω	1	□是 □否
5	VD1~VD4	整流二极管	1N4007	4	□是 □否
6	C_3	瓷片电容	0.1 μF	1	□是 □否
7	U2 底座	8 脚集成块底座	DIP-8	1	□是 □否
8	LED1、LED2	发光二极管	红色	2	□是 □否
9	VT	三极管	9013	1	□是 □否
10	C_2	电解电容	1 μF/16 V	1	□是 □否
11	C_1	电解电容	470 μF/16 V	1	□是 □否
12	R_{P1}	电位器	100 kΩ	1	□是 □否
13	U1	集成稳压电源	78L05	1	□是 □否
14	U2	集成电路	NE555	1	□是 □否
记录人：__________　　时间：______年____月____日					

任务实施

1. 元器件识读与检测

为确保装接在电路中的每个元器件都正常，开始装接电路前请识读与检测元器件，并将识读与检测结果填在表 8.3 中。

表 8.3 元器件识读与检测结果记录表

序号	元器件名称	识读检测内容	识读检测结果
1	电位器 R_{P1}	识读阻值	最大值______Ω
		实测阻值	______Ω
2	整流二极管 VD2	正向导通电压	______V
		反向截止电阻	______Ω
3	发光二极管 LED1	导通压降	______V
		是否正常	□是 □否
4	瓷片电容 C_4	识读容量	______μF
5	电解电容 C_1	识读容量	______μF
		额定工作电压	______V
记录人:__________ 时间:______年____月____日			

2. 电路装接

根据图 8.7,从提供的元器件中正确选择元器件,按表 8.4 工艺要求正确地焊接在印制电路板上。将结果记录在表 8.5 中。

表 8.4 电路安装工艺卡

安装顺序	元器件符号	参数	数量	安装工艺要求	设备工具
1	R_1	1 kΩ	1	按图(a)所示,水平卧式紧贴电路板安装	镊子、斜口钳、电烙铁等常用装接工具
	R_2、R_5	4.7 kΩ	2		
	R_3	22 kΩ	1		
	R_4	220 Ω	1		
2	VD1~VD4	1N4007	4	按图(b)所示,水平卧式紧贴电路板安装,注意正负极性	
3	C_3	0.1 μF	1	按图(c)所示,垂直紧贴电路板安装	
4	U2 底座	DIP–8	1	按图(d)所示,水平卧式紧贴电路板安装,注意底座凹口朝向	
5	LED1、LED2	LED	2	按图(e)所示,垂直紧贴电路板安装,注意区分正负极性	
6	VT	9013	1	按图(f)所示,引脚留 3~5 mm 高度,垂直电路板安装,注意区分引脚极性	
7	R_{P1}	100 kΩ	1	按图(g)所示,垂直紧贴电路板安装	
8	C_2	1 μF/16 V	1	按图(h)所示,垂直紧贴电路板安装,注意引脚极性	
	C_1	470 μF/16 V	1		
9	U1	78L05	1	按图(i)所示,垂直紧贴电路板安装	
10	U2	NE555	1	按图(j)所示,水平卧式紧贴电路板安装,注意凹槽口朝向与底座一致	

续表

图样	图(a)	图(b)	图(c)	图(d)	图(e)	图(f)	图(g)	图(h)	图(i)	图(j)
焊接工艺要求										
元器件按从小到大、从低到高顺序安装；所焊接的元器件的焊点大小适中，无漏、假、虚、连焊，焊点光滑、圆润、干净、无毛刺；引脚加工尺寸及成形符合工艺要求；导线长度、剥线头长度符合工艺要求，芯线完好，捻头镀锡										

表 8.5　电路装接记录表

序号	操作内容	完成情况
1	元器件按从小到大、从低到高顺序安装	□完成　□未完成
2	焊点大小适中、光滑、圆润、无毛刺，无漏、假、虚、连焊现象	□完成　□未完成
3	引脚加工尺寸及成形符合工艺要求	□完成　□未完成
4	导线长度、剥线头长度符合工艺要求，芯线完好，捻头镀锡	□完成　□未完成
记录人：________　时间：____年___月___日		

3. 通电前检查

本电路输入端接 9 V 交流电。开始通电前，按表 8.6 通电前检查步骤完成电路的通电前检查并记录结果。

表 8.6　电路通电前检查步骤记录表

序号	检查项目	检测结果记录
1	桌面、电路板面清理	□完成　□未完成
2	电源输入电压	输入电压：______V；量程：______挡位：______ 红表笔：______黑表笔：______ 测得的电压：______V
3	电路板输入电阻	输入端：______Ω；量程：______挡位：______ 红表笔：______黑表笔：______ 测得的电阻：______V
记录人：________　时间：____年___月___日		

4. 电路电压测试

通电前检测各项都正常后，在电源输入端接入 9 V 交流电源，通电时注意单手操作。按表 8.7 逐项完成电路电压的测试并将结果记录在表 8.7 中。

表 8.7　电路电压测试记录表

序号	检查项目	检测结果记录
1	U1 输出端电位	量程:________挡位:________ 红表笔:________黑表笔:________ 测得的电位:________V
2	U2 的 4 脚电位	量程:________挡位:________ 红表笔:________黑表笔:________ 测得的电位:________V
3	U2 的 5 脚电位	量程:________挡位:________ 红表笔:________黑表笔:________ 测得的电压范围:________V
4	U2 的 8 脚电位	量程:________挡位:________ 红表笔:________黑表笔:________ 测得的电压范围:________V
填表人:________　时间:____年____月____日		

5. 电路波形测试

电位器 R_{P1} 顺时针旋到底和逆时针旋到底,用示波器同时测量 U2 3 脚和 6 脚的波形,将测得的波形和波形参数记录在表 8.8 中。

表 8.8　矩形波发生电路波形测试记录表

	U2 的 3 脚输出	U2 的 6 脚输出
	峰 – 峰值________	峰 – 峰值________
	有效值________	有效值________
	周　期________	周　期________
	频　率________	频　率________
	X 轴挡位________	X 轴挡位________
	Y 轴挡位________	Y 轴挡位________

6. 常见故障分析

根据电路的调试和测试结果,分析出现下列电路故障的原因:

(1) 若测得集成电路 78L05 输出为零,可能是什么原因造成的?

____

(2) 若调节 R_{P1},NE555 的 3 脚输出波形占空比没有变化,可能是什么原因造成的?

____

任务总结

1. 任务评价

请在表 8.9 中完成各环节的评分。

表 8.9　矩形波发生电路装调与测试任务评价表

评分内容		配分	评分说明	得分
职业素养（10 分）	安全意识	5 分	符合用电安全操作规范，出现不符合安全操作的行为，每项扣 1 分，扣完为止	
	现场整理	5 分	出现未整理现场、仪器仪表及工具摆放杂乱、不遵守纪律等现象，每项扣 1 分，扣完为止	
装接准备（20 分）	原理分析	5 分	每错 1 空扣 1 分。	
	元器件清点核对	5 分	开始操作 15 min 后，发现每少点或错点 1 个元器件扣 1 分，扣完为止	
	元器件识读检测	10 分	每错 1 空扣 1 分	
电路装调（35 分）	产品装接	10 分	元器件选择错误、极性装错等，每处扣 1 分，扣完为止	
	安装工艺	10 分	元器件安装工艺、焊点、引脚成形及引线等不符合工艺标准，每处扣 1 分，扣完为止	
	电路功能	15 分	电路功能正常得 15 分，否则 0 分	
测量分析（35 分）	通电前检查	5 分	每错 1 处扣 1 分，扣完为止	
	电路电压测试	10 分	每错 1 处扣 1 分，扣完为止	
	电路波形测试	10 分	每错 1 处扣 1 分，扣完为止	
	电路故障分析	10 分	每题 5 分，扣完为止	
总得分				

2. 学习小结

总结本次实训过程和知识要点，记录问题、收获和反思。

任务拓展

1. 电路最高可以接多少伏电压？电压的升高对电路是否有影响？

2. 若电源供电正常，电路无波形输出，是什么原因造成的？

3. 设计占空比变化更大的 NE555 矩形波产生电路。

任务 2　四路波形产生电路装调与测试

任务目标

◇ 会分析四路波形产生电路的工作原理。
◇ 能按工艺要求在印制电路板上规范完成四路波形产生电路的装接与调试。
◇ 会用万用表测试四路波形产生电路的电压与电流，会用示波器测试输出电压波形。
◇ 会分析四路波形产生电路的常见故障。

任务描述

运算放大器是由多级直接耦合放大电路组成的高增益模拟集成电路，可完成信号放大、信号运算、信号处理、波形变换等功能。本项目利用运算放大器的正反馈，组成振荡电路，输出正弦波、方波、锯齿波等脉冲信号。四路波形产生电路原理图如图 8.9 所示，实物电路板如图 8.10 所示。

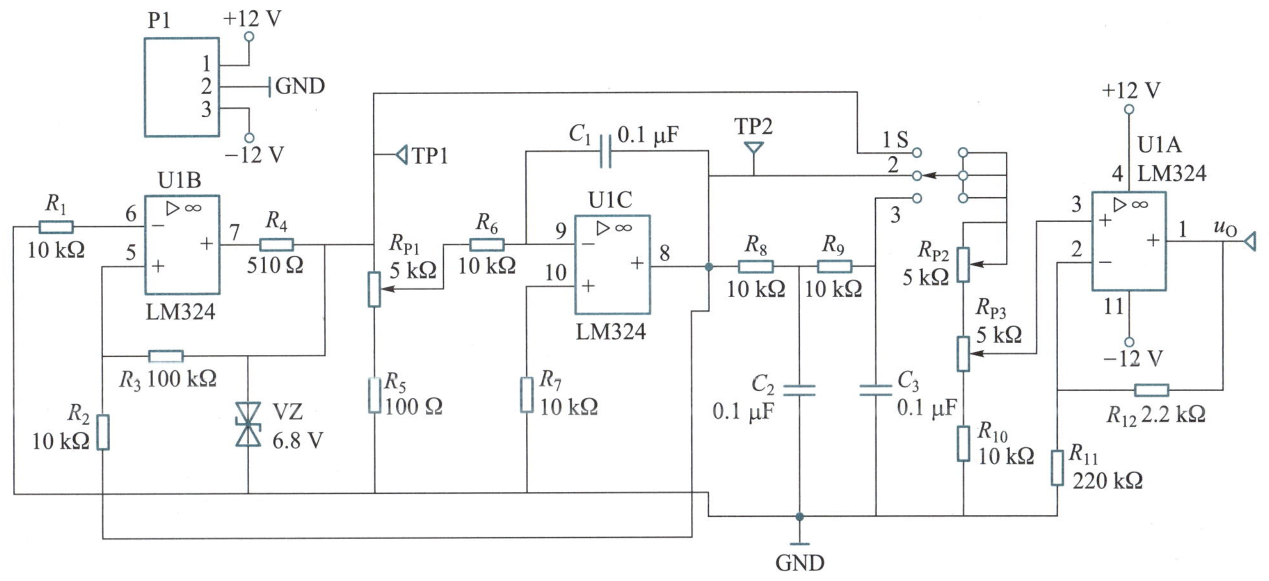

图 8.9　四路波形产生电路原理图

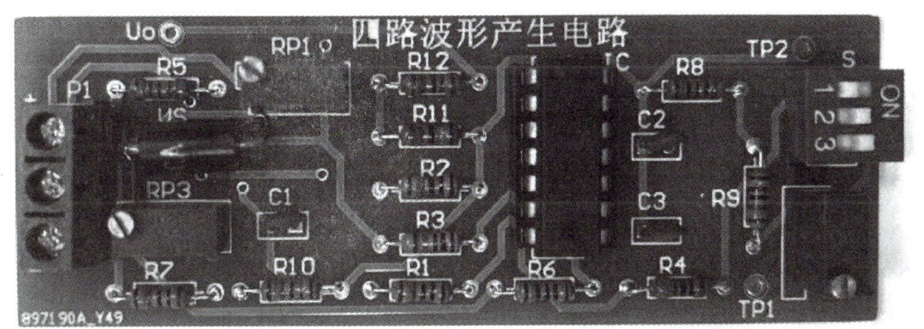

图 8.10　四路波形产生电路实物电路板

本任务要求完成以下内容：

① 识别、清点与检测装接电路所需要的元器件。

② 按工艺要求在印制电路板上规范完成四路波形产生电路的装接。

③ 对装接好的电路进行通电前检查，检查无误后接通 +12 V 和 −12 V 直流电。

④ 三路开关接至 1 处，用万用表测电源电压、电路输入电阻、电路输出电阻、电路输入电流。

⑤ 三路开关分别接至 1、2、3 处，用示波器观察 u_o 电压波形。

⑥ 三路开关接至 1 处，调节电位器 R_{P1} 和 R_{P3}，用示波器测 u_o 输出波形。

⑦ 结合电路的测试结果，进行电路常见故障分析。

任务准备

1. 职业素养养成

(1) 安全防护准备

穿好防静电服和绝缘鞋，戴好防静电手环。

(2) 工具仪表准备

电烙铁、烙铁架、焊锡丝、斜口钳、镊子、高温海绵、螺丝刀、万用表、示波器等。

(3) 电源、设备准备

检查两组 +12 V、-12 V 直流电输出是否正常；检查示波器 CH1、CH2 两路通道是否能正常测量波形。

将检查结果记录在表 8.10 中。

表 8.10　检查结果记录表

序号	检查内容	检查细目
1	安全防护准备	□防静电服　□绝缘鞋　□防静电手环
2	工具仪表准备	□工具　□仪表
3	电源、设备准备	□电源正常　□设备正常
检查人:__________　时间:______年____月____日		

2. 电路工作原理分析

图 8.9 所示的四路波形产生电路原理图中，由 U1B 为核心器件组成__________电路，由 U 1C 为核心器件组成__________电路，图中为核心器件 U 1B 和 U 1C 为主组成__________电路，由 U1A 为核心器件组成__________电路，调整 R_{P1} 会影响__________，调整 R_{P2}、R_{P3} 会影响__________，VZ 的作用是__________，U1B 输出最高电压为__________、最低电压为__________。

电路工作过程为：接通电源以后，由于运放 U1B 处于正反馈状态，在某种干扰或其他因素作用下，运放 U1B 很快进入__________输出状态，而 U1C 则进入对应正向或反向积分状态。当 U1B 输出电压为__________时，电容 C_1 向左放电，U1C 输出电压逐渐__________，同时 U1B 的同相输入端的电位也随之提高。一旦 U1B 同相输入端电位高于反相输入端电位，则运放 U1B 翻转变为__________。于是 U1B 进行反向积分。如此循环往复，运放 U1B 输出__________，运放 U1C 输出__________。

3. 元器件清点与核对

装接本电路所需要的元器件清单见表 8.11，请按清单清点与核对元器件，将清点核对结果记录在表 8.11 中。

表 8.11　元器件清点核对记录表

序号	符号	名称	规格	数量	是否齐全
1	VZ	双向稳压二极管	6.8 V	1	□是 □否
2	C_1、C_2、C_3	瓷片电容	0.1 μF	3	□是 □否
3	U1	集成块	LM324	1	□是 □否
4	U1 底座	集成块底座	DIP-14	1	□是 □否
5	R_1、R_2、R_6~R_{10}	固定电阻	10 kΩ	7	□是 □否
6	R_3	固定电阻	100 kΩ	1	□是 □否

续表

序号	符号	名称	规格	数量	是否齐全
7	R_4	固定电阻	510 Ω	1	□是 □否
8	R_5	固定电阻	100 Ω	1	□是 □否
9	R_{11}	固定电阻	220 kΩ	1	□是 □否
10	R_{12}	固定电阻	2.2 kΩ	1	□是 □否
11	R_{P1}、R_{P2}、R_{P3}	电位器	5 kΩ	3	□是 □否
12	S	拨码开关	6 脚	1	□是 □否
记录人:__________　时间:______年____月____日					

任务实施

1. 元器件识读与检测

为确保装接在电路中的每个元器件都正常，装接电路前请识读与检测下列元器件，并将识读与检测结果填在表 8.12 中。

表 8.12　元器件识读与检测结果记录表

序号	元器件名称	识读检测内容	识读检测结果
1	色环电阻 R_1	识读阻值	________Ω，误差 ±________%
		实测阻值	________Ω
2	电位器 R_{P1}	识读阻值	________Ω
		是否正常	是□　否□
3	瓷片电容 C_1	识读容量	________μF
记录人:__________　时间:______年____月____日			

2. 电路装接

根据四路波形产生电路原理图，从提供的元器件中正确选择元器件，按表 8.13 工艺要求正确地焊接在印制电路板上。将结果记录在表 8.14 中。

表 8.13　电路安装工艺卡

安装顺序	元器件名称	参数	数量	安装工艺要求	设备工具
1	R_1、R_2、R_6~R_{10}	10 kΩ	7	按图(a)所示，水平卧式紧贴电路板安装	镊子、斜口钳、电烙铁等常用装接工具
	R_3	100 kΩ	1		
	R_4	510 Ω	1		
	R_5	100 Ω	1		
	R_{11}	220 kΩ	1		
	R_{12}	2.2 kΩ	1		

续表

安装顺序	元器件名称	参数	数量	安装工艺要求	设备工具
2	C_1、C_2、C_3	0.1 μF	3	按图(b)所示，垂直紧贴电路板安装	镊子、斜口钳、电烙铁等常用装接工具
3	U1 底座	DIP-14	1	按图(c)所示，水平卧式紧贴电路板安装，注意凹槽口朝向	
4	VZ	6.8 V	1	按图(d)所示，水平卧式紧贴电路板安装	
5	S	拨码开关	1	按图(e)所示，垂直紧贴电路板安装	
6	R_{P1}、R_{P2}、R_{P3}	5 kΩ	3	按图(f)所示，垂直紧贴电路板安装	
7	U1	LM324	1	按图(g)所示，水平卧式插入芯片底座，注意凹口朝向与底座一致	
图样	图(a) 图(b) 图(c) 图(d) 图(e) 图(f) 图(g)				
焊接工艺要求					
元器件按从小到大、从低到高顺序安装；在线路板上所焊接的元器件的焊点大小适中，无漏、假、虚、连焊，焊点光滑、圆润、干净，无毛刺；引脚加工尺寸及成形符合工艺要求；导线长度、剥线头长度符合工艺要求，芯线完好，捻头镀锡					

表 8.14 电路装接记录表

序号	操作内容	完成情况
1	元器件按从小到大、从低到高顺序安装	□完成 □未完成
2	焊点大小适中、光滑、圆润、无毛刺，无漏、假、虚、连焊现象	□完成 □未完成
3	引脚加工尺寸及成形符合工艺要求	□完成 □未完成
4	导线长度、剥线头长度符合工艺要求，芯线完好，捻头镀锡	□完成 □未完成
记录人：______ 时间：____年___月___日		

3. 通电前检查

本电路电源输入端接 ±12 V 直流电。开始通电前，按表 8.15 所示步骤完成电路的通电前检查，并记录结果。

表 8.15 电路通电前检查步骤记录表

序号	检查项目	检测结果记录	
1	桌面、电路板面清理	□完成 □未完成	
2	电源输入电压	第一组输入电压_____V 挡位：_____量程：_____ 红表笔：_____ 黑表笔：_____ 测得的电压：_____V	第二组输入电压_____V 挡位：_____量程：_____ 红表笔：_____ 黑表笔：_____ 测得的电压：_____V

续表

序号	检查项目	检测结果记录	
3	电路板输入电阻	第一组输入端______Ω 挡位:______量程:______ 红表笔:______ 黑表笔:______ 测得的电阻:______Ω	第二组输入端______Ω 挡位:______量程:______ 红表笔:______ 黑表笔:______ 测得的电阻:______
4	电路板输出电阻	输入端______Ω 挡位:______量程:______ 红表笔:______黑表笔:______ 测得的电阻:______Ω	
记录人:__________　时间:______年____月____日			

4. 电路电压与电流测试

通电前检测各项都正常后,在电源输入端分别接入 ±12 V 直流电源,通电时注意单手操作。按表 8.16 逐项完成电路电压与电流的测试,并将结果记录在表中。

表 8.16　电路电压与电流测试结果记录表

序号	检查项目	检测结果记录
1	U1C 的 9 脚电位	量程:______________挡位:______________ 红表笔:______________黑表笔:______________ 测得的电位:______________V, 该点又被称为:______________
2	电源正极输入电流	量程:______________挡位:______________ 红表笔:______________黑表笔:______________ 测得的电流:______________A
3	电源负极输入电流	量程:______________挡位:______________ 红表笔:______________黑表笔:______________ 测得的电流:______________A
记录人:__________　时间:______年____月____日		

5. 电路波形测试

调节电位器 R_{P1} 使 TP1 有波形输出,用示波器测量 TP1 的电压波形,将测得的 TP1 的波形和波形参数记录在表 8.17 中。

表 8.17　TP1 波形和参数测试记录表

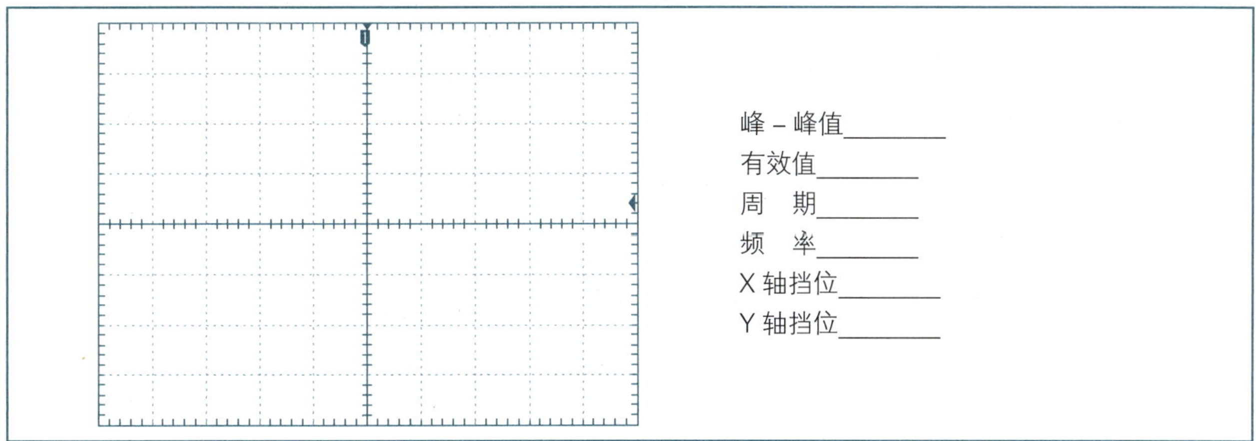

峰 – 峰值________
有效值________
周　期________
频　率________
X 轴挡位________
Y 轴挡位________

将三路开关S分别接通1、2、3，用示波器观察u_O输出波形和参数并记录在表8.18、表8.19和表8.20中。

表8.18　三路开关S接通1时u_O输出波形和参数测试记录表

峰－峰值________
有效值________
周　期________
频　率________
X轴挡位________
Y轴挡位________

表8.19　三路开关S接通2时u_O输出波形和参数测试记录表

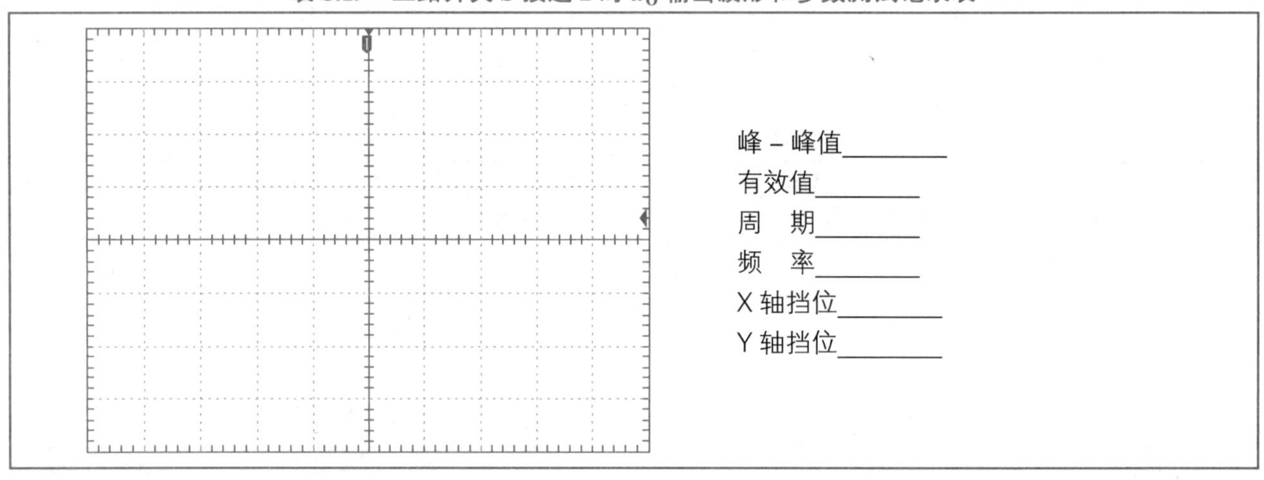

峰－峰值________
有效值________
周　期________
频　率________
X轴挡位________
Y轴挡位________

表8.20　三路开关S接通3时u_O输出波形和参数测试记录表

峰－峰值________
有效值________
周　期________
频　率________
X轴挡位________
Y轴挡位________

用示波器观察三路开关接至不同位置处，调节电位器R_{P2}和R_{P3}，u_O输出波形______发生变化。

6. 常见故障分析

根据电路的调试和测试结果，分析出现下列电路故障的原因：

(1) 若用万用表测得电路连接均正常，电路 TP2 无信号输出，可能是什么原因造成的？

____

(2) 当 TP2 有信号输出，测得 TP1 波形幅值不能稳定在 ±6.8 V，可能是什么原因造成的（假设二极管为理想二极管）？

____

(3) 当用示波器测得 TP2 有波形信号输出，而输出端 u_O 无波形输出，可能是什么原因造成的？

____

任务总结

1. 任务评价

请在表 8.21 中完成各环节的评分。

表 8.21　四路波形产生电路装调与测试任务评价表

评分内容		配分	评分说明	得分
职业素养（10 分）	安全意识	5 分	符合用电安全操作规范，出现不符合安全操作的行为，每项扣 1 分，扣完为止	
	现场整理	5 分	出现未整理现场、仪器仪表及工具摆放杂乱、不遵守纪律等现象，每项扣 1 分，扣完为止	
装接准备（20 分）	原理分析	5 分	每错 1 空扣 1 分	
	元器件清点核对	5 分	开始操作 15 min 后，发现每少点或错点 1 个元器件扣 1 分，扣完为止	
	元器件识读检测	10 分	每错 1 空扣 1 分	
电路装调（35 分）	产品装接	10 分	元器件选择错误、极性装错等，每处扣 1 分，扣完为止	
	安装工艺	10 分	元器件安装工艺、焊点、引脚成形及引线等不符合工艺标准，每处扣 1 分，扣完为止	
	电路功能	15 分	电路功能正常得 15 分，否则 0 分	
测量分析（35 分）	通电前检查	5 分	每错 1 处扣 1 分，扣完为止	
	电路电压与电流测试	10 分	每错 1 处扣 1 分，扣完为止	
	电路波形测试	10 分	每错 1 处扣 1 分，扣完为止	
	电路故障分析	10 分	第 1、2 每题 3 分，第 3 题 4 分	
总得分				

2. 学习小结

总结本次实训过程和知识要点,记录问题、收获和反思。

任务拓展

1. 若现场没有 ±12 V 电源,只有一个 24 V 电源,应如何接入电路中使用?

2. 分析 R_{P1} 阻值与 TP2 和 TP1 波形的幅值与频率的关系。

任务 3 脉冲产生电路装调与测试

任务目标

◇ 会分析脉冲产生电路的工作原理。

◇ 能按工艺要求在印制电路板上规范完成脉冲产生电路的装接与调试。

◇ 会用万用表测试脉冲产生电路的电压与电流,会用示波器测试输出电压波形。

◇ 会分析脉冲产生电路的常见故障。

任务描述

脉冲产生电路由运算放大器组成的迟滞比较器、窄脉冲发生器、积分器相互组合形成。脉冲产生电路原理图如图 8.11 所示,实物电路板如图 8.12 所示。本任务要求完成以下内容:

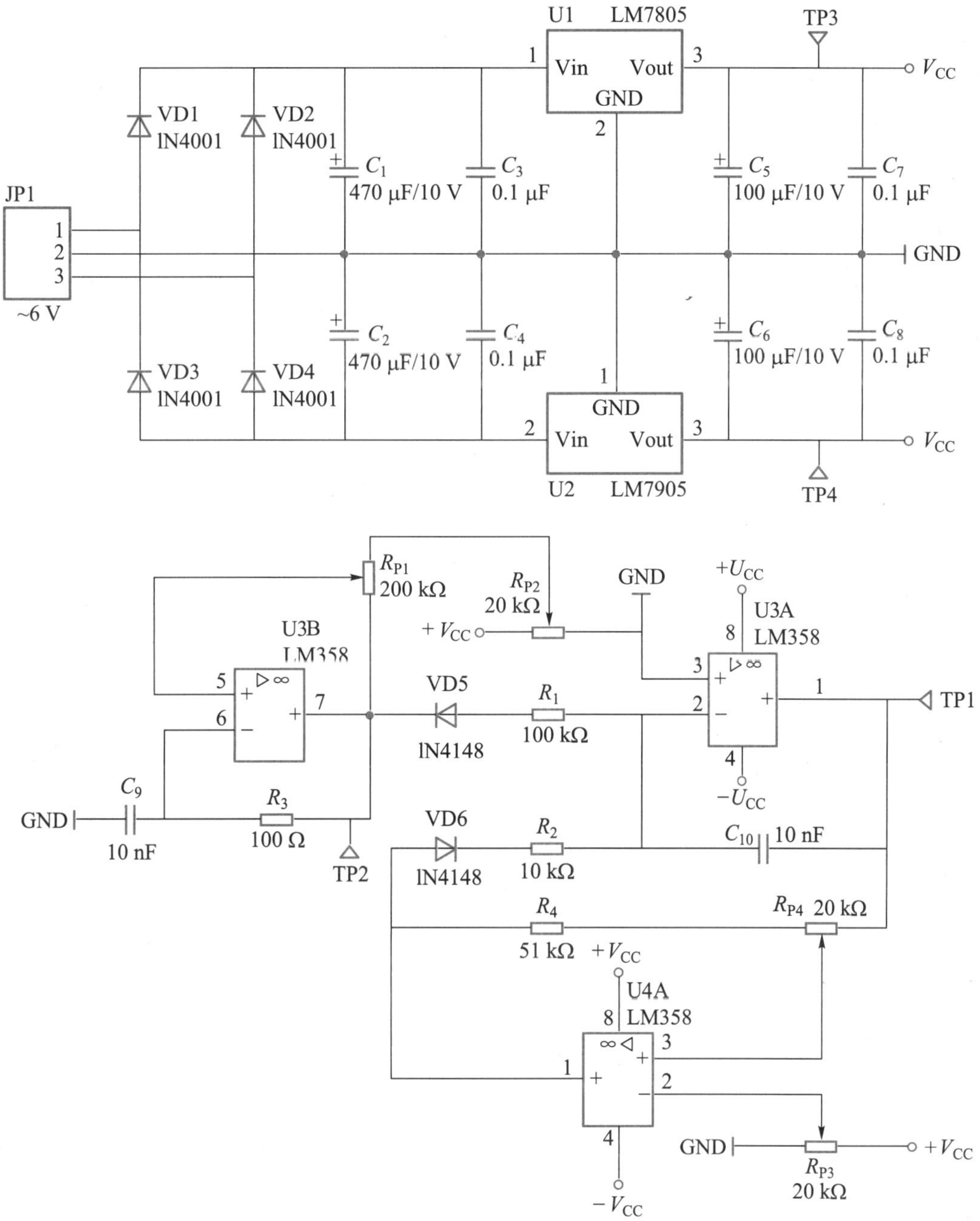

图 8.11　脉冲产生电路原理图

图 8.12　脉冲产生电路实物电路板

① 识别、清点与检测装接电路所需要的元器件。

② 按工艺要求在印制电路板上规范完成脉冲产生电路的装接。

③ 对装接好的电路进行通电前检查，检查无误后通两组 6 V 交流电。

④ 用万用表测电源电压、电路输入电阻、电路输出电阻、电路输入电流、TP1 和 TP2 电压，并做好记录。

⑤ 改变 R_{P1}、R_{P2}、R_{P4} 阻值，用示波器测 TP1、TP2 波形。

⑥ 结合电路的测试结果，进行电路常见故障分析。

任务准备

1. 职业素养养成

(1) 安全防护准备

穿好防静电服和绝缘鞋，戴好防静电手环。

(2) 工具仪表准备

电烙铁、烙铁架、焊锡丝、斜口钳、镊子、高温海绵、螺丝刀、万用表、示波器等。

(3) 电源、设备准备

检查两组 6 V 交流电输出是否正常；检查示波器 CH1、CH2 两路通道是否能正常测量波形。

将检查结果记录在表 8.22 中。

表 8.22　检查结果记录表

序号	检查内容	检查细目
1	安全防护准备	□防静电服　□绝缘鞋　□防静电手环
2	工具仪表准备	□工具　□仪表
3	电源、设备准备	□电源正常　□设备正常
检查人:________　时间:_____年____月____日		

2. 电路工作原理分析

图 8.11 所示的脉冲产生电路中，以 U3A 为核心器件组成________电路，以 U4A 为核心器件组成________电路，U3A 和 U4A 组成________电路，以 U3B 为核心器件组成________电路，调整 R_{P1} 会影响________，调整 R_{P2}、R_{P3} 分别会影响________和________，调整 R_{P4} 会影响________。其中二极管非线性电路的功能是控制积分时间常数在不同时间阶段为不同值，窄脉冲计数器时间常数必须远________电位控制迟滞比较器时间常数。要使电路稳定输出阶梯波：由于 U3A 的 2 脚为________，当窄脉冲计数器________时使积分电路充电停止，形成“阶梯的台阶”；当窄脉冲计数器________时使积分电路正常充电，此时“阶梯上升”。当积分

器的阶梯波达到指定高度时，电位控制迟滞比较器输出电平状态________，便将阶梯返回门打开，积分电容在阶梯形成期间积存的电荷释放，回到起始状态。

3. 元器件清点与核对

装接脉冲产生电路所需要的元器件清单见表 8.23，请按清单清点与核对元器件，将清点核对结果记录在表 8.23 中。

表 8.23　元器件清点核对记录表

序号	符号	名称	规格	数量	是否齐全
1	VD5、VD6	检波二极管	1N4148	2	□是 □否
2	R_1	固定电阻	100 kΩ	1	□是 □否
3	R_2	固定电阻	10 kΩ	1	□是 □否
4	R_3	固定电阻	100 Ω	1	□是 □否
5	R_4	固定电阻	51 kΩ	1	□是 □否
6	VD1~VD4	整流二极管	1N4001	4	□是 □否
7	C_3、C_4、C_7、C_8	瓷片电容	0.1 μF	4	□是 □否
8	C_9、C_{10}	瓷片电容	10 nF	2	□是 □否
9	U3、U4 底座	8 脚底座	DIP–8	2	□是 □否
10	R_{P1}	电位器	200 kΩ	1	□是 □否
11	R_{P2}、R_{P3}、R_{P4}	电位器	20 kΩ	3	□是 □否
12	C_1、C_2	电解电容	470 μF/10 V	2	□是 □否
13	C_5、C_6	电解电容	100 μF/10 V	2	□是 □否
14	U1	集成稳压电源	LM7805	1	□是 □否
15	U2	集成稳压电源	LM7905	1	□是 □否
16	U3、U4	集成块	LM358	2	□是 □否
记录人：__________　时间：______年____月____日					

任务实施

1. 元器件识读与检测

为确保装接在电路中的每个元器件都正常，装接电路前请识读与检测下列元器件，并将识读与检测结果填在表 8.24 中。

表 8.24　元器件识读与检测结果记录表

序号	元器件名称	识读检测内容	识读检测结果
1	色环电阻 R_4	识读阻值	______Ω，误差 ±______%
		实测阻值	______Ω
2	电位器 R_{P1}	识读阻值	______Ω
		是否正常	□是　□否
3	瓷片电容 C_3	识读容量	______μF

续表

序号	元器件名称	识读检测内容	识读检测结果
4	电解电容 C_1	识读容量	______ μF
		耐压	______V
5	整流二极管	正向电压	______V
		反向电阻	______V
记录人：__________　时间：______年____月____日			

2. 电路装接

根据脉冲产生电路原理图，从提供的元器件中正确选择元器件，按表 8.25 工艺要求正确地焊接在印制电路板上。将结果记录在表 8.26 中。

表 8.25　电路安装工艺卡

安装顺序	元器件符号	参数	数量	安装工艺要求	设备工具
1	VD5、VD6	1N4148	2	按图(a)所示，水平卧式紧贴电路板安装，注意正负极性	镊子、斜口钳、电烙铁等常用装接工具
2	R_1	100 kΩ	1	按图(b)所示，水平卧式紧贴电路板安装	
	R_2	10 kΩ	1		
	R_3	100 Ω	1		
	R_4	51 kΩ	1		
3	VD1~VD4	1N4001	4	按图(c)所示，水平卧式紧贴电路板安装，注意正负极性	
4	C_3、C_4、C_7、C_8	0.1 μF	4	按图(d)所示，垂直紧贴电路板安装	
	C_9、C_{10}	10 nF	2		
5	U3、U4 底座	DIP-8	2	按图(e)所示，水平卧式紧贴电路板安装，注意底座凹口朝向	
6	R_{P1}	200 kΩ	1	按图(f)所示，垂直紧贴电路板安装	
	R_{P2}、R_{P3}、R_{P4}	20 kΩ	3		
7	C_1、C_2	470 μF/10 V	2	按图(g)所示，垂直紧贴电路板安装，注意引脚极性	
	C_5、C_6	100 μF/10 V	2		
8	U1	LM7805	1	按图(h)所示，垂直紧贴电路板安装	
	U2	LM7905	1		
9	U3、U4	LM358	2	按图(i)所示，水平卧式紧贴电路板安装，注意凹槽口朝向与底座一致	
图样	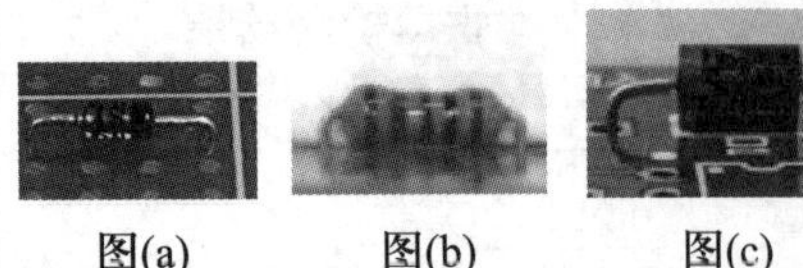 图(a) 图(b) 图(c) 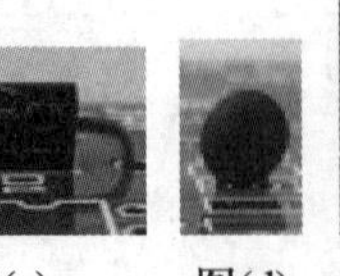 图(d)  图(e)  图(f)  图(g)  图(h)  图(i)				
焊接工艺要求					
元器件按从小到大、从低到高顺序安装；在线路板上所焊接的元器件的焊点大小适中，无漏、假、虚、连焊，焊点光滑、圆润、干净、无毛刺；引脚加工尺寸及成形符合工艺要求；导线长度、剥线头长度符合工艺要求，芯线完好，捻头镀锡					

表 8.26　电路装接记录表

序号	操作内容	完成情况
1	元器件按从小到大、从低到高顺序安装	□完成　□未完成
2	焊点大小适中、光滑、圆润、无毛刺，无漏、假、虚、连焊现象	□完成　□未完成
3	引脚加工尺寸及成形符合工艺要求	□完成　□未完成
4	导线长度、剥线头长度符合工艺要求，芯线完好，捻头镀锡	□完成　□未完成
记录人：__________　　时间：______年____月____日		

3. 通电前检查

本电路电源输入端接入带中心抽头的双 6 V 交流电源。开始通电前，按表 8.27 所示步骤完成电路的通电前检查，并记录结果。

表 8.27　电路通电前检查步骤记录表

序号	检查项目	检测结果记录	
1	桌面、电路板面清理	□完成　□未完成	
2	电源输入电压	第一组输入电压______V 挡位：______量程：______ 红表笔：______ 黑表笔：______ 测得的电压：______V	第二组输入电压______V 挡位：______量程：______ 红表笔：______ 黑表笔：______ 测得的电压：______V
3	电路板输入电阻	第一组输入端______Ω 挡位：______量程：______ 红表笔：______ 黑表笔：______ 测得的电阻：______Ω	第二组输入端______Ω 挡位：______量程：______ 红表笔：______ 黑表笔：______ 测得的电阻：______Ω
记录人：__________　　时间：______年____月____日			

4. 电路电压与电流测试

通电前检测各项都正常后，在电源输入端分别接入两组 6 V 交流电源，上电时注意单手操作。按表 8.28 逐项完成电路电压与电流的测试，并将结果记录在表中。

表 8.28　电路电压与电流测试记录表

序号	检查项目	检测结果记录
1	电源上端交流电源输入电流	量程：______________挡位：______________ 红表笔：______________黑表笔：______________ 测得的电流：____________________A
2	电源下端交流电源输入电流	量程：______________挡位：______________ 红表笔：______________黑表笔：______________ 测得的电流：____________________A

续表

序号	检查项目	检测结果记录
3	TP1 电位	量程：________挡位：________ 红表笔：________黑表笔：________ 测得的电位：____________V
4	TP2 电位	量程：________挡位：________ 红表笔：________黑表笔：________ 测得的电位：____________V
记录人：________ 时间：____年____月____日		

5. 电路波形测试

用示波器同时测量 TP1 和 TP2 的波形，将测得的波形和波形参数记录在表 8.29 中，调节电位器 R_{P1}，观察波形变化；调节电位器 R_{P2}，观察波形变化。

表 8.29 TP1、TP2 波形和参数结果记录表

	TP1	TP2
	峰 – 峰值________	峰 – 峰值________
	有效值________	有效值________
	周　期________	周　期________
	频　率________	频　率________
	X 轴挡位________	X 轴挡位________
	Y 轴挡位________	Y 轴挡位________

调节电位器 R_{P4}，用示波器观察波形什么发生了变化；调节电位器 R_{P3}，用示波器观察波形什么发生了变化。

____

____

____

6. 常见故障分析

根据电路的调试和测试结果，分析出现下列电路故障的原因：

(1) 示波器测量 TP1 无信号输出，可能是什么原因造成的？

____

(2) 若用万用表测量电路电源部分正常，用示波器测得 TP1 为三角波，没有阶梯效果，可能是什么原因造成的？

____

(3) 若用万用表测量电路电源部分正常，用示波器测得 TP2 的正常(频率、周期)矩形波，TP2 无波形输出，可能是什么原因造成的?

任务总结

1. 任务评价

请在表 8.30 中完成各环节的评分。

表 8.30　脉冲产生电路装调与测试任务评价表

评分内容		配分	评分说明	得分
职业素养 (10 分)	安全意识	5 分	符合用电安全操作规范，出现不符合安全操作的行为，每项扣 1 分，扣完为止	
	现场整理	5 分	出现未整理现场、仪器仪表及工具摆放杂乱、不遵守纪律等现象，每项扣 1 分，扣完为止	
装接准备 (20 分)	原理分析	5 分	每错 1 空扣 1 分	
	元器件清点核对	5 分	开始操作 15 min 后，发现每少点或错点 1 个元器件扣 1 分，扣完为止	
	元器件识读检测	10 分	每错 1 空扣 1 分	
电路装调 (35 分)	产品装接	10 分	元器件选择错误、极性装错等，每处扣 1 分，扣完为止	
	安装工艺	10 分	元器件安装工艺、焊点、引脚成形及引线等不符合工艺标准，每处扣 1 分，扣完为止	
	电路功能	15 分	电路功能正常得 15 分，否则 0 分	
测量分析 (35 分)	通电前检查	5 分	每错 1 处扣 1 分，扣完为止	
	电路电压与电流测试	10 分	每错 1 处扣 1 分，扣完为止	
	电路波形测试	10 分	每错 1 处扣 1 分，扣完为止	
	电路故障分析	10 分	第 1、2 每题 3 分，第 3 题 4 分	
总得分				

2. 学习小结

总结本次实训过程和知识要点，记录问题、收获和反思。

任务拓展

1. 若二极管 VD5 损坏(击穿),对电路输出波形有何影响?

2. 分析 R_{P1} 与 R_{P2} 是否可以用固定电阻代替,用电位器有何优点?

项目 9　振荡电路装调与测试

项目目标

◇ 认识文氏振荡电路和互补振荡电路，会分析正弦波振荡电路的工作原理。

◇ 能按印制电路板的设计规范，完成文氏振荡电路和互补振荡电路的 PCB 设计与绘制。

◇ 能在印制电路板上完成文氏振荡电路和互补振荡电路的装接与调试。

◇ 会测试文氏振荡电路和互补振荡电路的电压与电流。

◇ 会排除文氏振荡电路和互补振荡电路的常见故障。

◇ 养成规范操作、安全文明生产的职业素养，传承精益求精的工匠精神。

项目描述

振荡器是一种能量转换装置，它无需外加信号就能自动地将直流电能转换成具有一定频率、幅度和波形的交流信号。振荡器的应用非常广泛，可用做各种信号发生器、本机振荡器、载波振荡器等。振荡器与放大器的不同之处在于放大器要加输入信号才能有输出信号；振荡器则不需外加信号便可由电路本身自激而产生输出信号。图 9.1 和图 9.2 所示是常见的函数信号发生器模块和无线话筒信号发生器模块。

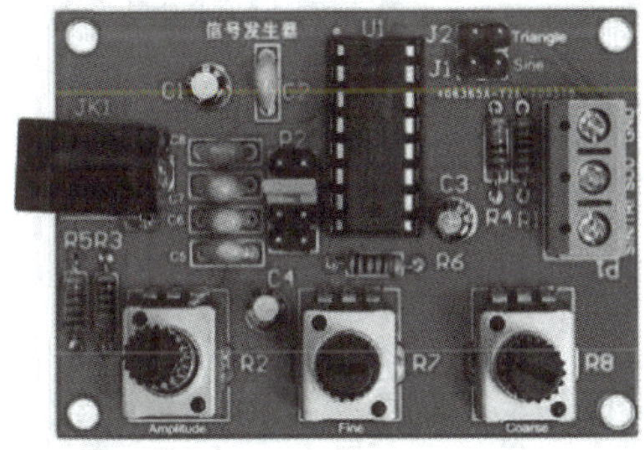

图 9.1　函数信号发生器模块

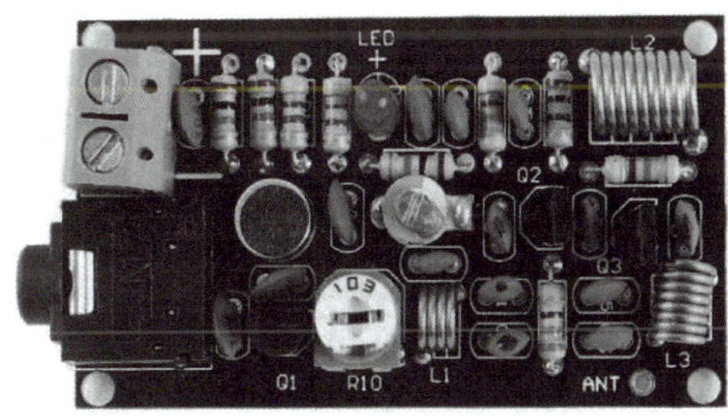

图 9.2　无线话筒信号发生器模块

本项目以文氏振荡电路和互补振荡电路为例，按要求完成文氏振荡电路和互补振荡电路的 PCB 绘制和电路装接，进行电路功能的调试，并使用万用表和示波器完成电压、电流和波形的测试。

项目结构

振荡电路装调与测试思维导图如图 9.3 所示。

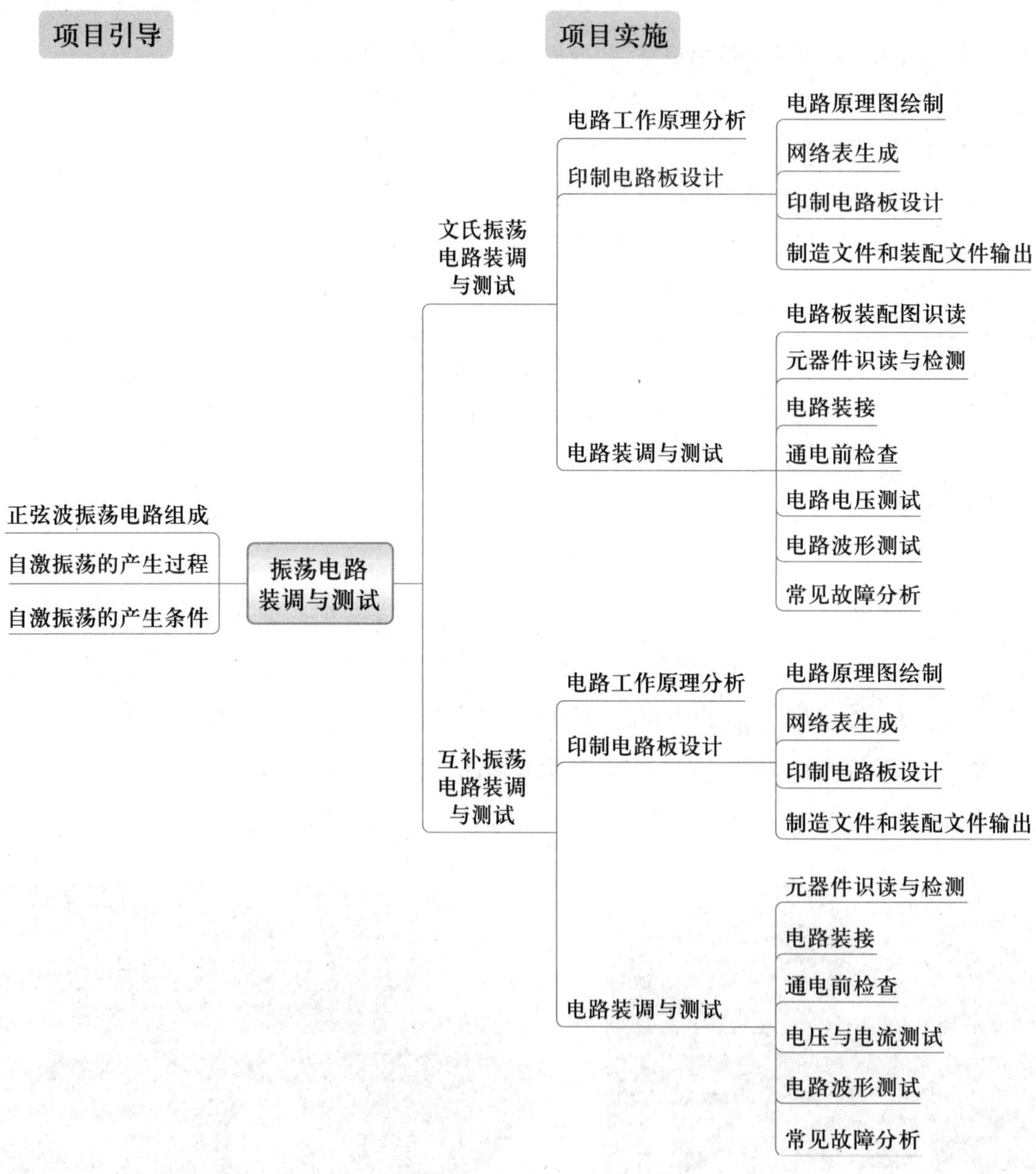

- 振荡电路装调与测试
  - 项目引导
    - 正弦波振荡电路组成
    - 自激振荡的产生过程
    - 自激振荡的产生条件
  - 项目实施
    - 文氏振荡电路装调与测试
      - 电路工作原理分析
      - 印制电路板设计
        - 电路原理图绘制
        - 网络表生成
        - 印制电路板设计
        - 制造文件和装配文件输出
      - 电路装调与测试
        - 电路板装配图识读
        - 元器件识读与检测
        - 电路装接
        - 通电前检查
        - 电路电压测试
        - 电路波形测试
        - 常见故障分析
    - 互补振荡电路装调与测试
      - 电路工作原理分析
      - 印制电路板设计
        - 电路原理图绘制
        - 网络表生成
        - 印制电路板设计
        - 制造文件和装配文件输出
      - 电路装调与测试
        - 元器件识读与检测
        - 电路装接
        - 通电前检查
        - 电压与电流测试
        - 电路波形测试
        - 常见故障分析

图 9.3　振荡电路装调与测试思维导图

项目引导

问题 1　正弦波振荡电路主要由哪几部分组成?

正弦波振荡电路主要由放大电路、选频网络和反馈网络三部分构成。放大电路具有放大信号作用,可将直流电能转换成__________的能量;选频电路的功能是选择某个特定频率的信号,保证正弦波振荡电路具有__________的工作频率;反馈网络将输出信号__________到放大电路的输入端,作为输入信号,使电路产生自激振荡。按选频网络组成元件的不同,可分为__________、__________及__________等类型。

问题 2　自激振荡是如何产生的?

当振荡电路接通电源的瞬间,电路受到扰动,在放大电路的输入端将产生一个微弱的扰动电压,经放大电路放大、选频后,通过正反馈网络回送到输入端,形成__________→__________→__________→__________的过程,使输出信号的幅度逐渐增大,振荡便由小到大地建立起来。当振荡信号幅度达到一定数值时,由于三极管非线性区域的限制作用,使三极管的放大作用减弱,即电路的放大倍数下降,振幅也就不再增大,最终使电路____________。

问题 3　自激振荡的条件是什么?

产生自激振荡必须同时满足两个条件:幅度平衡条件,即__________;相位平衡条件,即__________,其中,A 指基本放大电路的增益(开环增益),F 指反馈网络的反馈系数。同时,起振必须满足 $|AF|$ 略大于 1 的起振条件。

职业视野

在电子技术中,反馈是将放大电路输出信号的一部分或全部返回到输入端,并与输入信号叠加。在放大电路中引入负反馈能改善放大电路的性能,稳定放大倍数、改善放大电路的输入阻抗和输出阻抗、扩展放大电路的通频带及减小放大电路失真,但同时也降低了放大电路的放大倍数,即通过损失部分放大倍数换取电路的稳定性。而在振荡电路中,则是将输出信号正反馈到放大电路的输入端,作为输入信号,使电路产生自激振荡。

项目实施

任务 1 文氏振荡电路装调与测试

任务目标

◇ 会分析文氏振荡电路的工作原理。
◇ 能按印制电路板的设计规范，完成文氏振荡电路的 PCB 设计与绘制。
◇ 能按工艺要求在印制电路板上规范完成文氏振荡电路的装接与调试。
◇ 会用万用表测试文氏振荡电路的电压，会用示波器测试电路波形。
◇ 会分析文氏振荡电路的常见故障。

任务描述

文氏振荡电路，又称 *RC* 桥式振荡器，具有频率调节方便、波形失真小、频率调节范围宽等优点，适用于所需正弦波振荡频率低的场合。文氏振荡电路原理图如图 9.4 所示。

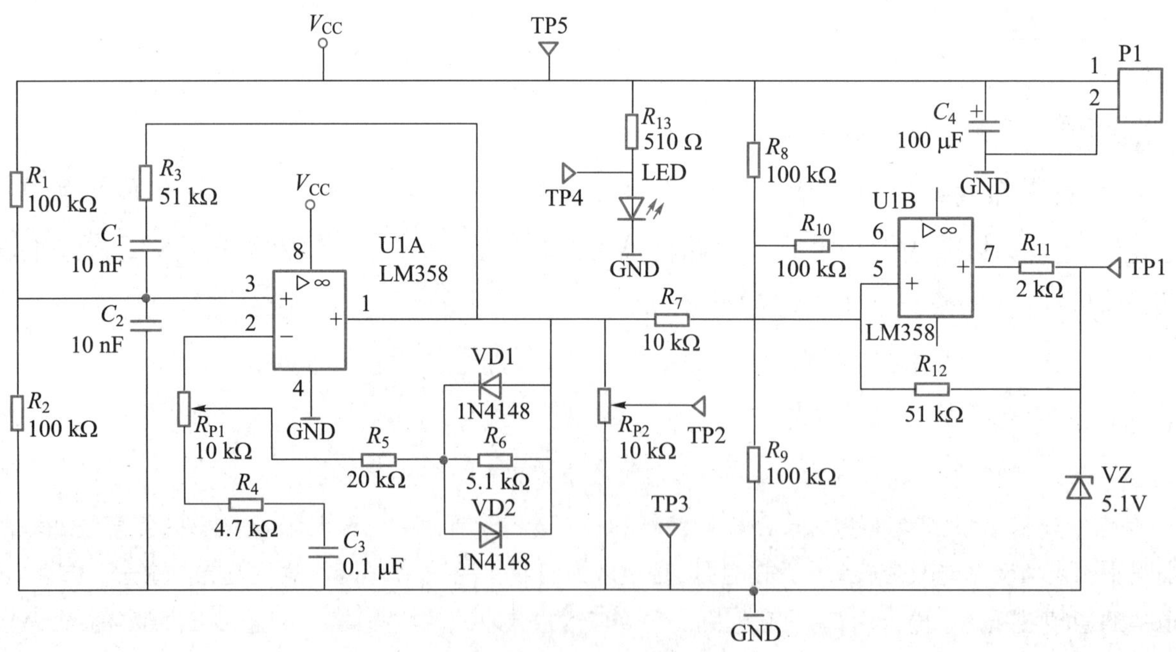

图 9.4 文氏振荡电路原理图

本任务要求完成以下内容：

① 根据电路功能需求和印制电路板的设计规范，完成文氏振荡电路的 PCB 设计与绘制。

② 识别、清点与检测装接电路所需要的元器件。

③ 按工艺规范在印制电路板上完成文氏振荡电路的装接与调试。

④ 对装接好的电路进行通电前检查，检查无误后通 5 V 直流电，并做好记录。

⑤ 用万用表测电源电压、电路板输入电阻、VZ 两端的电压、TP4 和 TP5 电位，并做好记录。

⑥ 用示波器测试 TP1、TP2 的波形，并做好记录。

⑦ 结合电路的测试结果，进行电路常见故障分析。

任务准备

1. 职业素养养成

(1) 安全防护准备

穿好防静电服和绝缘鞋，戴好防静电手环。

(2) 工具仪表准备

电烙铁、烙铁架、焊锡丝、斜口钳、镊子、高温海绵、螺丝刀、万用表、示波器等。

(3) 软件、电源、设备准备

检查 Altium Designer 软件是否能正常打开；检查工作台上的 5 V 直流电压是否正常；检查示波器 CH1、CH2 两路通道是否能正常测量波形。

将检查结果记录在表 9.1 中。

表 9.1　检查结果记录表

序号	检查内容	检查细目
1	安全防护准备	□防静电服　□绝缘鞋　□防静电手环
2	工具仪表准备	□工具　□仪表
3	软件、电源、设备准备	□电源正常　□设备正常
检查人:________　时间:______年____月____日		

2. 电路工作原理分析

图 9.4 所示的文氏振荡电路原理图中，R_2、R_3、C_1、C_2 组成的________将输出正反馈至同相输入端，R_4、R_5、R_6、R_{P1} 则将输出负反馈至运放的________，电路产生的波形取决于正负反馈哪一边占优势。将该电路看做同相放大电路，电路的放大倍数为________。可以证明，当放大倍数________3 时，负反馈支路占优势，电路不起振；当放大倍数________3 时，正反馈支路占优势，电路开始起振但不是稳定的，振荡会不断增大，最终将导致运放饱和，输出的波形是削波失真的正弦波。只有当放大倍数________3 时，正负反馈处于平衡状态，振荡电路会持续稳定地工作。当振荡信号比较小时，二极管 VD1、VD2________，VD1、VD2 支路相当于没有，放大倍数大于 3；而当振荡信号比较大时，二极管 VD1、VD2________，相当于与 R_6 并联，放大倍数

就会小一些，这样就能限制振荡的最大幅度，从而避免振荡波形出现削波失真。

任务实施

1. 文氏振荡电路印制电路板设计

（1）电路原理图绘制

按图 9.4 所示的文氏振荡电路原理图，在 Altium Designer 软件中正确完成电路原理图的绘制。软件库中搜索不到的原理图符号自行绘制。

（2）网络表生成

在原理图界面通过“设计”→“文件的网络表”→“Protel”设置，生成文氏振荡电路原理图文件的网络表，命名为“文氏振荡电路 .NET”。

（3）印制电路板设计

根据电路实际应用场合板面尺寸和各种机械定位，在 PCB 设计环境中绘制印制电路板 3D 布局图。设计时，充分考虑实际应用，合理排布元器件。印制电路板 3D 布局图设计完成后，检查核心集成电路的线路，以确保准确性。文氏振荡电路 PCB 设计要求如下：

① 根据绘制的原理图，生成双面 PCB 图，双面板的尺寸为 80 mm × 50 mm，元器件封装类型按电路板实物样式选择。

② 电源端口放在左边，其他元器件均匀分布排列在电路板下方。

③ 在电路板物理边界的 4 个角绘制 4 个安装孔（孔径 4 mm），距离 PCB 边缘 3 mm。

④ 设置布线间隙 0.3 mm，全局网络线宽 0.6 mm，地线、电源线线宽 0.8 mm。

⑤ 设置双面敷铜，网络连接到 GND，间隙 0.6 mm，去除死铜。

文氏振荡电路印制电路板 3D 参考布局图如图 9.5 所示，可以根据个人对于电路功能的理解进行设计优化。

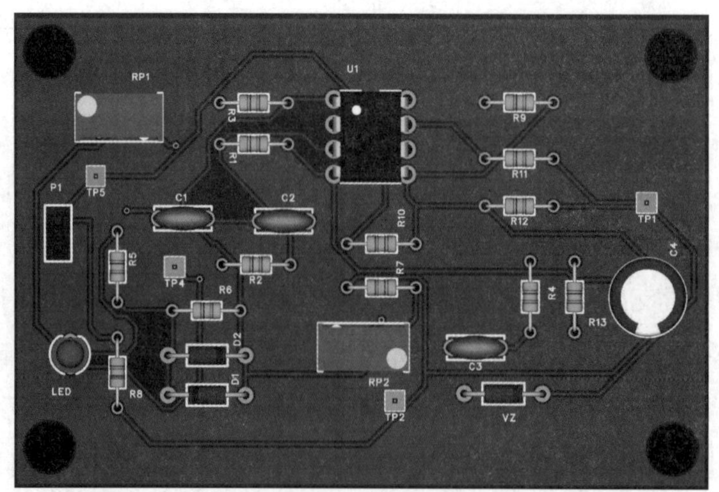

图 9.5 文氏振荡电路印制电路板 3D 参考布局图

(4) 主要制造文件和装配文件输出

① 在 PCB 界面通过“文件”→“制造输出”→“Gerber Files”设置，输出用来生产 PCB 的 gerber 文件。

② 在 PCB 界面通过“文件”→“制造输出”→“NC Drill Files”设置，输出记录 PCB 中各种过孔、通孔信息的钻孔文件。

③ 在 PCB 界面通过“文件”→“智能 PDF”设置，输出装配图和元器件清单。

2. 文氏振荡电路装调与测试

(1) 电路板装配图识读

文氏振荡电路装配图如图 9.6 所示，对照电路的原理图，结合文氏振荡电路 PCB 的设计内容，正确识读电路的装配图，为后面元器件的正确选择、电路的装调和电路测试做准备。

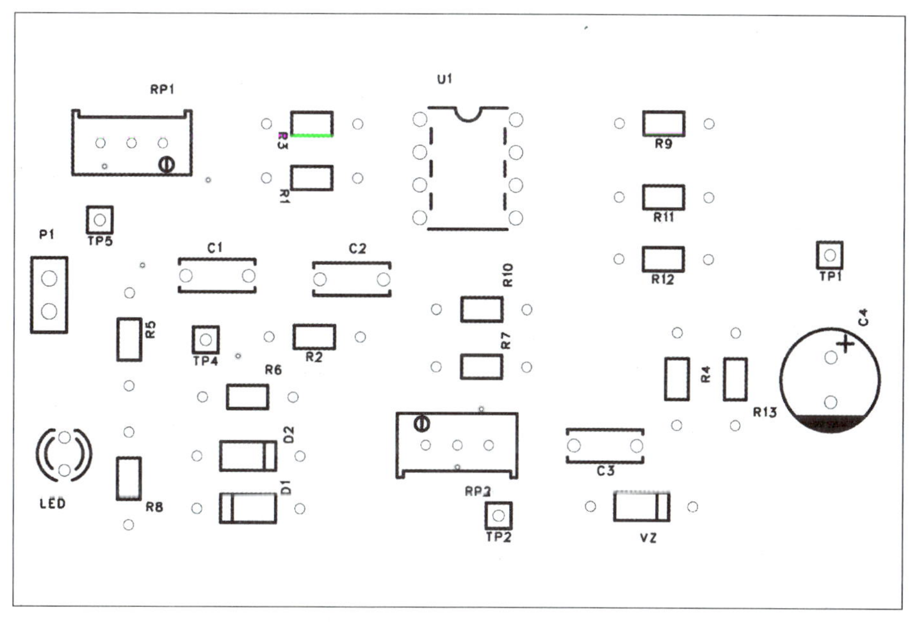

图 9.6　文氏振荡电路装配图

(2) 元器件识读与检测

装接本电路所需要的元器件清单见表 9.2，请按清单清点与核对元器件，将清点核对结果记录在表中。

表 9.2　元器件清点核对记录表

序号	符号	名称	规格	数量	是否齐全
1	C_1、C_2	瓷片电容	0.01 μF	2	□是 □否
2	C_3	瓷片电容	0.1 μF	1	□是 □否
3	C_4	电解电容	100 μF	1	□是 □否
4	VD1、VD2	二极管	1N4148	2	□是 □否
5	LED	发光二极管	红色	1	□是 □否
6	P1	2P 电源接口	Header 2	1	□是 □否

续表

序号	符号	名称	规格	数量	是否齐全
7	R_1、R_2、R_8、R_9、R_{10}	电阻	100 kΩ	5	□是 □否
8	R_3,R_{12}	电阻	51 kΩ	2	□是 □否
9	R_4	电阻	4.7 kΩ	1	□是 □否
10	R_5	电阻	20 kΩ	1	□是 □否
11	R_6	电阻	5.1 kΩ	1	□是 □否
12	R_7	电阻	10 kΩ	1	□是 □否
13	R_{11}	电阻	2 kΩ	1	□是 □否
14	R_{13}	电阻	510 Ω	1	□是 □否
15	R_{P1}、R_{P2}	电位器	10 kΩ	2	□是 □否
16	TP1、TP2、TP3、TP4、TP5	单排针		5	□是 □否
17	U1 底座	8 脚底座	DIP-8	1	□是 □否
18	U1	集成芯片	LM358	1	□是 □否
19	VZ	稳压二极管	5.1 V	1	□是 □否
记录人:________ 时间:____年___月___日					

为确保装接在电路中的每个元器件都正常,装接电路前请识读与检测元器件,并将识读与检测结果填在表 9.3 中。

表 9.3 元器件识读与检测结果记录表

序号	元器件名称	识读检测内容	识读检测结果
1	色环电阻 R_1	识读阻值	_____Ω,误差 ±_____%
		实测阻值	_____Ω
2	二极管 VD1	正向导通电压	_____V
		反向截止电阻	_____Ω
3	电位器 R_1	识读阻值	_____Ω
		是否正常	□是 □否
4	瓷片电容 C_1	识读容量	_____μF
5	瓷片电容 C_3	识读容量	_____μF
6	电解电容 C_4	识读容量	_____μF
		额定工作电压	_____V
7	发光二极管 LED	正向导通电压	_____V
8	集成运放 LM358	引脚识读	凹槽
记录人:________ 时间:____年___月___日			

(3) 电路装接

根据提供的文氏振荡电路原理图，从提供的元器件中选择所需要的元器件，把它们按表 9.4 工艺要求正确地焊接在印制电路板上。将结果记录在表 9.5 中。

表 9.4　电路安装工艺卡

安装顺序	符号	数量	安装工艺要求	设备工具
1	R_1~R_{13}	13	按图(a)所示，水平卧式紧贴电路板安装	镊子、斜口钳、电烙铁等常用装接工具
2	VD1~VD2	2	按图(b)所示，水平卧式紧贴电路板安装，注意正负极性	
3	VZ	1		
4	C_1~C_3	3	按图(c)所示，垂直紧贴电路板安装	
5	LED	1	按图(d)所示，垂直紧贴电路板安装	
6	R_{P1}、R_{P2}	2	按图(e)所示，垂直紧贴电路板安装	
7	P1	1	按图(f)所示，垂直紧贴电路板安装	
8	TP1~TP5	1		
9	U1 底座	1	按图(g)所示，水平紧贴电路板安装	
10	C_4	1	按图(h)所示，垂直紧贴电路板安装，注意正负极性	
11	U1	1	按图(i)所示，水平卧式紧贴电路板安装，注意凹槽口朝向与底座一致	
图样	图(a)　图(b)　图(c)　图(d)　图(e)　图(f)　图(g)　图(h)　图(i)			
焊接工艺要求				
元器件按从小到大、从低到高顺序安装；在线路板上所焊接的元器件的焊点大小适中，无漏、假、虚、连焊，焊点光滑、圆润、干净、无毛刺；引脚加工尺寸及成形符合工艺要求；导线长度、剥线头长度符合工艺要求，芯线完好，捻头镀锡				

表 9.5　电路装接记录表

序号	操作内容	完成情况
1	元器件按从小到大、从低到高顺序安装	□完成　□未完成
2	焊点大小适中、光滑、圆润、无毛刺，无漏、假、虚、连焊现象	□完成　□未完成
3	引脚加工尺寸及成形符合工艺要求	□完成　□未完成
4	导线长度、剥线头长度符合工艺要求，芯线完好，捻头镀锡	□完成　□未完成
记录人：＿＿＿＿　时间：＿＿年＿＿月＿＿日		

(4) 通电前检查

装接完成的文氏振荡电路实物图如图 9.7 所示。本电路输入端接 5 V 直流电，开始通电前，按表 9.6 所示的通电前检查步骤，完成电路的通电前检查并记录结果。

图 9.7　文氏振荡电路实物图

表 9.6　电路通电前检查步骤记录表

序号	检查项目	检测结果记录	
1	桌面、电路板面清理	□完成　□未完成	
2	电源输入电压	第一组输入电压______V 挡位:______量程:______ 红表笔:______ 黑表笔:______ 测得的电压:______V	第二组输入电压______V 挡位:______量程:______ 红表笔:______ 黑表笔:______ 测得的电压:______V
3	电路板输入电阻	第一组输入端______Ω 挡位:______量程:______ 红表笔:______ 黑表笔:______ 测得的电阻:______Ω	第二组输入端______Ω 挡位:______量程:______ 红表笔:______ 黑表笔:______ 测得的电阻:______Ω
记录人:________　时间:______年____月____日			

(5) 电路电压测试

通电前检测都正常后,在电源输入端分别接入 +5 V 直流电源,通电时注意单手操作。按表 9.7 逐项完成电路电压的测试并将结果记录在表 9.7 中。

表 9.7　电路电压测试记录表

序号	检查项目	检测结果记录
1	TP4 电位	量程:____________挡位:____________ 红表笔:____________黑表笔:____________ 测得的电位:____________V
2	TP5 电位	量程:____________挡位:____________ 红表笔:____________黑表笔:____________ 测得的电位:____________V
3	VZ 两端电压	量程:____________挡位:____________ 红表笔:____________黑表笔:____________ 测得的电压范围:____________~____________V
记录人:________　时间:______年____月____日		

(6) 电路波形测试

将 R_{P2} 逆时针旋转到底，仔细调节 R_{P1}，使 TP2 能刚好出现最大幅度的正弦波信号，TP1 能出现方波。将测得的波形和波形参数记录在表 9.8 中。

表 9.8 电路 TP1、TP2 输出电压波形和波形参数记录表

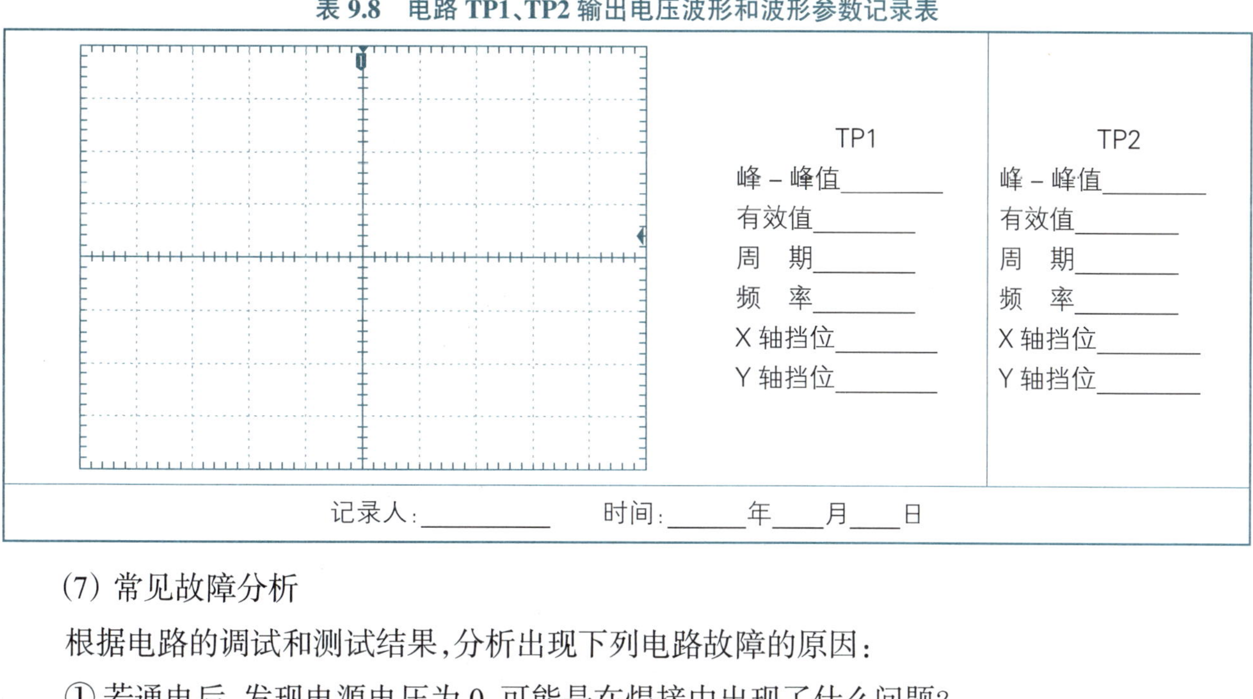

	TP1	TP2
	峰－峰值________	峰－峰值________
	有效值________	有效值________
	周　期________	周　期________
	频　率________	频　率________
	X 轴挡位________	X 轴挡位________
	Y 轴挡位________	Y 轴挡位________
记录人：__________　时间：______年____月____日		

(7) 常见故障分析

根据电路的调试和测试结果，分析出现下列电路故障的原因：

① 若通电后，发现电源电压为 0，可能是在焊接中出现了什么问题？

____

② 若发现 TP2 输出正弦波波形失真严重，调节 R_{P1} 不会改变，可能是什么原因造成的？

____

③ 若发现 TP1 输出仍是正弦波，可能是什么原因造成的？

____

任务总结

1. 任务评分

请在表 9.9 中完成各环节的评分。

表 9.9 文氏振荡电路装调与测试任务评价表

评分内容		配分	评分说明	得分
职业素养（10 分）	安全意识	5 分	符合用电安全操作规范，出现不符合安全操作的行为，每项扣 1 分，扣完为止	
	现场整理	5 分	出现未整理现场、仪器仪表及工具摆放杂乱、不遵守纪律等现象，每项扣 1 分，扣完为止	

续表

评分内容		配分	评分说明	得分
装接准备(5分)	原理分析	5分	每错1空扣1分,扣完为止	
PCB设计(15分)	原理图绘制	4分	正确绘制原理图,符号规范,布局合理。错一处扣0.5分,扣完为止	
	网络表生成	2分	网络表生成得2分,否则不给分	
	印制电路板设计	5分	常用PCB规则的设置3分,特殊元器件的布局1分,整体布局1分。错一处扣0.5分,扣完为止	
	制造文件和装配文件的输出	4分	制造文件和装配文件各2分,正确输出得分,否则不给分	
电路装调(35分)	元器件清点核对	5分	开始操作15 min后,发现每少点或错点1个元器件扣1分,扣完为止	
	元器件识读检测	5分	每错1空扣0.5分,扣完为止	
	产品装接	5分	元器件选择错误、极性装错等,每处扣0.5分,扣完为止	
	安装工艺	5分	元器件安装工艺、焊点、引脚成形及引线等不符合工艺标准,每处扣0.5分,扣完为止	
	电路功能	15分	电路功能正常得15分,否则0分	
测量分析(35分)	通电前检查	5分	每错1处扣1分,扣完为止	
	电路电压与电流测试	10分	每错1处扣1分,扣完为止	
	电路波形测试	10分	每错1处扣1分,扣完为止	
	电路故障分析	10分	第1、2题3分,第3题4分,回答正确给分	
总得分				

2. 学习小结

总结本次实训过程和知识要点,记录问题、收获和反思。

____

____

____

____

____

____

任务拓展

1. 在文氏振荡电路中，U1B 的作用是什么？如果没有稳压二极管 VZ，输出电压会变为多少？

____

2. 改变电路中哪些元器件的参数，可以改变 TP2 输出波形的频率？请你在下框中画出具体的改进电路。

任务 2 互补振荡电路装调与测试

任务目标

◇ 会分析互补振荡电路的工作原理。
◇ 能按印制电路板的设计规范，完成互补振荡电路的 PCB 设计与绘制。
◇ 能按工艺要求在印制电路板上规范，完成互补振荡电路的装接与调试。
◇ 会用万用表测试互补振荡电路的电压，会用示波器测试电压波形。
◇ 会分析互补振荡电路的常见故障。

任务描述

互补振荡电路，又称无稳态多谐振荡器，它不需要外加激励信号就能连续地、周期性地自行产生矩形脉冲。由三极管构成的互补振荡电路原理图如图 9.8 所示。

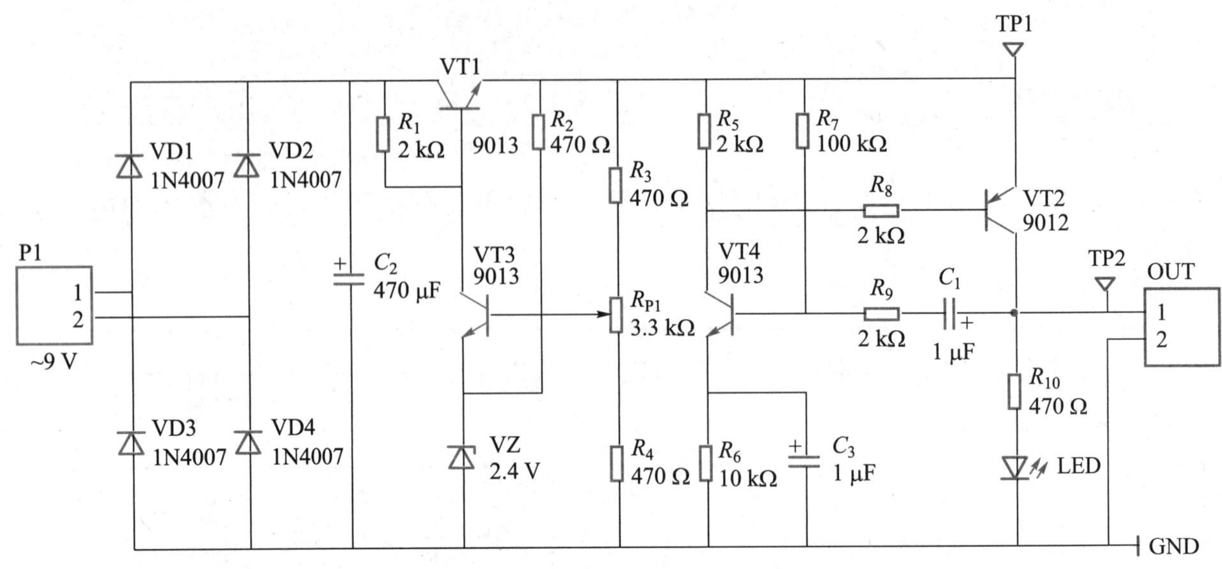

图 9.8 互补振荡电路原理图

本任务要求完成以下内容：

① 根据电路功能需求和印制电路板的设计规范，完成互补振荡电路 PCB 的设计与绘制。

② 识别、清点与检测装接电路所需要的元器件。

③ 按工艺规范在印制电路板上完成互补振荡电路的装接与调试。

④ 对装配好的电路进行通电前检查，检查无误后通 9 V 交流电。

⑤ 用万用表测电源电压、电路板输入电阻、VZ 两端的电压、TP1 电位，并做好记录。

⑥ 用示波器测试 TP2 的波形，并做好记录。

⑦ 结合电路的测试结果，进行电路常见故障分析。

任务准备

1. 职业素养养成

(1) 安全防护准备

穿好防静电服和绝缘鞋，戴好防静电手环。

(2) 工具仪表准备

电烙铁、烙铁架、焊锡丝、斜口钳、镊子、高温海绵、螺丝刀、万用表、示波器等。

(3) 软件、电源、设备准备

检查 Altium Designer 软件是否正常打开；检查工作台上的 9 V 交流电压是否正常；检查示波器 CH1、CH2 两路通道是否能正常测量波形。

将检查结果记录在表 9.10 中。

表9.10　检查结果记录表

序号	检查内容	检查细目
1	安全防护准备	□防静电服　□绝缘鞋　□防静电手环
2	工具仪表准备	□工具　□仪表
3	软件、电源、设备准备	□电源正常　□设备正常
检查人：________　时间：_____年___月___日		

2. 电路工作原理分析

图9.8所示的互补振荡电路原理图由三极管串联型稳压电路和互补振荡器两部分组成。

(1) 串联型稳压电路

当负载电流较大且要求稳压特性较好时，一般采用三极管串联型直流稳压电路，它由取样电路、基准电路、比较放大电路及调整元件等环节组成。电阻R_3、R_4和电位器R_P构成________，用来从输出电压中按一定比例取出部分电压U_{B3}送到VT3管的基极。由U_{B3}能反映输出电压的变化，所以称为________，调节R_P可以调整输出电压的大小。由稳压二极管VZ与电阻R_2组成________，以稳压二极管的稳定电压U_Z作为________，加到VT3管的发射极，作为调整、比较的标准，R_2是稳压二极管的________电阻。由三极管VT3和电阻R_1组成________，其作用是将取样电压U_{B3}和基准电压U_Z进行比较，比较的差值电压U_{BE3}经VT3管放大后去控制调整管VT1。R_1既是VT3的集电极负载电阻，也是VT1的________电阻。由功率三极管VT1组成________，它与负载串联，此电路称为串联型稳压电源。调整管VT1相当于一个________电阻，在比较放大电路输出信号的控制下自动调节其集射极之间的电压降，以抵消输出电压的波动。

(2) 互补振荡器

电源通电后，三极管VT4________，三极管集电极为低电平使VT2________，电源给C_1充电，当C_1充至一定电压时，LED点亮，由于电容两端电压不能突变，充电时C_1负极电位逐渐下降，直到VT4________，VT4集电极为高电平导致VT2截止；C_1正极通过R_{10}和LED对地放电，放电结束，LED熄灭，C_1负极电位逐渐增大使VT4导通。如此循环。

任务实施

1. 互补振荡电路印制路板设计

(1) 电路原理图绘制

按图9.8所示的互补振荡电路原理图，在Altium Designer软件中正确完成电路原理图的绘制。软件库中搜索不到的原理图符号自行绘制。

(2) 网络表生成

在原理图界面通过“设计”→“文件的网络表”→“Protel”设置，生成互补振荡电路原理图文件的网络表，命名为“互补振荡电路.NET”。

(3) 印制电路板设计

根据电路实际应用场合板面尺寸和各种机械定位，在PCB设计环境中绘制印制电路板3D布局图。设计时充分考虑实际应用合理排布元器件。印制电路板3D布局图完成后，检查核心芯片的线路以确保准确性。互补振荡电路印制电路板的设计要求如下：

① 根据绘制的原理图，生成双面PCB图，双面板的尺寸为80 mm×50 mm，元器件封装类型按电路板实物样式选。

② 电源端口放在左边，其他元器件均匀分布排列在电路板上方。

③ 在电路板物理边界的4个角绘制4个安装孔(孔径为4 mm)，距离PCB边缘3 mm。

④ 设置布线间隙0.3 mm，全局网络线宽0.6 mm，地线、电源线线宽0.8 mm。

⑤ 设置双面敷铜，网络连接到GND，间隙0.6 mm，去除死铜。

互补振荡电路PCB线路板3D参考布局图如图9.9所示，可以根据个人对电路功能的理解进行设计优化。

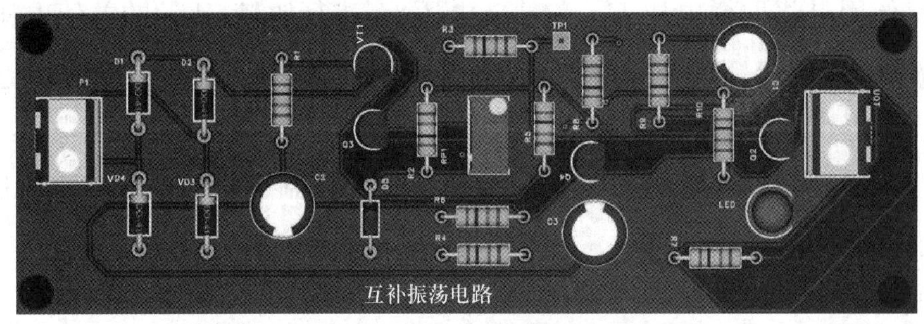

图9.9　互补振荡电路PCB线路板3D参考布局图

(4) 主要制造文件和装配文件输出

① 在PCB界面通过“文件”→“制造输出”→“Gerber Files”设置，输出用来生产PCB的gerber文件。

② 在PCB界面通过“文件”→“制造输出”→“NC Drill Files”设置，输出记录PCB中各种过孔、通孔信息的钻孔文件。

③ 在PCB界面通过“文件”→“智能PDF”设置，输出装配图和元器件清单。

2. 互补振荡电路装调与测试

(1) 电路板装配图识读

互补振荡电路装配图如图9.10所示。对照电路的原理图，结合互补振荡电路印制电路板的设计内容，正确识读电路的装配图，为后面元器件的正确选择、电路的装调和电路测试做准备。

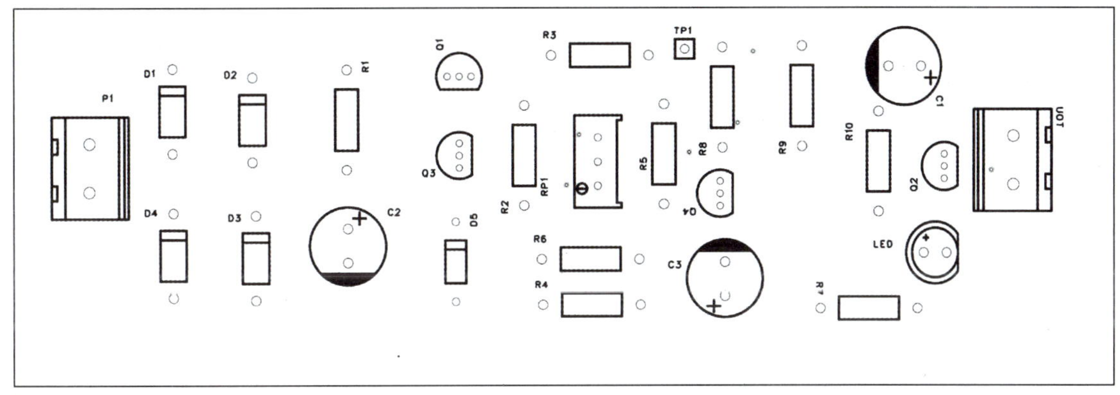

图 9.10　互补振荡电路装配图

(2) 元器件识读与检测

装接互补振荡电路所需要的元器件清单见表 9.11，请按清单清点与核对元器件，将清点核对结果记录在表中。

表 9.11　元器件清点核对记录表

序号	符号	名称	规格	数量	是否齐全
1	C_1、C_3	电解电容	1 μF	2	□是 □否
2	C_2	电解电容	470 μF	1	□是 □否
3	VD1、VD2、VD3、VD4	二极管	1N4007	4	□是 □否
4	VZ	稳压二极管	2.4 V	1	□是 □否
5	LED	发光二极管	红	1	□是 □否
6	OUT	2P 电源接口		1	□是 □否
7	P1	2P 电源接口	交流 9 V	1	□是 □否
8	VT1、VT3、VT4	三极管	9013	3	□是 □否
9	VT2	三极管	9012	1	□是 □否
10	R_1、R_5、R_8、R_9	电阻	2 kΩ	4	□是 □否
11	R_2、R_{10}、R_3、R_4	电阻	470 Ω	4	□是 □否
12	R_6	电阻	10 kΩ	1	□是 □否
13	R_7	电阻	100 kΩ	1	□是 □否
14	R_{P1}	电位器	3.3 kΩ	1	□是 □否
15	TP1、TP2	单排针		2	□是 □否
记录人:__________　时间:______年____月____日					

为确保装接在电路中的每个元器件都正常，装接电路前请识读与检测元器件，并将识读与检测结果填在表 9.12 中。

表 9.12　元器件识读与检测结果记录表

序号	元器件名称	识读检测内容	识读检测结果
1	色环电阻 R_1	识读阻值	____Ω，误差 ±______%
2		实测阻值	______Ω
3	色环电阻 R_2	识读阻值	______Ω，误差 ±______%
4		实测阻值	______Ω
5	稳压二极管 VZ	稳压电压	______V
6		反向截止电阻	______Ω
7	电位器 R_{P1}	识读阻值	______Ω
8		是否正常	□是　□否
9	电解电容 C_1	识读容量	______μF
10		额定工作电压	______V
11	电解电容 C_2	识读容量	______μF
12		额定工作电压	______V
13	LED 发光二极管	正向导通电压	______V
14	三极管 9012	引脚识读	1_______2_________3______
15		类型	9012 是______三极管
16	三极管 9013	引脚识读	S9013 H331 1 1_______2_________3______
17		类型	9013 是______三极管
记录人：__________　　时间：______年____月____日			

(3) 电路装接

根据提供的互补振荡电路原理图，选择所需要的元器件，把它们按表 9.13 工艺要求正确地焊接在印制电路板上。将结果记录在表 9.14 中。

表 9.13　电路安装工艺卡

<table>
<tr><th>安装顺序</th><th>元器件符号</th><th>数量</th><th>安装工艺要求</th><th>设备工具</th></tr>
<tr><td>1</td><td>R_1~R_{10}</td><td>10</td><td>按图(a)所示,水平卧式紧贴电路板安装</td><td rowspan="8">镊子、斜口钳、电烙铁等常用装接工具</td></tr>
<tr><td>2</td><td>VD1~VD4</td><td>4</td><td rowspan="2">按图(b)所示,水平卧式紧贴电路板安装,注意正负极性</td></tr>
<tr><td>3</td><td>VZ</td><td>1</td></tr>
<tr><td>4</td><td>C_1~C_3</td><td>3</td><td>按图(g)所示,垂直紧贴电路板安装,注意正负极性</td></tr>
<tr><td>5</td><td>LED</td><td>1</td><td>按图(d)所示,垂直紧贴电路板安装,注意正负极性</td></tr>
<tr><td>6</td><td>R_{P1}</td><td>1</td><td>按图(e)所示,垂直紧贴电路板安装,注意正负极性</td></tr>
<tr><td>7</td><td>P1、OUT</td><td>1</td><td rowspan="2">按图(f)所示,垂直紧贴电路板安装,注意正负极性</td></tr>
<tr><td>8</td><td>TP1、TP2</td><td>1</td></tr>
<tr><td>9</td><td>VT1~VT4</td><td>4</td><td>按图(c)所示,垂直紧贴电路板安装,注意正负极性</td><td></td></tr>
<tr><td>图样</td><td colspan="4">图(a)　图(b)　图(c)　图(d)　图(e)　图(f)　图(g)</td></tr>
<tr><td colspan="5">焊接工艺要求</td></tr>
<tr><td colspan="5">元器件按从小到大、从低到高顺序安装;在线路板上所焊接的元器件的焊点大小适中,无漏、假、虚、连焊,焊点光滑、圆润、干净、无毛刺;引脚加工尺寸及成形符合工艺要求;导线长度、剥线头长度符合工艺要求,芯线完好,捻头镀锡</td></tr>
</table>

表 9.14　电路装接记录表

<table>
<tr><th>序号</th><th>操作内容</th><th>完成情况</th></tr>
<tr><td>1</td><td>元器件按从小到大、从低到高顺序安装</td><td>□完成　□未完成</td></tr>
<tr><td>2</td><td>焊点大小适中、光滑、圆润、无毛刺,无漏、假、虚、连焊现象</td><td>□完成　□未完成</td></tr>
<tr><td>3</td><td>引脚加工尺寸及成形符合工艺要求</td><td>□完成　□未完成</td></tr>
<tr><td>4</td><td>导线长度、剥线头长度符合工艺要求,芯线完好,捻头镀锡</td><td>□完成　□未完成</td></tr>
<tr><td colspan="3">记录人:__________　时间:______年____月____日</td></tr>
</table>

(4) 通电前检查

装接完成的互补振荡电路实物图如图 9.11 所示。本电路输入端接 9 V 交流电。开始通电前,按表 9.15 通电前检查步骤,完成电路的通电前检查并记录结果。

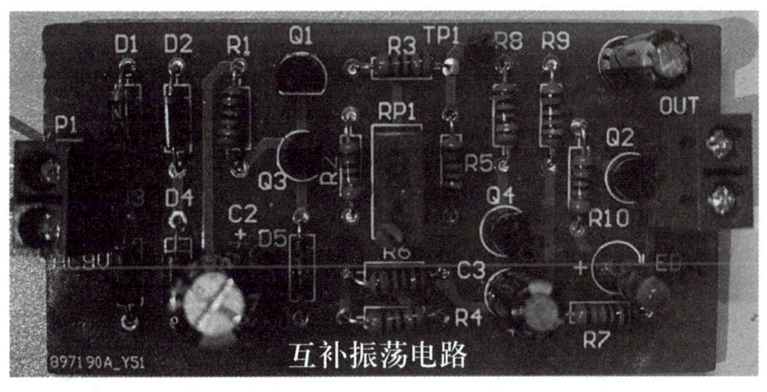

图 9.11　互补振荡电路实物图

表 9.15　电路通电前检查步骤记录表

序号	检查项目	检测结果记录
1	桌面、电路板面清理	□完成　□未完成
2	电源输入电压	电源输入电压______V 挡位:______量程:______ 红表笔:______黑表笔:______ 测得的电压:______V
3	电路板输入电阻	电路板输入端电阻______Ω 挡位:______量程:______ 红表笔:______黑表笔:______ 测得的电阻:______Ω
记录人:______　时间:____年____月____日		

(5) 电路电压测试

通电前检测都正常后,在电源输入端,分别接入 9 V 交流电源,通电时注意单手操作。按表 9.16 逐项完成电路电压的测试,并将结果记录在表 9.16 中。

表 9.16　电路电压测试记录表

序号	检查项目	检测结果记录
1	P1 电位	量程:______挡位:______ 红表笔:______黑表笔:______ 测得的电位:______V
2	TP1 电位	量程:______挡位:______ 红表笔:______黑表笔:______ 测得的电位:______V
3	VZ 两端电压	量程:______挡位:______ 红表笔:______黑表笔:______ 测得的电压范围:______~______V
记录人:______　时间:____年____月____日		

(6) 电路波形测试

调节 R_{P1},使 TP1 电压为 5 V,发光二极管出现交替闪烁现象,测量 TP2 波形。将测得的波形和波形参数记录在表 9.17 中。

表 9.17　TP2 输出电压波形和参数测试记录表

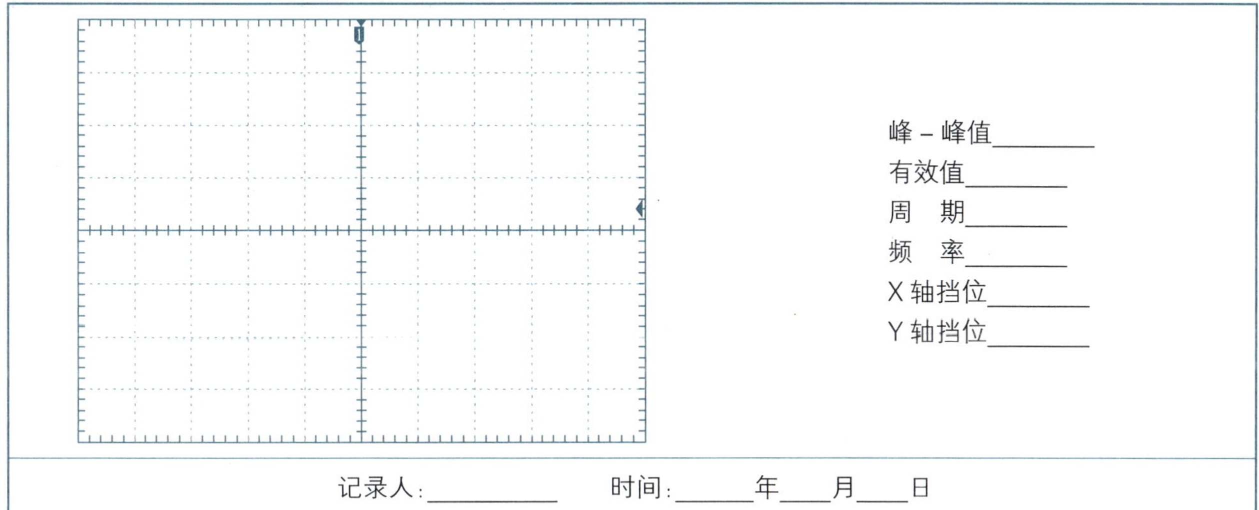

峰 – 峰值________
有效值________
周　期________
频　率________
X 轴挡位________
Y 轴挡位________

记录人:__________　　时间:______年____月____日

(7) 常见故障分析

根据互补振荡电路的调试和测试结果,分析出现下列电路故障的原因:

① 若通电后,无论如何调节 R_{P1},发现 TP1 电压始终不变,可能是在焊接中出现了什么问题?

---

② 若通电后,调节 R_{P1} 后发现 TP1 电压范围只有 1.4~3 V,可能是在焊接中出现了什么问题?

---

③ 若发现 TP2 输出波形正常,但发光二极管不亮,可能是什么原因造成的?

任务总结

1. 任务评分

请在表 9.18 中完成各环节的评分。

表 9.18　互补振荡电路装调与测试任务评价表

评分内容		配分	评分说明	得分
职业素养（10 分）	安全意识	5 分	符合用电安全操作规范,出现不符合安全操作的行为,每项扣 1 分,扣完为止	
	现场整理	5 分	出现未整理现场、仪器仪表及工具摆放杂乱、不遵守纪律等现象,每项扣 1 分,扣完为止	
装接准备（5 分）	原理分析	5 分	每错 1 空扣 1 分,扣完为止	

续表

评分内容		配分	评分说明	得分
PCB 设计 (15 分)	原理图绘制	4 分	正确绘制原理图,符号规范,布局合理。错一处扣 0.5 分,扣完为止	
	网络表生成	2 分	网络表生成得 2 分,否则不给分	
	印制电路板设计	5 分	常用 PCB 规则的设置 3 分,特殊元器件的布局 1 分,整体布局 1 分。错一处扣 0.5 分,扣完为止	
	制造文件和装配文件的输出	4 分	制造文件和装配文件各 2 分,正确输出得分,否则不给分	
电路装调 (35 分)	元器件清点核对	5 分	开始操作 15 min 后,发现每少点或错点 1 个元器件扣 1 分,扣完为止	
	元器件识读检测	5 分	每错 1 空扣 0.5 分,扣完为止	
	产品装接	5 分	元器件选择错误、极性装错等,每处扣 0.5 分,扣完为止	
	安装工艺	5 分	元器件安装工艺、焊点、引脚成形及引线等不符合工艺标准,每处扣 0.5 分,扣完为止	
	电路功能	15 分	电路功能正常得 15 分,否则 0 分	
测量分析 (35 分)	通电前检查	5 分	每错 1 处扣 1 分,扣完为止	
	电路电压与电流测试	10 分	每错 1 处扣 1 分,扣完为止	
	电路波形测试	10 分	每错 1 处扣 1 分,扣完为止	
	电路故障分析	10 分	第 1、2 题 3 分,第 3 题 4 分,回答正确给分	
总得分				

2. 学习小结

总结本次实训过程和知识要点,记录问题、收获和反思。

任务拓展

1. 改变电路中哪些元器件的参数,可以改变 TP2 输出波形的频率?

2. 改变电路中哪些元器件的参数，可以使 TP1 输出电压范围变为 3~12 V？请你在下框中画出具体的改进电路。

项目 10　报警控制电路装调与测试

项目目标

◇ 认识红外遮挡报警器、多功能开关电路和电动机正反转控制电路，会分析报警控制电路的工作原理。

◇ 能按印制电路板的设计规范，完成红外遮挡报警器、多功能开关电路和电动机正反转控制电路的PCB 设计与绘制。

◇ 能在印制电路板上完成红外遮挡报警器、多功能开关电路和电动机正反转控制电路的装接与调试。

◇ 会测试红外遮挡报警器、多功能开关电路和电动机正反转控制电路的电压与电流。

◇ 会排除红外遮挡报警器、多功能开关电路和电动机正反转控制电路的常见故障。

◇ 养成规范操作、安全文明生产的职业素养，传承精益求精的工匠精神。

项目描述

在日常生活和工农业生产中，不可避免会产生各种安全隐患。为减少安全隐患导致的事故发生，各式各样的报警控制电路应运而生。这些电路通常采集传感信号，与基准进行比较，触发报警提示，同时也可以触发控制装置动作，将事故危害降到最低，确保生活和生产的安全。报警控制电路已经成为传感控制领域的一个重要方向。图 10.1 和图 10.2 所示是报警控制电路的典型应用。

本项目以红外遮挡报警器、多功能开关电路和电动机正反转控制电路为例，按要求完成红外遮挡报警器、多功能开关电路、电动机正反转控制电路的 PCB 绘制和电路装接，进行电路功能的调试，并使用万用表和示波器完成电压与电流的测试。

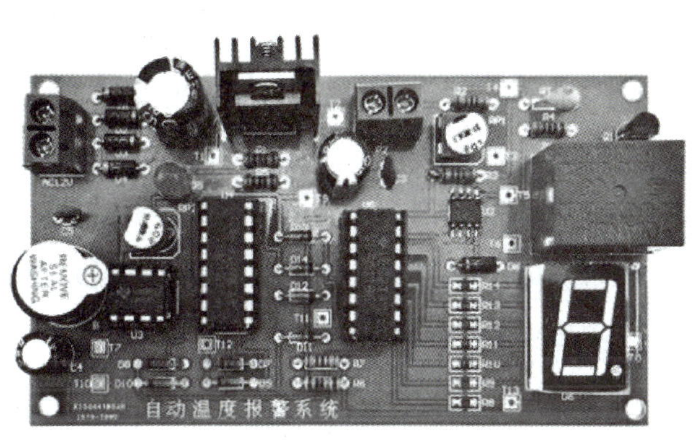

图 10.1　自动温控报警系统

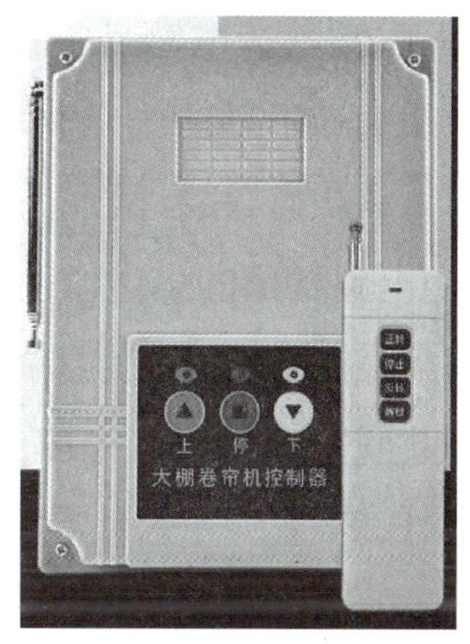

图 10.2　大棚卷帘机正反转控制器

项目结构

报警控制电路装调与测试思维导图如图 10.3 所示。

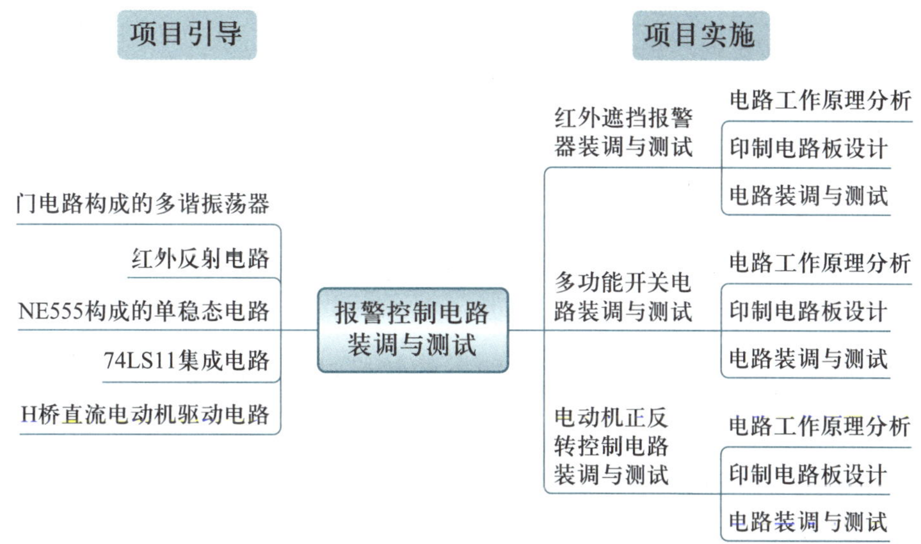

图 10.3　报警控制电路装调与测试思维导图

项目引导

问题 1　门电路构成的多谐振荡器是如何工作的，输出什么信号？

(1) 门电路构成的多谐振荡器的基本结构

由门电路构成的多谐振荡器的基本结构如图 10.4 所示。多谐振荡器是一种自激振荡器电路，该电路在接通电源后无需外接触发信号就能产生一定频率和幅值的矩形脉冲或方波。多谐振荡器在工作过程中不存在________状态，只有两个________状态。

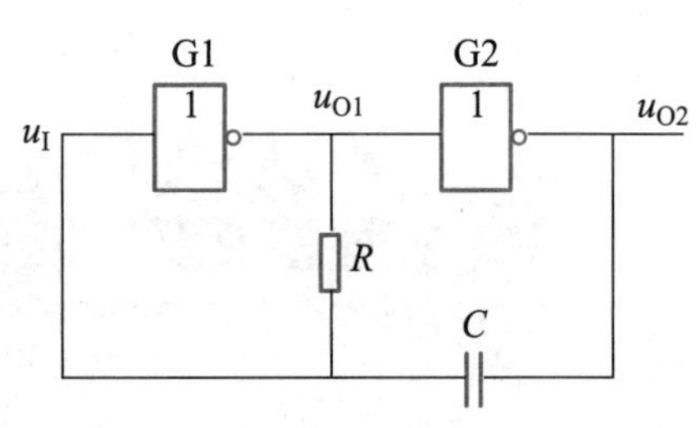

图 10.4 门电路构成的多谐振荡器的基本结构

(2) 门电路构成的多谐振荡器的基本特点

由门电路构成的多谐振荡器有多种电路形式，但它们均具有以下共同特点：首先，电路中含有________，如门电路、电压比较器、BJT 等。这些元器件主要用来产生高、低电平；其次，具有________，将输出电压恰当地反馈给开关元器件使之改变输出状态；另外，还有延迟环节，利用________的充、放电特性可实现延时，以获得所需要的振荡频率。

(3) 门电路构成的多谐振荡器的工作过程

假设在 $t=0$ 时接通电源，电容器 C 尚未充电，电路初始状态为 $u_{O1}=U_{OH}$，$u_I=U_{O2}=U_{OL}$ 状态，即第一暂稳态。此时，电源 U_{DD} 经 G1 的 TP 管、R 和 G2 的 TN 管给电容 C 充电，随着充电时间的增加，u_I 的值不断________，当 u_I 达到 U_{th} 时，电路发生的正反馈过程是____________，这一正反馈过程瞬间完成，使 $u_{O1}=U_{OL}=u_{O2}=U_{OH}$，电路进入第二暂稳态。

电路进入第二暂稳态瞬间，u_{O2} 由 0 V 上跳至 U_{DD}，由于电容两端电压不能突变，则 u_I 也将上跳 U_{DD}，本应升至 $U_{DD}+U_{th}$，但由于保护二极管的________作用，U_I 仅上跳至 $U_{DD}+\Delta U_{+}$。随后，电容 C 通过 G2 的 TP、电阻 R 和 G1 的 TN 放电，使 u_I 下降，当 u_I 降至 U_{th} 后，电路又产生正反馈过程，是________，从而使电路又回到第一暂稳态，$u_{O1}=U_{OH}$，$u_{O2}=U_{OL}$。此后，电路重复上述过程，周而复始地从一个暂稳态翻转到另一个暂稳态，在 G2 的输出端得到的波形是________，如图 10.5 所示。

(4) 门电路构成的多谐振荡器的振荡周期

由上述分析可得，多谐振荡器的两个暂稳态的转换过程是通过________来实现的。电路的振荡周期：$T\approx 2.2\ RC$。

(5) 加补偿电阻的 CMOS 多谐振荡器

当电源电压波动时，会使振荡频率不稳定，在 $U_{th}\neq V_{DD}/2$ 时，影响尤为严重。一般可在该图中增加一个________，如图 10.6 所示。图中 R_S 可减小电源电压变化对振荡频率的影响。当 $U_{th}=V_{DD}/2$ 时，取 $R_S\gg R$（一般取 $R_S=10\ R$）。

问题 2 红外反射电路是如何工作的？与红外直射型电路的区别是什么？

红外反射电路的工作过程：当人体的手或身体的某一部分在红外线区域内，红外线发射管发出的红外线由于人体手或身体遮挡________到红外接收管，通过集成电路内的微型计算机处理后的信号发送给脉冲电磁阀，电磁阀接收信号后按指定的指令打开阀芯；当人体的手或身体________红外线感应范围，电磁阀没有接收信号，电磁阀阀芯则通过内部的弹簧进行复位。

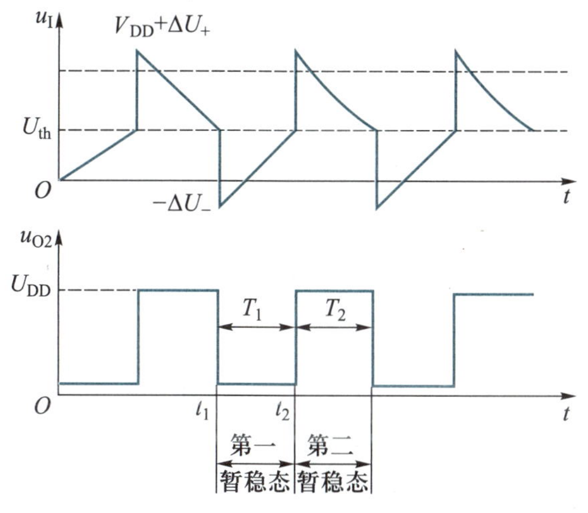

图 10.5　多谐振荡器波形图

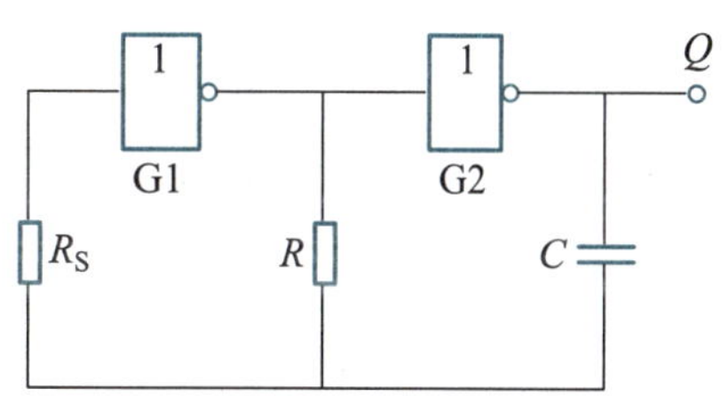

图 10.6　加补偿电阻的 CMOS 多谐振荡器的电路结构

红外线发射管接收的方式有两种，一种是直射式，另一种是反射式。直射式指发光管和接收管相对安放在发射与受控物的________，中间相距一定距离；反射式指发光管与接收管________在一起，平时接收管始终无光照，只在发光管发出的红外线遇到反射物时，接收管收到反射回来的红外线才工作。

问题 3　NE555 构成的单稳态电路是如何工作的？

（1）555 集成电路内部框图与引脚示意图

555 是一个用途很广的时基集成电路，只需少数电阻器和电容器，便可产生各种不同频率的脉冲信号。NE555 的内部框图与引脚示意图如图 10.7 所示。

（2）由 555 构成的单稳态电路

由 555 构成的单稳态电路原理图如图 10.8 所示。单稳态电路的工作过程如下：当 $u_I \geqslant \frac{1}{3}V_{CC}$，电源接通瞬间，电路有一个稳定的过程，即电源通过电阻器 R 向电容器 C 充电，当电容器 C 两端电压上升到 $\frac{2}{3}V_{CC}$ 时，基本 RS 触发器__________，u_O 为低电平，放电三极管导通，电容放电，电路进入稳定状态。

若输入端施加触发信号（$u_I < \frac{1}{3}V_{CC}$），触发器发生翻转，电路进入________，u_O 输出高电平，且放电三极管截止，此后电容 C 充电至 $\frac{2}{3}V_{CC}$ 时，电路又发生翻转，u_O 为低电平，放电三极管导通，电容器 C 放电，电路恢复至稳态。

单稳态触发器只有________个稳定状态，________个暂稳态。在外加脉冲的作用下，单稳态触发器可以从一个稳定状态翻转到一个暂稳态。本电路中暂稳态维持的时间取决于________参数值。

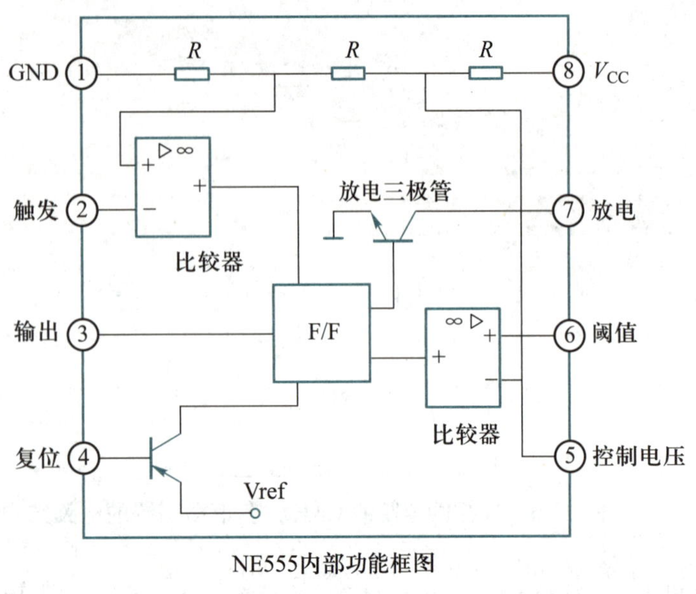

NE555内部功能框图

图 10.7　NE555 内部框图与引脚示意图

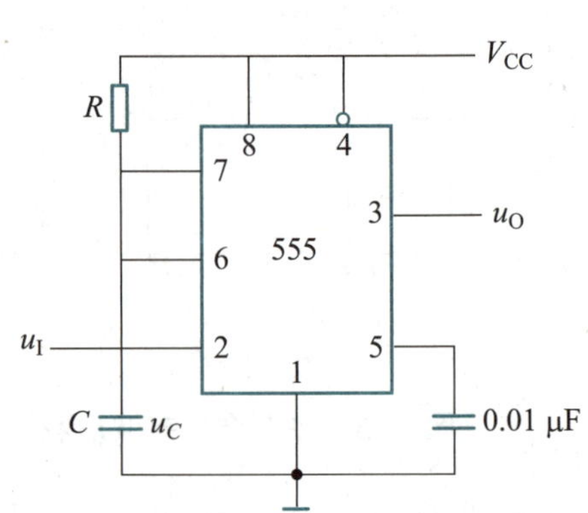

图 10.8　555 构成的单稳态电路原理图

问题 4　74LS11 集成电路具有哪些功能？

74LS11 集成电路为三输入的**与**门，由其逻辑功能表可得，其逻辑功能为“有 0 得 0，全 1 得 1”，即只要 3 个输入端口中有 1 个为 0，则输出就为 0，当输入全为 1 时，才有输出为 1。74LS11 内部原理图及引脚图如图 10.9 所示，其真值表见表 10.1。

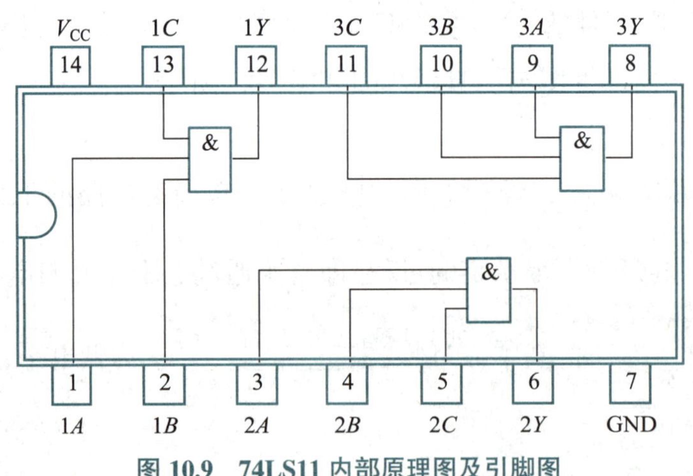

图 10.9　74LS11 内部原理图及引脚图

表 10.1　74LS11 真值表

输入			输出
A	*B*	*C*	*Y*
×	×	L	L
×	L	×	L
L	×	×	L
H	H	H	H

问题 5　H 桥直流电动机驱动电路是如何驱动电动机正反转的?

H 桥是驱动直流电动机比较常用的一种电路,由于它的电路形状看上去类似字母 H,故得名“H 桥”。它是由________个三极管或 4 个________组成垂直的 4 条“腿”,而________就是“H”中间的一横。下面以如图 10.10 所示 MOS 管搭建的 H 桥电路为例,分析是如何驱动电动机正反转的。

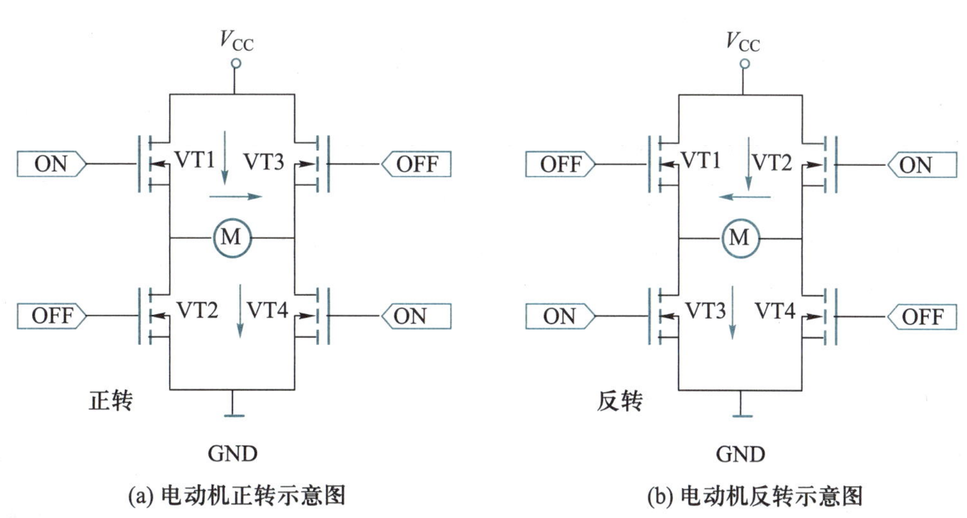

(a) 电动机正转示意图　(b) 电动机反转示意图

图 10.10　MOS 管搭建的 H 桥电路

要使电动机运转,必须使对角线上的一对 MOS 管导通。如图 10.10(a)所示,当 VT1 管和 VT4 管导通时(此时必须保证________和________截止),电流就从电源正极经 VT1 从左至右穿过电动机,再经 VT4 回到电源负极。按图中电流箭头所示,该流向的电流将驱动电动机沿________转动,实现电动机正转。

如图 10.10(b)所示,当 MOS 管 VT2 和 VT3 导通时(此时必须保证________和________截止),电流从________至________流过电动机,从而驱动电动机沿________方向转动,实现电动机反转。

驱动电动机时,保证 H 桥两个同侧的 MOS 管不会同时导通非常重要。如果 MOS 管 VT1 和 VT2 同时导通,那么电流就会从电源正极穿过两个 MOS 管直接回到负极,此时电路中除了 MOS 管外没有其他任何负载,电路上的__________就会达到最大值,烧坏 MOS 管和电源。

项目实施

任务 1　红外遮挡报警器装调与测试

任务目标

◇ 会分析红外遮挡报警器的工作原理。

◇ 能按印制电路板的设计规范,完成红外遮挡报警器的 PCB 设计与绘制。

◇ 能按工艺要求在印制电路板上规范完成红外遮挡报警器的装接与调试。

◇ 会用万用表测试红外遮挡报警器的电压,会用示波器测试电压波形。

◇ 会分析红外遮挡报警器的常见故障。

任务描述

红外遮挡报警器用于检测居民门窗、工厂仓库或其他私人场所围墙、走廊等各种防护区域是否有外人进入。当检测到有外人进入时,能自动发出报警声。红外遮挡报警器电路原理图如图 10.11 所示。

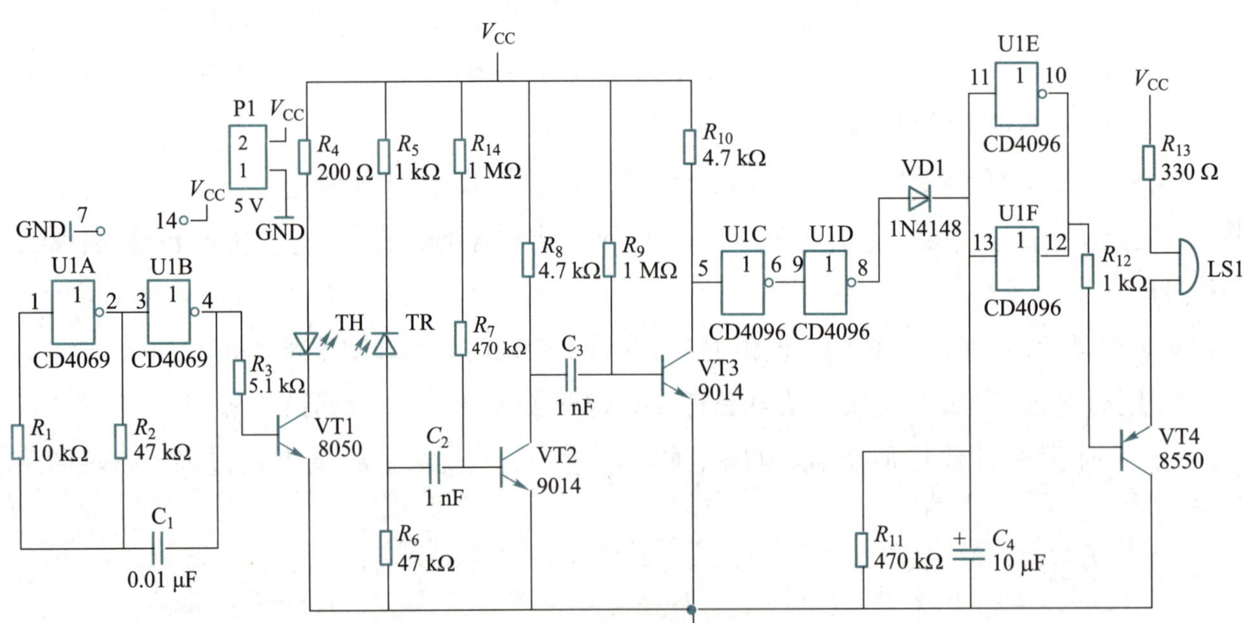

图 10.11　红外遮挡报警器电路原理图

本任务要求完成以下内容:

① 根据电路功能需求和印制电路板的设计规范,完成红外遮挡报警器 PCB 的设计与

绘制。

② 识别、清点与检测装接电路所需要的元器件。

③ 按工艺规范在印制电路板上完成红外遮挡报警器的装接与调试。

④ 对装配好的电路进行通电前检查，检查无误后通 5 V 直流电，并做好记录。

⑤ 用万用表测电源电压、电路板输入电阻、TR 两端电压、R_{11} 两端电压、LS1 两端电压、三极管 VT3 各极电位，并做好记录。

⑥ 用示波器测试有无障碍物时 U_{1B} 的 4 脚、VT2 的 b 极等电位波形，并做好记录。

⑦ 结合电路的测试结果，进行电路常见故障分析。

任务准备

1. 职业素养养成

(1) 安全防护准备

穿好防静电服和绝缘鞋，戴好防静电手环。

(2) 工具仪表准备

电烙铁、烙铁架、焊锡丝、斜口钳、镊子、高温海绵、螺丝刀、万用表、示波器等。

(3) 软件、电源、设备准备

检查 Altium Designer 软件是否能正常打开；检查电源电压 5 V 直流电输出是否正常；检查示波器 CH1、CH2 两路通道是否能正常测试波形。

将检查结果记录在表 10.2 中。

表 10.2　职业素养结果记录表

序号	检查内容	检查细目
1	安全防护准备	□防静电服　□绝缘鞋　□防静电手环
2	工具仪表准备	□工具　□仪表
3	软件、电源、设备准备	□软件正常　□电源正常　□设备正常
检查人：________　时间：_____年____月____日		

2. 电路工作原理分析

由图 10.11 所示的红外遮挡报警器电路原理图可知，电路主要由多谐振荡器，红外发射、接收电路，两级固定偏置放大电路，整形电路，延时电路，驱动报警电路等构成。

当探测到物体遮挡在红外发射管和接收管上方时，红外接收管接收到红外线，并将此微弱的电信号送至由 VT2、VT3 构成的________电路，对该信号进行放大后的脉冲信号由 VT3 输出，经过 U_{1C}、U_{1D} 整形后，送至 VD_1，经过 VD_1 对该信号进行________输出，该输出信号一方面

向 C_4________，另一方面经 U_{1E}、U_{1F}、VT4 构成的驱动电路驱动蜂鸣器报警。

当障碍物消失后，VD_1 截止。由于电容器两端电压不能突变，故延时电路 R_{11}、C_4 提供电压延时信号，使蜂鸣器________，同时 C_4 通过______放电，放电结束后报警停止。

任务实施

1. 红外遮挡报警器印制电路板设计

(1) 准备

包括准备元器件库和设计任务书。首先准备红外遮挡报警器原理图元器件库和 PCB 元器件库。元器件库可以使用软件自带的基础库，也可以根据所选元器件的标准尺寸数据自行完成元器件库中原理图符号和封装的绘制。电路图中的红外发射对管的绘制需要自建 PCB 元器件库，其封装尺寸如图 10.12 所示。

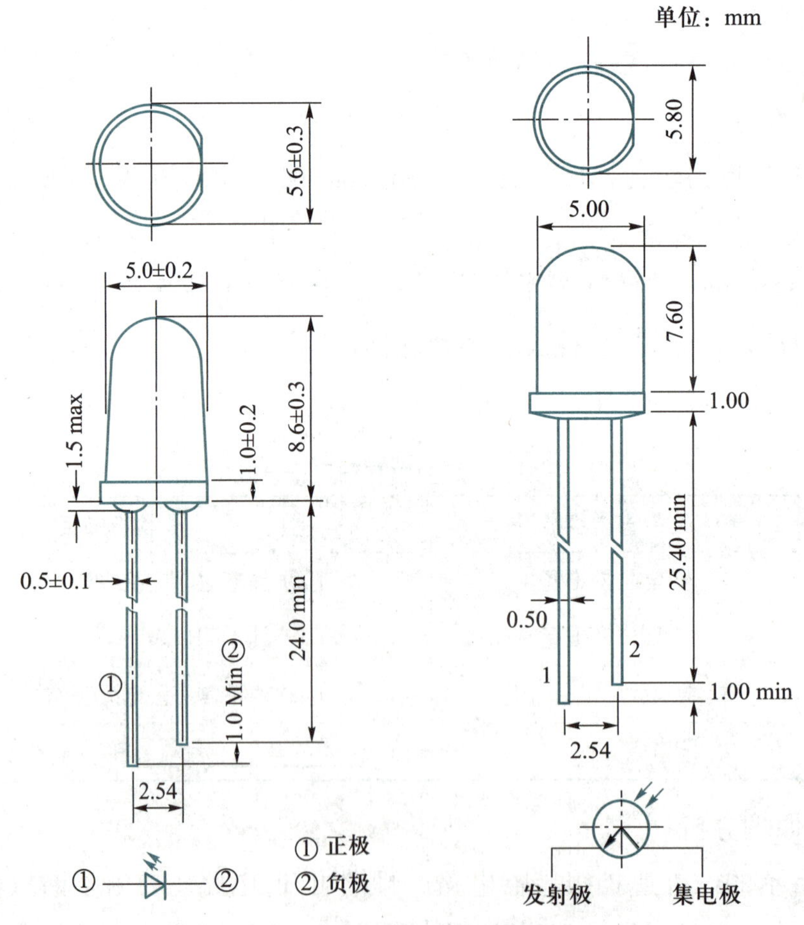

图 10.12　红外发射对管的封装尺寸图

(2) 电路原理图绘制

按图 10.11 所示的红外遮挡报警器电路原理图，在 Altium Designer 软件中正确完成电路原理图的绘制。

(3) 网络表生成

在原理图界面通过“设计”→“文件的网络表”→“Protel”设置，生成红外遮挡报警器电路原理图文件的网络表，命名为“红外遮挡报警器 .NET”。

(4) 印制电路板设计

根据电路实际应用场合板面尺寸和各种机械定位，在 PCB 设计环境中绘制印制电路板 3D 布局图，并放置所需的红外发射对管、集成芯片、电阻电容等元器件。设计时，充分考虑和确定布线区域和非布线区域(如螺纹孔的范围是非布线区域)，合理排布元器件。印制电路板 3D 布局图设计完成后，检查核心集成电路的线路，以确保准确性。红外遮挡报警器印制电路板的设计要求如下：

① 根据绘制的原理图，生成双面 PCB 图，双面板的尺寸为 75 mm × 35 mm，元器件封装类型按电路板实物样式选。

② 电源端口放在左边，红外发射对管放左侧上边，中心距离板的边缘 4 mm，红外发射对管间距 25 mm。

③ 在电路板物理边界的 4 个角绘制 4 个安装孔(孔径 4 mm)，孔中心距离 PCB 板边缘 3 mm。

④ 一般布线间隙 0.3 mm。布线线宽 0.3 mm，地线线宽 0.5 mm，电源线线宽 0.6 mm。

⑤ 设置双面敷铜，网络连接到 GND，间隙 0.6 mm，去除死铜。

红外遮挡报警器印制电路板 3D 参考布局图如图 10.13 所示，可以根据个人对于电路功能的理解进行设计优化。

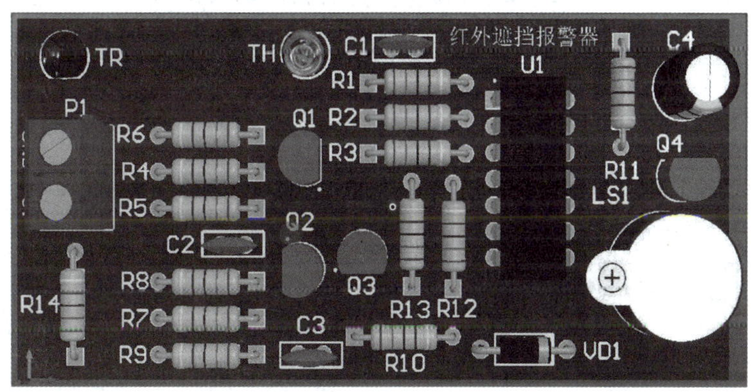

图 10.13　红外遮挡报警器印制电路板 3D 参考布局图

(5) 主要制造文件和装配文件输出

① 在 PCB 界面通过“文件”→“制造输出”→“Gerber Files”设置，输出用来生产 PCB 的 gerber 文件。

② 在 PCB 界面通过“文件”→“制造输出”→“NC Drill Files”设置，输出记录 PCB 中各种过孔、通孔信息的钻孔文件。

③ 在 PCB 界面通过“文件”→“智能 PDF”设置，输出装配图和元器件清单。

2. 红外遮挡报警器装调与测试

(1) 电路板装配图识读

红外遮挡报警器装配图如图10.14所示，对照电路的原理图，结合红外遮挡报警器印制电路板的设计内容，正确识读电路的装配图，为后面元器件的正确选择、电路的装调和测试做准备。

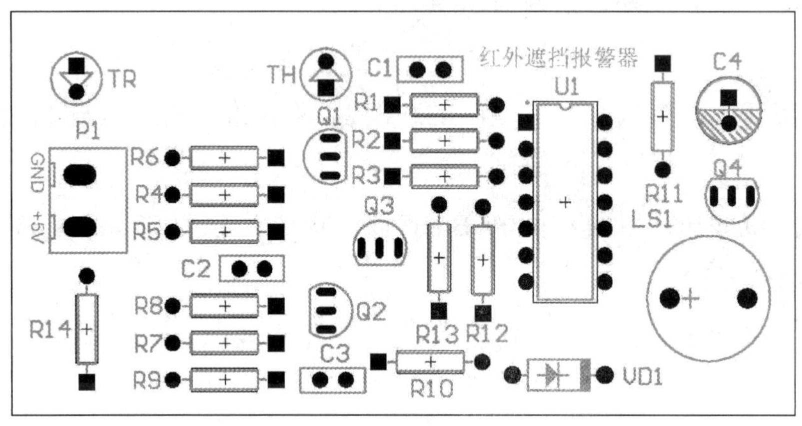

图10.14　红外遮挡报警器的装配图

(2) 元器件选择与测试

装接本电路所需要的元器件清单见表10.3，请按清单清点与核对元器件，将清点核对结果记录在表中。

表10.3　元器件识别与检测记录表

序号	符号	名称	规格	数量	是否齐全
1	C_1	瓷片电容	0.01 μF	1	□是　□否
2	C_2、C_3	瓷片电容	0.001 μF	2	□是　□否
3	C_4	电解电容	CD11–25 V–10 μF	1	□是　□否
4	LS_1	有源蜂鸣器	TMB12A05	1	□是　□否
5	P_1	2P电源接口	2P–2.54	1	□是　□否
6	VT1	三极管	8050	1	□是　□否
7	VT2、VT3	三极管	9014	2	□是　□否
8	VT4	三极管	8550	1	□是　□否
9	R_1	电阻	RJ–0.25 W–10 kΩ ±1%	1	□是　□否
10	R_2、R_6	电阻	RJ–0.25 W–47 kΩ ±1%	2	□是　□否
11	R_3	电阻	RJ–0.25 W–5.1 kΩ ±1%	1	□是　□否
12	R_4	电阻	RJ–0.25 W–200 Ω ±1%	1	□是　□否
13	R_5、R_{12}	电阻	RJ–0.25 W–1 kΩ ±1%	2	□是　□否
14	R_7、R_{11}	电阻	RJ–0.25 W–470 kΩ ±1%	2	□是　□否
15	R_8、R_{10}	电阻	RJ–0.25 W–4.7 kΩ ±1%	2	□是　□否

续表

序号	符号	名称	规格	数量	是否齐全
16	R_9	电阻	RJ-0.25 W-1 MΩ ±1%	1	□是　□否
17	R_{13}	电阻	RJ-0.25 W-330 Ω ±1%	1	□是　□否
18	TH	红外发射管	LTR-4206	1	□是　□否
19	TR	红外接收管	LTR-4206	1	□是　□否
20	U1 底座	14 脚底座	DIP-14	1	□是　□否
21	U1	集成芯片	CD4069	1	□是　□否
22	VD_1	二极管	1N4148	1	□是　□否
记录人:________　时间:_____年____月____日					

为确保装接在电路中的每个元器件都正常，装接电路前请识读与检测元器件，并将识读与检测结果填在表 10.4 中。

表 10.4　元器件识别与检测记录表

序号	元器件名称	识读检测内容	识读检测结果
1	二极管 VD1	正向电阻	______Ω
2		反向电阻	______Ω
3	瓷片电容 C_2	标称容量	______μF
4		介质	
5	电阻 R_8	标称阻值	______Ω
6		测量阻值	______Ω
记录人:________　时间:_____年____月____日			

(3) 电路的装接

根据红外遮挡报警器电路原理图，从提供的元器件列表中选择所需要的元器件，按要求在印制电路板上完成电路的装接，电路安装工艺要求见表 10.5。安装完成后，将结果记录在表 10.6 中。

表 10.5　电路安装工艺要求表

安装顺序	元器件符号	参数	数量	安装工艺要求	设备工具
1	R_1	10 kΩ	1	按图(a)所示，水平卧式紧贴电路板安装	镊子、斜口钳、电烙铁等常用装接工具
	R_2、R_6	47 kΩ	2		
	R_3	470 Ω	1		
	R_4	200 Ω	2		
	R_5、R_{12}	1 kΩ	2		
	R_7、R_{11}	470 kΩ	2		
	R_8、R_{10}	4.7 kΩ	2		
	R_9	1 MΩ	1		
	R_{13}	330 Ω	1		

续表

<table>
<tr><th>案装顺序</th><th>元器件名称</th><th>参数</th><th>数量</th><th>安装工艺要求</th><th>设备工具</th></tr>
<tr><td>2</td><td>VD1</td><td>1 N4148</td><td>1</td><td>按图(b)所示,水平卧式紧贴电路板安装</td><td rowspan="12">镊子、斜口钳、电烙铁等常用装接工具</td></tr>
<tr><td rowspan="2">3</td><td>C_1</td><td>0.01 μF</td><td>1</td><td rowspan="2">按图(c)所示,引脚留 2 mm 左右安装</td></tr>
<tr><td>C_2、C_3</td><td>0.001 μF</td><td>2</td></tr>
<tr><td>4</td><td>U1</td><td>CD4069</td><td>1</td><td>先安装集成电路的底座,紧贴电路板安装,注意对应集成电路的引脚顺序,待所有元器件装接完成后,再安装集成电路</td></tr>
<tr><td rowspan="3">5</td><td>VT1</td><td>8050</td><td>1</td><td rowspan="3">按图(d)所示,引脚留 3~5 mm 高度,垂直电路板安装,注意区分引脚顺序</td></tr>
<tr><td>VT2、VT3</td><td>9014</td><td>2</td></tr>
<tr><td>VT4</td><td>8550</td><td>1</td></tr>
<tr><td>6</td><td>C_4</td><td>10 μF</td><td>1</td><td>垂直紧贴电路板安装,注意引脚极性</td></tr>
<tr><td>7</td><td>P1</td><td>2P-2.54</td><td>1</td><td>垂直紧贴电路板安装</td></tr>
<tr><td>8</td><td>LS1</td><td>TMB12A05</td><td>1</td><td>垂直紧贴电路板安装</td></tr>
<tr><td>9</td><td>TH</td><td>红外发射管</td><td>1</td><td rowspan="2">底部留 3~5 mm 高度,垂直电路板安装</td></tr>
<tr><td>10</td><td>TR</td><td>红外接收管</td><td>1</td></tr>
<tr><td colspan="2">图样</td><td colspan="4">图(a) 图(b) 图(c) 图(d)</td></tr>
<tr><td colspan="6">焊接工艺要求</td></tr>
<tr><td colspan="6">元器件按从小到大、从低到高顺序安装;焊点大小适中,无漏、假、虚、连焊,焊点光滑、圆润、干净、无毛刺;引脚加工尺寸及成形符合工艺要求;导线长度、剥线头长度符合工艺要求,芯线完好,捻头镀锡</td></tr>
</table>

表 10.6 电路装接记录表

序号	操作内容	完成情况
1	元器件按从小到大、从低到高顺序安装	□完成 □未完成
2	焊点大小适中、光滑、圆润、无毛刺,无漏、假、虚、连焊现象	□完成 □未完成
3	元器件装接成形符合工艺要求	□完成 □未完成
4	电路焊接及焊点质量符合工艺要求	□完成 □未完成
记录人:________ 时间:____年___月___日		

(4) 通电前检查

装接完成的红外遮挡报警器电路实物图如图 10.15 所示。本电路输入端接 5 V 直流电,开始通电前,按表 10.7 通电前检查步骤,完成电路的通电前检查并记录结果。

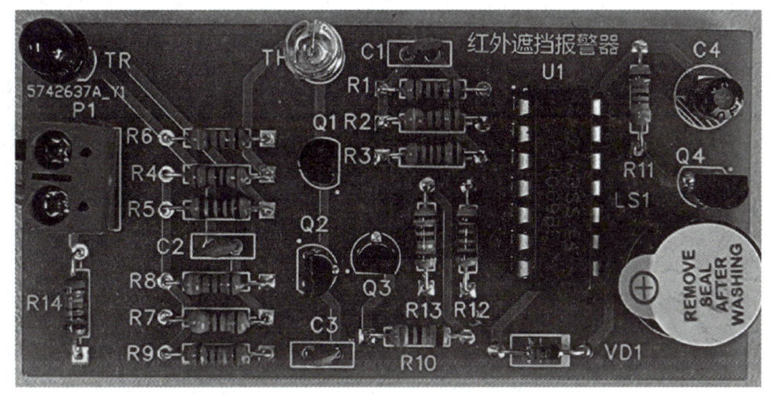

图 10.15　红外遮挡报警器实物图

表 10.7　电路通电前检查步骤记录表

序号	检查项目	检测结果记录
1	桌面、电路板面清理	□完成　□未完成
2	电源输入电压	输入电压：＿＿＿＿＿V 挡位：＿＿＿＿＿量程：＿＿＿＿＿ 红表笔：＿＿＿＿＿黑表笔：＿＿＿＿＿ 测得的电压：＿＿＿＿＿V
3	电路板输入电阻	输入端电阻：＿＿＿＿＿Ω 挡位：＿＿＿＿＿量程：＿＿＿＿＿ 红表笔：＿＿＿＿＿黑表笔：＿＿＿＿＿ 测得的电阻：＿＿＿＿＿Ω
记录人：＿＿＿＿＿　时间：＿＿＿年＿＿月＿＿日		

(5) 电路电压参数测试

通电前检测各项都正常后，先将集成电路 U1 从底座取下，在电源输入端接入 5 V 直流电源，通电时注意安全用电规范。判断红外发射对管和三极管的工作状态，请按表 10.8 逐项完成电路电压的测试，并将结果记录在表中。

表 10.8　电路电压测试记录表

序号	检查项目	检测结果记录
1	TR 两端电压	测得的电压：＿＿＿＿＿V
2	R_{11} 两端电压	测得的电压：＿＿＿＿＿V
3	LS1 两端电压	测得的电压：＿＿＿＿＿V
4	三极管 VT3 各极电位	集电极电位：＿＿＿＿＿V 基极电位：＿＿＿＿＿V 发射极电位：＿＿＿＿＿V 三极管工作在＿＿＿＿＿状态
记录人：＿＿＿＿＿　时间：＿＿＿年＿＿月＿＿日		

(6) 电路波形测试

插入集成电路 U1,调试电路功能。当有物体遮挡在红外发射管和接收管上方时,红外接收管接收到红外线,VT2、VT3 构成的两级固定偏置放大电路有输入信号,VT3 输出的脉冲信号经 U1C、U1D 整形 VD1 整流后对 C_4 充电,同时 VD1 输出端信号经 U1E、U1F、VT4 驱动蜂鸣器报警;障碍物消失后,由 C_4 提供电压使蜂鸣器持续报警一段时间,同时 C_4 通过 R_{11} 放电,放电结束后报警停止。

① 使用示波器测量 U1B 的 4 脚电位波形,计算相关参数,并记录在表 10.9 中。

表 10.9　U1B 的 4 脚电位波形测试记录表

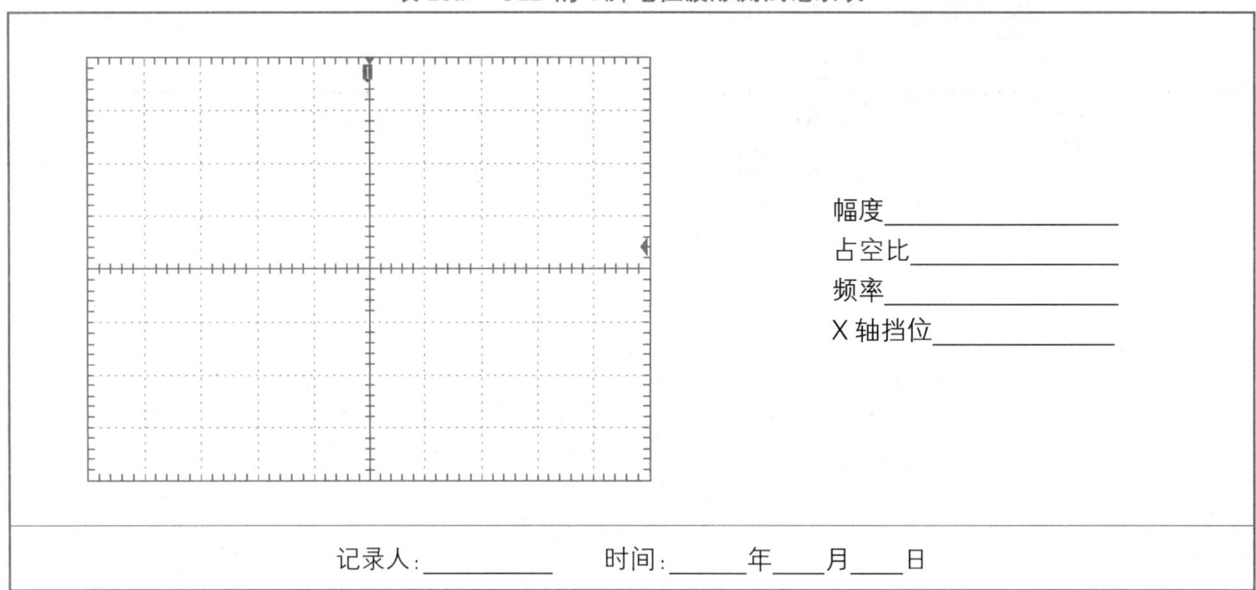

幅度________
占空比________
频率________
X 轴挡位________

记录人:________　　时间:____年____月____日

② 当有障碍物时,使用示波器测量 VT2 的 b 极电位波形,计算相关参数,并记录在表 10.10 中。

表 10.10　VT2 的 b 极电位的波形测试记录表

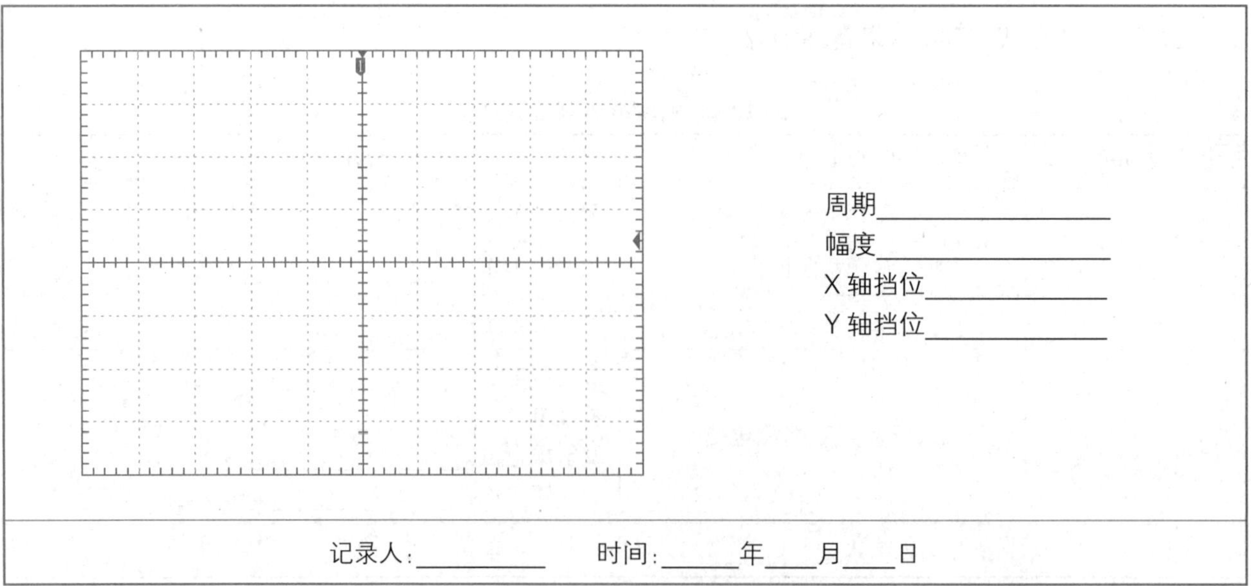

周期________
幅度________
X 轴挡位________
Y 轴挡位________

记录人:________　　时间:____年____月____日

③ 测量有、无报警的情况下，下列各点的电位，并记录在表 10.11 中。

表 10.11　电位测试记录表

	VD_1 的负极	U_1 的 10 脚	VT4 的 b 极	VT4 的 e 极
报警				
不报警				

记录人：__________　时间：______年____月____日

(7) 常见故障分析

根据电路的调试和测试结果，分析出现下列电路故障的原因：

① 若有障碍物，红外接收管接收不到红外信号，可能是什么原因造成的？

____

② 若有障碍物，红外接收管接收到红外信号，蜂鸣器不报警，可能是什么原因造成的？

____

任务总结

1. 任务评价

请在表 10.12 中完成各环节的评分。

表 10.12　红外遮挡报警器装调与测试任务评价表

评分内容		配分	评分说明	得分
职业素养（10 分）	安全意识	5 分	符合用电安全操作规范，出现不符合安全操作的行为，每项扣 1 分，扣完为止	
	现场整理	5 分	出现未整理现场、仪器仪表及工具摆放杂乱、不遵守纪律等现象，每项扣 1 分，扣完为止	
装接准备（5 分）	原理分析	5 分	每错 1 空扣 1 分，扣完为止	
PCB 设计（15 分）	原理图绘制	4 分	正确绘制原理图，符号规范，布局合理。错一处扣 0.5 分，扣完为止	
	网络表生成	2 分	网络表生成得 2 分，否则不给分	
	印制电路板设计	5 分	常用 PCB 规则的设置 3 分，特殊元器件的布局 1 分，整体布局 1 分。错一处扣 0.5 分，扣完为止	
	制造文件和装配文件的输出	4 分	制造文件和装配文件各 2 分，正确输出得分，否则不给分	

续表

评分内容		配分	评分说明	得分
电路装调（35分）	元器件清点核对	5分	开始操作15 min后，发现每少点或错点1个元器件扣1分，扣完为止	
	元器件识读检测	5分	每错1空扣0.5分，扣完为止	
	产品装接	5分	元器件选择错误、极性装错等，每处扣0.5分，扣完为止	
	安装工艺	5分	元器件安装工艺、焊点、引脚成形及引线等不符合工艺标准，每处扣0.5分，扣完为止	
	电路功能	15分	电路功能正常得15分，否则0分	
测量分析（35分）	通电前检查	5分	每错1处扣1分，扣完为止	
	电路电压与电流测试	10分	每错1处扣1分，扣完为止	
	电路波形测试	10分	每错1处扣1分，扣完为止	
	电路故障分析	10分	每题5分，回答正确给分	
总得分				

2. 学习小结

小结本次实训过程，记录问题、收获和反思。

____

____

____

____

____

____

任务拓展

1. 在完成此任务的基础上，请设计红外遮挡报警器的拓展功能：

(1) 若要增加电路的灵敏度调节功能，请你在下框中画出具体的改进电路。

(2)若要调节障碍物离开后,蜂鸣器的报警持续时间,需要改变哪个元器件?

____

____

(3) 若要增加一路灯光报警。请你在下框中画出具体的改进电路。

2. 你设计的红外遮挡报警器中红外发射对管是直射型还是反射型,可以正常工作吗?请将理论和实践联系起来,结合红外遮挡报警器的调试过程,继续优化 PCB 的布局和布线。

任务 2　多功能开关电路装调与测试

任务目标

◇ 会分析多功能开关电路的工作原理。
◇ 能按印制电路板的设计规范,完成多功能开关电路的 PCB 设计与绘制。
◇ 能按工艺要求在印制电路板上规范完成多功能开关电路的装接与调试。
◇ 会用万用表测试多功能开关电路的电压,会用示波器测试电压波形。
◇ 会分析多功能开关电路的常见故障。

任务描述

多功能开关是一个集声控、光控以及温度控制于一体的开关电路,可用于检测气温、光照,智能化地自动控制改善农作物生长环境。多功能开关电路原理图如图 10.16 所示。本任务要求完成以下内容:

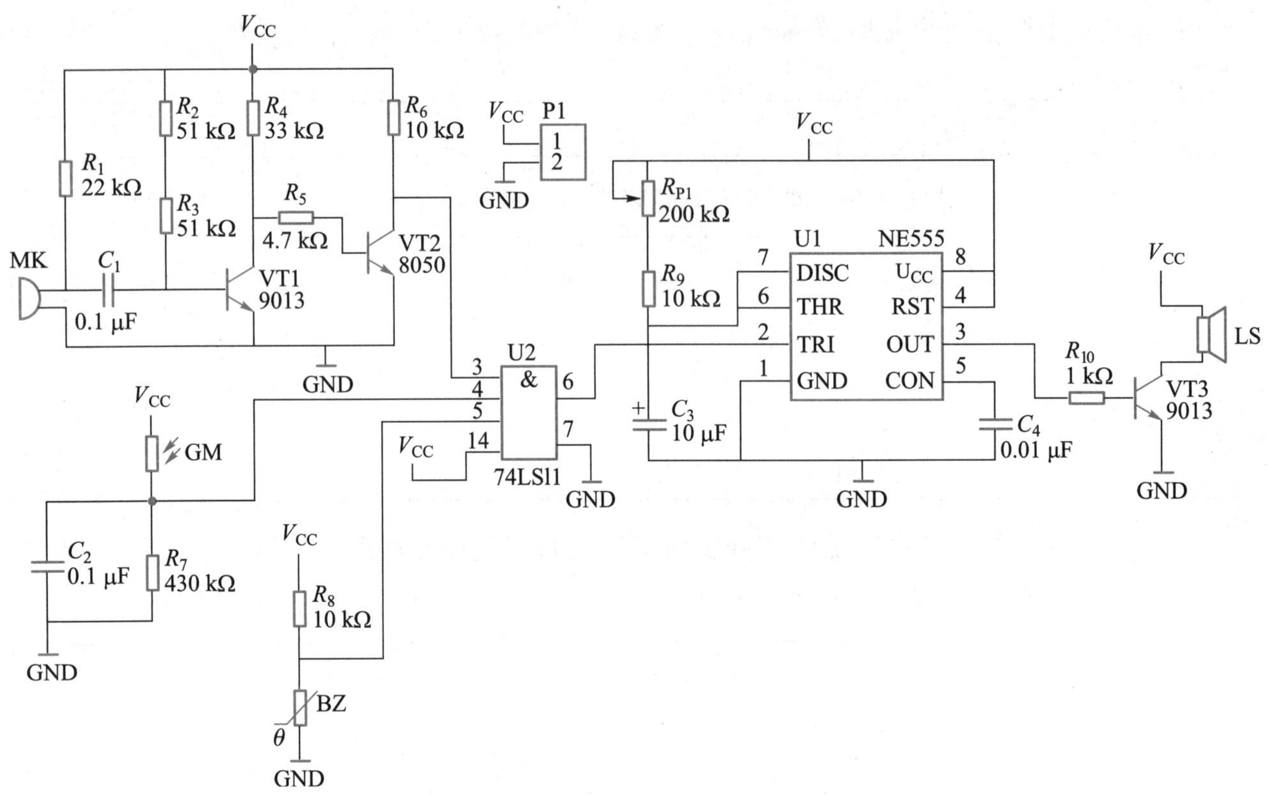

图 10.16　多功能开关电路原理图

① 根据电路功能需求和印制电路板的设计规范,完成多功能开关电路的 PCB 设计与绘制。

② 识别、清点与检测装接电路所需要的元器件。

③ 按工艺规范在印制电路板上完成多功能开关电路的装接与调试。

④ 对装配好的电路进行通电前检查,并完成不通电时电路分析。

⑤ 接通 5 V 直流电,分别对温度、声音、光线 3 路传感量进行模拟测试,测量单稳态的输出波形及光敏电阻两端电压。

⑥ 结合电路的测试结果,进行电路常见故障分析。

任务准备

1. 职业素养养成

(1) 安全防护准备

穿好防静电服和绝缘鞋,戴好防静电手环。

(2) 工具仪表准备

电烙铁、烙铁架、焊锡丝、斜口钳、镊子、高温海绵、螺丝刀、万用表、示波器等。

(3) 软件、电源、设备准备

检查 Altium Designer 软件是否能正常打开;检查电源电压 5 V 直流电输出是否正常;检

查示波器 CH1、CH2 两路通道是否能正常测试波形。

将检查结果记录在表 10.13 中。

表 10.13　职业素养检查结果记录表

序号	检查内容	检查细目
1	安全防护准备	□防静电服　□绝缘鞋　□防静电手环
2	工具仪表准备	□工具　□仪表
3	软件、电源、设备准备	□软件正常　□电源正常　□设备正常
检查人：＿＿＿＿　时间：＿＿年＿＿月＿＿日		

2. 电路工作原理分析

多功能开关电路可以实现声控、光控和温控等多种方式触发报警的功能，图 10.16 所示的多功能开关电路主要由声控电路、光控电路、温控电路、单稳态电路、报警电路等典型单元电路构成。MK、VT3、VT4 及外围元件构成声控电路，GM、R_7、C_2 构成光控电路，BZ、R_9 组成温控电路，U1 及外围元件构成＿＿＿＿＿＿，调节 R_{P1} 可以改变此电路的＿＿＿＿＿＿。

当对着驻极体话筒进行喊话操作，或者用电烙铁对着 BZ 加热，或者对光敏电阻进行遮光操作时，电路会接收到有声音信号，或者温度过高，或者光线太暗，此时电路中的集成电路 U2 会输出＿＿＿＿＿给 U1 的 2 脚，U1 的 3 脚会输出＿＿＿＿＿使 VT5 导通，扬声器发出报警声，延迟一段时间后停止，延时时间由 U1 单稳态电路的＿＿＿＿＿(稳态 / 暂稳态)时间决定。在该多功能开关电路中，VT3、VT4 的作用是＿＿＿＿＿，VT5 的作用是＿＿＿＿＿。

任务实施

1. 多功能开关电路印制电路板设计

(1) 准备

包括准备元器件库和设计任务书。首先准备多功能开关电路原理图元器件库和 PCB 元器件库。元器件库可以使用软件自带的基础库，也可以根据所选设备的标准尺寸数据自行完成元器件库中原理图符号和封装的绘制。电路图中的话筒和光敏电阻绘制需要自建原理图符号和封装，其封装的外形及具体尺寸如图 10.17 和图 10.18 所示。

(2) 电路原理图绘制

按图 10.16 所示多功能开关电路原理图，在 Altium Designer 软件中正确完成电路原理图的绘制。

(3) 网络表生成

在原理图界面通过“设计”→“文件的网络表”→“Protel”设置，生成多功能开关电路原理图文件的网络表，命名为“多功能开关电路 .NET”。

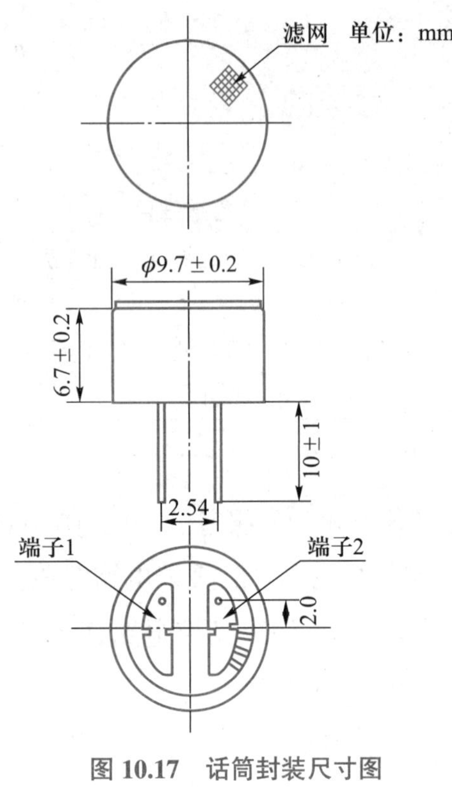

图 10.17 话筒封装尺寸图

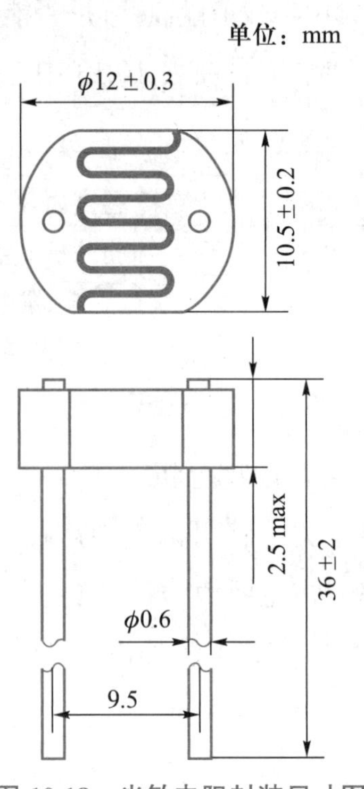

图 10.18 光敏电阻封装尺寸图

(4) 印制电路板设计

根据电路实际应用场合板面尺寸和各种机械定位，在 PCB 设计环境中绘制印制电路板 3D 布局图，并放置所需的连接器、扬声器等元器件。设计时，充分考虑和确定布线区域和非布线区域(如螺纹孔的范围是非布线区域)，合理排布元器件。印制电路板 3D 布局图设计完成后，检查核心集成电路的线路，以确保准确性。多功能开关电路印制电路板的设计要求如下：

① 根据绘制的原理图，生成双面 PCB 图，双面板的尺寸为 75 mm × 35 mm，元器件封装类型按电路板实物样式选。

② 双面布局，电源端口位于电路板左侧，话筒、热敏电阻及光敏电阻尽量放在电路板外侧。

③ 一般布线间隙 0.3 mm。布线线宽 0.3 mm，地线线宽 0.5 mm，电源线线宽 0.6 mm。

④ 设置双面敷铜，网络连接到 GND，间隙 0.4 mm，去除死铜。

多功能开关电路印制电路板 3D 参考布局图如图 10.19 所示，可以根据个人对于电路功能的理解进行设计优化。

(5) 主要制造文件和装配文件输出

① 在 PCB 界面通过“文件”→“制造输出”→“Gerber Files”设置，输出用来生产 PCB 的 gerber 文件。

② 在 PCB 界面通过“文件”→“制造输出”→“NC Drill Files”设置，输出记录 PCB 中各种过孔、通孔信息的钻孔文件。

③ 在 PCB 界面通过“文件”→“智能 PDF”设置，输出装配图和元器件清单。

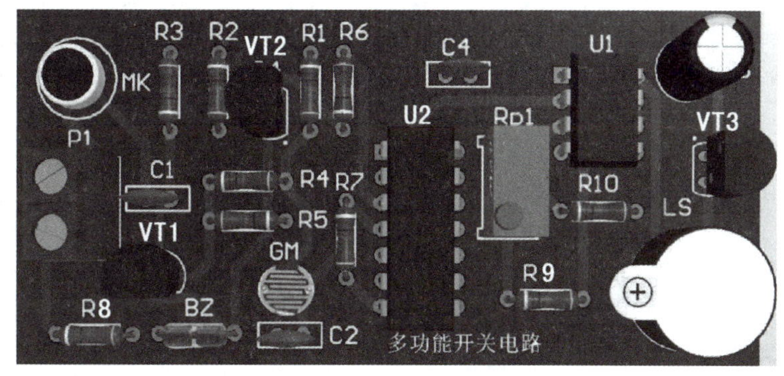

图 10.19　多功能开关电路印制电路板 3D 参考布局图

2. 多功能开关电路装调与测试

(1) 电路板装配图识读

多功能开关电路装配图如图 10.20 所示，对照电路的原理图，结合多功能开关电路印制电路板的设计内容，正确识读电路的装配图，为后面元器件的正确选择、电路的装调和测试做准备。

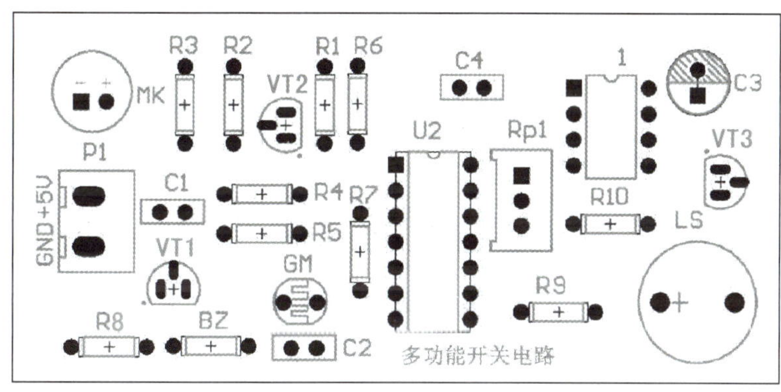

图 10.20　多功能开关电路的装配图

(2) 元器件识读与检测

装接本电路所需要的元器件清单见表 10.14，请按清单清点与核对元器件，将清点核对结果记录在表中。

表 10.14　多功能开关电路元器件清单列表

序号	符号	名称	规格	数量	是否齐全
1	R_1	电阻	RJ-0.25 W-22 kΩ ± 1%	1	□是　□否
2	R_2、R_3	电阻	RJ-0.25 W-51 kΩ ± 1%	2	□是　□否
3	R_4	电阻	RJ-0.25 W-33 kΩ ± 1%	1	□是　□否
4	R_5	电阻	RJ-0.25 W-4.7 kΩ ± 1%	1	□是　□否
5	R_6、R_8、R_9	电阻	RJ-0.25 W-10 kΩ ± 1%	3	□是　□否
6	R_7	电阻	RJ-0.25 W-430 kΩ ± 1%	1	□是　□否

续表

序号	符号	名称	规格	数量	是否齐全
7	R_{10}	电阻	RJ-0.25 W-1 KΩ ± 1%	1	□是 □否
8	R_{P1}	电位器	200 kΩ	1	□是 □否
9	GM	光敏电阻		1	□是 □否
10	C_1、C_2	瓷片电容	0.1 μF	2	□是 □否
11	C_3	电解电容	CD11-25 V-10 μF	1	□是 □否
12	C_4	瓷片电容	0.01 μF	1	□是 □否
13	VT1、VT3	三极管	9013	2	□是 □否
14	VT2	三极管	8050	1	□是 □否
15	U2	集成芯片	74LS11	1	□是 □否
16	U1	集成芯片	NE555	1	□是 □否
17	U2 底座	14 脚底座	DIP-14	1	□是 □否
18	U1 底座	8 脚底座	DIP-8	1	□是 □否
19	LS	蜂鸣器	TMB12A05	1	□是 □否
20	MK	驻极体话筒	9 mm × 7 mm	1	□是 □否
21	P_1	2P 电源接口	2P-5.08	1	□是 □否
22	BZ	热敏电阻	10 kΩ	1	□是 □否
记录人:________ 时间:_____年____月____日					

为确保装接在电路中的每个元器件都正常，装接电路前请识读与检测元器件，并将识读与检测结果填在表 10.15 中。

表 10.15 元器件识别与检测记录表

序号	元器件名称	识读检测内容	识读检测结果
1	光敏电阻 GM	遮光时阻值	________Ω
2		不遮光时阻值	________Ω
3	电位器 R_{P1}	标称阻值	________Ω
4		实际测量值	________Ω
5	三极管 VT2	直流放大系数	
6		引脚顺序（有字面朝向自己）	______、______、______
记录人:________ 时间:_____年____月____日			

(3) 电路装接

根据提供的多功能开关电路原理图，选择所需要的元器件，把它们按表 10.16 工艺要求正确地焊接在印制电路板上。将结果记录在表 10.17 中。

表 10.16　电路安装工艺要求表

<table>
<tr><th>安装顺序</th><th>元器件符号</th><th>参数</th><th>数量</th><th>安装工艺要求</th><th>设备工具</th></tr>
<tr><td rowspan="7">1</td><td>R_1</td><td>22 kΩ</td><td>1</td><td rowspan="7">水平卧式紧贴电路板安装</td><td rowspan="15">镊子、斜口钳、电烙铁等常用装接工具</td></tr>
<tr><td>R_2、R_3</td><td>51 kΩ</td><td>2</td></tr>
<tr><td>R_4</td><td>33 kΩ</td><td>1</td></tr>
<tr><td>R_5</td><td>4.7 kΩ</td><td>1</td></tr>
<tr><td>R_6、R_8、R_9</td><td>10 kΩ</td><td>3</td></tr>
<tr><td>R_7</td><td>430 kΩ</td><td>1</td></tr>
<tr><td>R_{10}</td><td>1 kΩ</td><td>1</td></tr>
<tr><td>2</td><td>C_1、C_2</td><td>0.1 μF</td><td>2</td><td>按图(b)所示安装</td></tr>
<tr><td>3</td><td>MK</td><td></td><td>1</td><td>垂直紧贴电路板安装</td></tr>
<tr><td>4</td><td>VT1、VT2、VT3</td><td>9013</td><td>1</td><td>按图(a)所示，引脚留 3~5 mm 高度，垂直电路板安装</td></tr>
<tr><td>5</td><td>U2、U1</td><td>74LS11、NE555</td><td>2</td><td>按图(e)所示，先安装集成电路的底座，紧贴电路板安装，注意对应集成电路的引脚顺序，待所有元器件装接完成后，再安装集成电路</td></tr>
<tr><td>6</td><td>R_{P1}</td><td>200 kΩ</td><td>1</td><td>按图(c)所示，水平卧式紧贴电路板安装</td></tr>
<tr><td>7</td><td>C_3</td><td>10 μF</td><td>1</td><td>按图(d)所示，垂直紧贴电路板安装，注意引脚极性</td></tr>
<tr><td>8</td><td>LS</td><td></td><td>1</td><td>垂直紧贴电路板安装</td></tr>
<tr><td>9</td><td>P_1</td><td>2.54 mm-2P</td><td>1</td><td>垂直紧贴电路板安装</td></tr>
<tr><td>10</td><td>BZ</td><td></td><td>1</td><td rowspan="2">引脚留 5~8 mm 高度，垂直电路板安装</td><td rowspan="2"></td></tr>
<tr><td>11</td><td>GM</td><td></td><td>1</td></tr>
<tr><td colspan="2">图样</td><td colspan="4">图(a)　图(b)　图(c)　图(d)　图(e)</td></tr>
<tr><td colspan="6">焊接工艺要求</td></tr>
<tr><td colspan="6">元器件按从小到大、从低到高顺序安装；焊点大小适中，无漏、假、虚、连焊，焊点光滑、圆润、干净、无毛刺；引脚加工尺寸及成形符合工艺要求；导线长度、剥线头长度符合工艺要求，芯线完好，捻头镀锡</td></tr>
</table>

表 10.17　电路装接记录表

<table>
<tr><th>序号</th><th>操作内容</th><th>完成情况</th></tr>
<tr><td>1</td><td>元器件按从小到大、从低到高顺序安装</td><td>□完成　□未完成</td></tr>
<tr><td>2</td><td>焊点大小适中、光滑、圆润、无毛刺，无漏、假、虚、连焊现象</td><td>□完成　□未完成</td></tr>
<tr><td>3</td><td>元器件装接成形符合工艺要求</td><td>□完成　□未完成</td></tr>
<tr><td>4</td><td>电路焊接及焊点质量符合工艺要求</td><td>□完成　□未完成</td></tr>
<tr><td colspan="3">记录人：__________　时间：______年____月____日</td></tr>
</table>

(4) 通电前检查

装接完成的多功能开关电路实物图如图 10.21 所示。本电路输入端接 5 V 直流电，开始通电前，按表 10.18 通电前检查步骤，完成电路的通电前检查并记录结果。

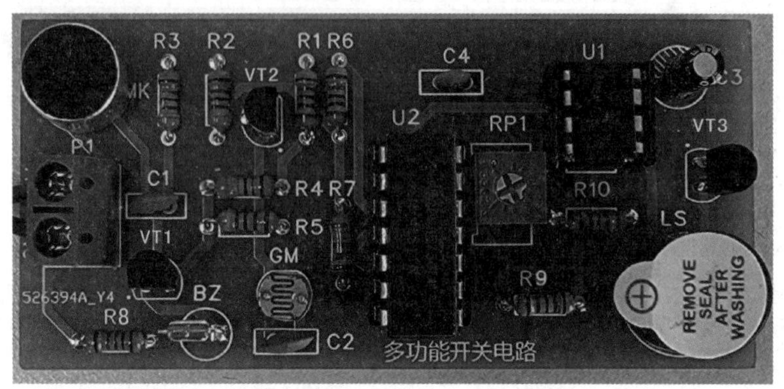

图 10.21 多功能开关电路实物图

表 10.18 电路通电前检查步骤记录表

序号	检查项目	检测结果记录
1	桌面、电路板面清理	□完成 □未完成
2	电源输入电压	输入电压：______V 挡位：______量程：______ 红表笔：______黑表笔：______ 测得的电压：______V
3	电路板输入电阻	输入端电阻：______Ω 挡位：______量程：______ 红表笔：______黑表笔：______ 测得的电阻：______Ω
记录人：______ 时间：____年____月____日		

(5) 电路分析

先不给电路板通电，分析电路工作状态，并将结果记录在表 10.19 中。

表 10.19 电路不通电时分析结果记录表

<table>
<tr><th>序号</th><th>分析项目</th><th colspan="5">分析结果记录</th></tr>
<tr><td rowspan="4">1</td><td rowspan="4">与门输入输出电平</td><td></td><td>U2 ③ 脚</td><td>U2 ④ 脚</td><td>U2 ⑤ 脚</td><td>U2 ⑥ 脚</td></tr>
<tr><td>MK 发出声音</td><td></td><td></td><td></td><td></td></tr>
<tr><td>GM 遮光</td><td></td><td></td><td></td><td></td></tr>
<tr><td>加热 BZ</td><td></td><td></td><td></td><td></td></tr>
<tr><td>2</td><td>U1 构成什么电路</td><td colspan="5"></td></tr>
<tr><td>3</td><td>NE555 延时时间计算</td><td colspan="5">最大暂稳态时间：
最小暂稳态时间：</td></tr>
<tr><td colspan="7">记录人：______ 时间：____年____月____日</td></tr>
</table>

(6) 电路波形测试

通电前检测各项都正常后，在电源输入端接入 5 V 直流电源，通电时注意安全用电规范。

调试电路功能，多功能开关电路由声控、光控和温控多种方式触发报警。当电路检查到声音信号、接收到光强或温度过高时，U2 输出低电平给 U1 的 2 脚，NE555 构成单稳态触发器，在检测到低电平信号输入时，3 脚输出高电平使 VT3 导通，扬声器发出报警声，延迟一段时间后停止，延时时间由 U1 单稳态电路的暂稳态时间决定。

① 调节单稳态延时时间为 0.5 s，用电烙铁对着 BZ 加热直至扬声器发出声音，使用示波器观测 U1 的 3 脚的输出电压波形，计算相关参数，并记录在表 10.20 中。

表 10.20　U1 的 3 脚电压的波形测试记录表

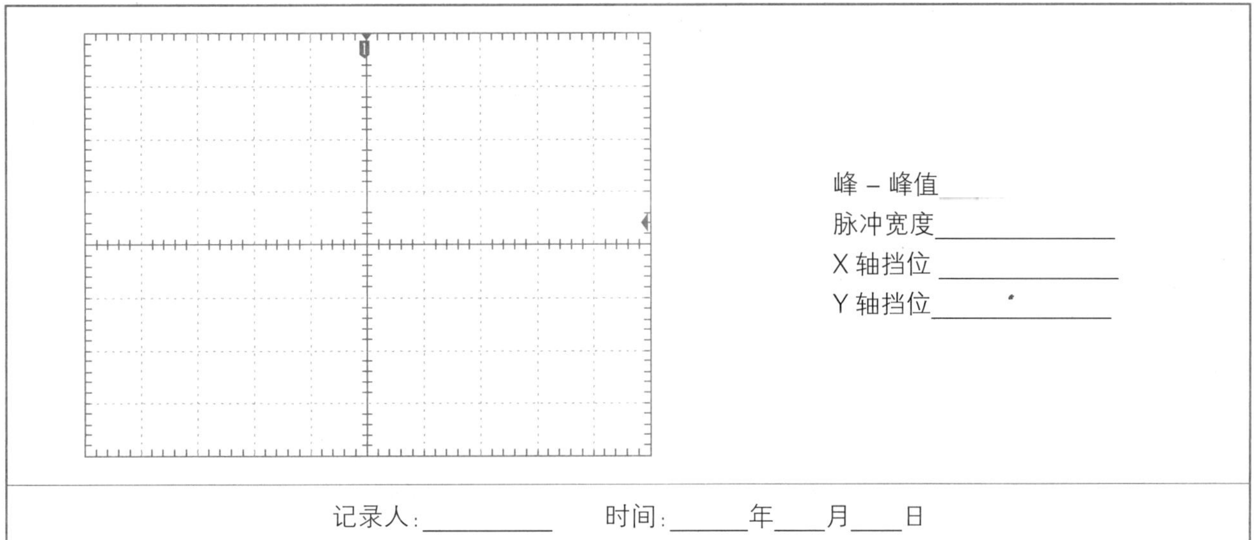

峰－峰值______

脉冲宽度______

X 轴挡位______

Y 轴挡位______

记录人：______　　时间：______年____月____日

② 调节单稳态延时时间为 1 s，对着驻极体话筒进行喊话，直至扬声器发出声音，使用示波器观测此时 U1 的 3 脚的输出电压波形，计算相关参数，并记录在表 10.21 中。

表 10.21　U1 的 3 脚电压的波形测试记录表

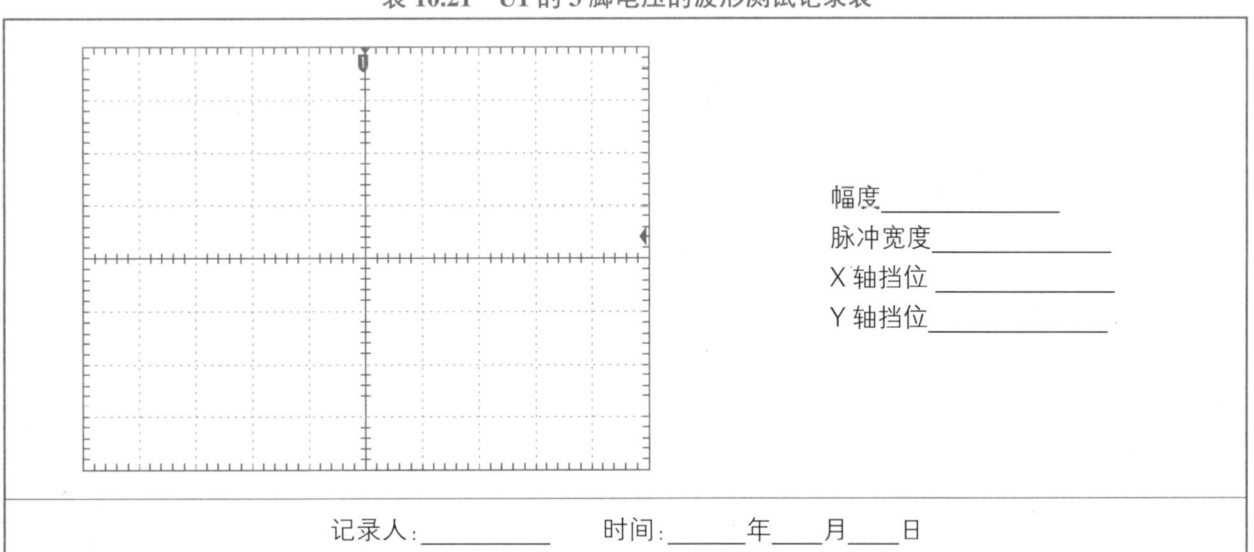

幅度______

脉冲宽度______

X 轴挡位______

Y 轴挡位______

记录人：______　　时间：______年____月____日

③ 使用万用表测量遮光与不遮光时光敏电阻两端电压,并记录在表 10.22 中。

表 10.22 遮光与不遮光时光敏电阻 GM 两端电压测试记录表

状态	电压
遮光	
不遮光	

(7) 常见故障分析

根据电路的调试和测试结果,分析出现下列电路故障的原因:

① 若电路中 U2 的输出可以触发为低电平,但 U1 的输出仍为低电平,可能是什么原因造成的?

____

② 若在 GM 遮光状态下,输出没有报警声,可能是什么原因造成的?

____

任务总结

1. 任务评价

请在表 10.23 中完成各环节的评分。

表 10.23 多功能开关电路装调与测试任务评价表

评分内容		配分	评分说明	得分
职业素养(10 分)	安全意识	5 分	符合用电安全操作规范,出现不符合安全操作的行为,每项扣 1 分,扣完为止	
	现场整理	5 分	出现未整理现场、仪器仪表及工具摆放杂乱、不遵守纪律等现象,每项扣 1 分,扣完为止	
装接准备(5 分)	原理分析	5 分	每错 1 空扣 1 分,扣完为止	
PCB 设计(15 分)	原理图绘制	4 分	正确绘制原理图,符号规范,布局合理。错一处扣 0.5 分,扣完为止	
	网络表生成	2 分	网络表生成得 2 分,否则不给分	
	印制电路板设计	5 分	常用 PCB 规则的设置 3 分,特殊元器件的布局 1 分,整体布局 1 分。错一处扣 0.5 分,扣完为止	
	制造文件和装配文件的输出	4 分	制造文件和装配文件各 2 分,正确输出得分,否则不给分	
电路装调(35 分)	元器件清点核对	5 分	开始操作 15 min 后,发现每少点或错点 1 个元器件扣 1 分,扣完为止	
	元器件识读检测	5 分	每错 1 空扣 0.5 分,扣完为止	
	产品装接	5 分	元器件选择错误,极性装错等,每处扣 0.5 分,扣完为止	

续表

评分内容		配分	评分说明	得分
电路装调（35 分）	安装工艺	5 分	元器件安装工艺、焊点、引脚成形及引线等不符合工艺标准，每处扣 0.5 分，扣完为止	
	电路功能	15 分	电路功能正常得 15 分，否则 0 分	
测量分析（35 分）	通电前检查	5 分	每错 1 处扣 1 分，扣完为止	
	电路电压与电流测试	5 分	每错 1 处扣 1 分，扣完为止	
	电路分析	5 分	每错 1 处扣 1 分，扣完为止	
	电路波形测试	10 分	每错 1 处扣 1 分，扣完为止	
	电路故障分析	10 分	每题 5 分，回答正确给分	
总得分				

2. 学习小结

小结本次实训过程，记录问题、收获和反思。

任务拓展

1. 在完成上述任务的基础上，请设计多功能开关电路的拓展功能：若要给多功能开关电路增加触摸报警功能，请你在下框中画出具体的改进电路。

2. 你设计的多功能开关电路的PCB,有没有考虑到各种传感器的安装高度和合适的位置?请结合调试过程,继续优化PCB的设计。

任务3 电动机正反转控制电路装调与测试

任务目标

◇ 会分析电动机正反转控制电路的工作原理。

◇ 能按印制电路板的设计规范,完成电动机正反转控制电路的PCB设计与绘制。

◇ 能按工艺要求在印制电路板上规范完成电动机正反转控制电路的装接与调试。

◇ 会用万用表测试电动机正反转控制电路的电压与电流。

◇ 会分析电动机正反转控制电路的常见故障。

任务描述

电动机正反转控制电路在日常生活中十分常见且应用广泛,可以用于行车、木工用的电刨床、台钻、刻丝机、甩干机、车床、卷帘门等。该设备要求可以手动控制电动机的起停与正反转。电动机正反转控制电路原理图如图10.22所示。本任务要求完成以下内容:

① 根据电路功能需求和印制电路板的设计规范,完成电动机正反转控制电路PCB的设计与绘制。

② 识别、清点与检测装接电路所需要的元器件。

③ 按工艺规范在印制电路板上完成电动机正反转控制电路的装接与调试。

④ 对装配好的电路进行通电前检查,并完成不通电时电路分析。

⑤ 接通5 V直流电,用万用表分别测量电动机正转和反转时,电动机两端的电压、流过LED1和LED2的电流。

⑥ 结合电路的测试结果,进行电路常见故障分析。

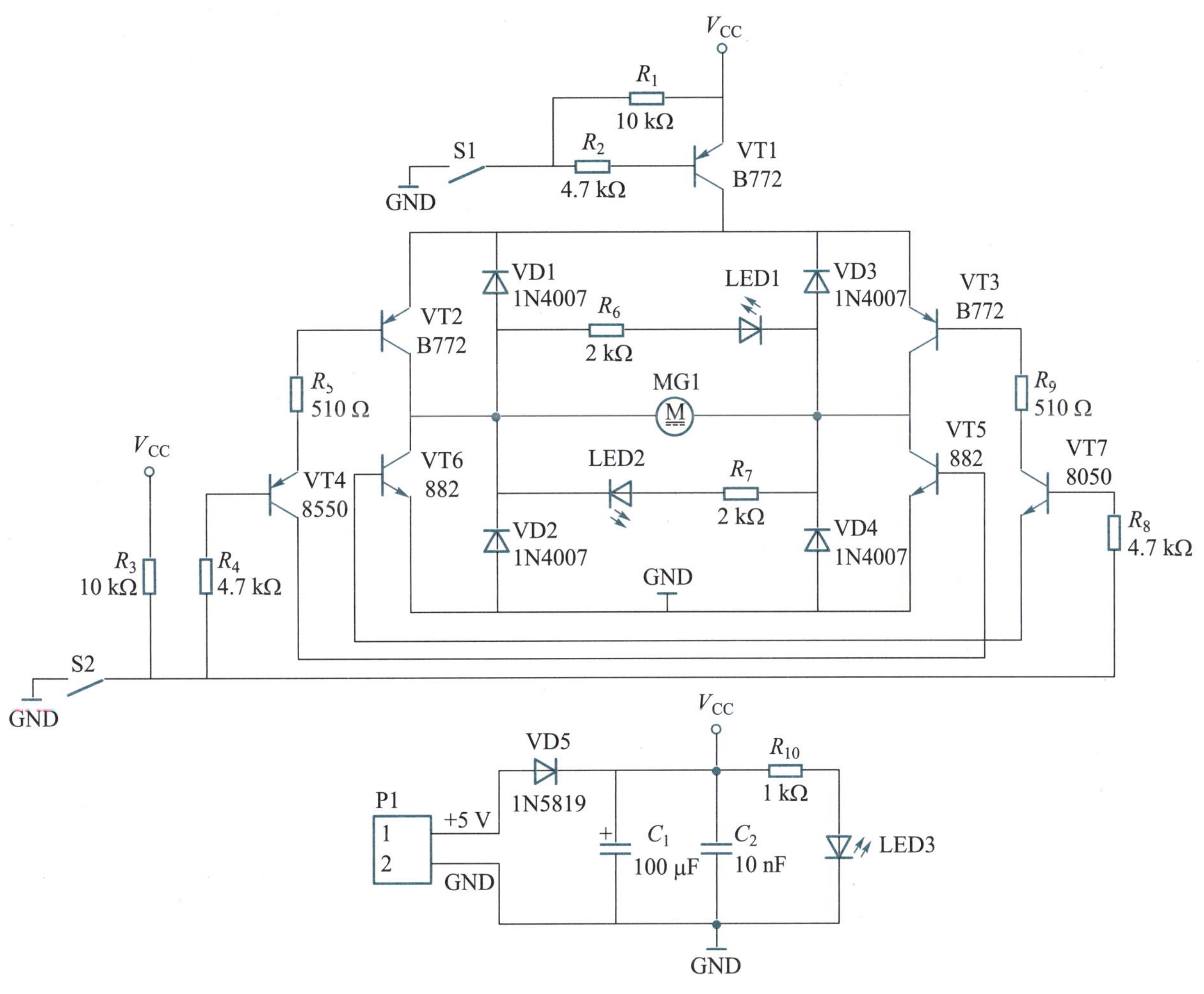

图 10.22　电动机正反转控制电路的原理图

任务准备

1. 职业素养养成

(1) 安全防护准备

穿好防静电服和绝缘鞋，戴好防静电手环。

(2) 工具仪表准备

电烙铁、烙铁架、焊锡丝、斜口钳、镊子、高温海绵、螺丝刀、万用表等。

(3) 软件、电源、设备准备

检查 Altium Designer 软件是否能正常打开；检查直流稳压电源 5 V 直流电输出是否正常；检查示波器 CH1、CH2 两路通道是否能正常测量波形。

将检查结果记录在表 10.24 中。

表 10.24　检查结果记录表

序号	检查内容	检查细目
1	安全防护准备	□防静电服　□绝缘鞋　□防静电手环
2	工具仪表准备	□工具　□仪表
3	软件、电源、设备准备	□软件正常　□电源正常　□设备正常
检查人:________　时间:_____年____月____日		

2. 电路工作原理分析

电动机正反转控制电路的基本组成

图 10.22 所示的电动机正反转控制电路，主要由直流电源电路和 H 桥直流电动机驱动电路两个典型单元电路组成。电路中电源端 P1 处输入 5 V 直流工作电源，VD5 在电路中的作用是________________________，LED3 的作用是________________________。

当 S1 按下、S2 弹起时，高电平信号经过______送至 VT7，VT7 导通（饱和），VT3 _______（饱和），VT6 导通（饱和），电流从电源 V_{CC} 经 VT3、MG1（电流方向为________________）和 VT_6 到地，此时电动机正转，发光二极管___________点亮，VT2、VT4、VT5 均工作在截止状态。

当 S1、S2 均按下时，低电平信号经过 R_4 送至 VT4，VT4 _____，VT2 导通（饱和），VT5_____，电流从电源 V_{CC} 经 VT2、MG1（电流方向为_______）和 VT5 到地，此时电动机反转，_______点亮，VT6、VT7、VT3 均工作在截止状态。

任务实施

1. 电动机正反转控制电路印制电路板设计

(1) 准备

包括准备元器件库和设计任务书。首先准备电动机正反转电路原理图元器件库和 PCB 元器件库。元器件库可以使用软件自带的基础库，也可以根据所选设备的标准尺寸数据自行完成元器件库中原理图符号和封装的绘制。电动机正反转电路中的电动机需要自建元器件库，其实物和封装尺寸如图 10.23 和图 10.24 所示。

图 10.23　电动机实物图

(2) 电路原理图绘制

按图 10.22 所示的电动机正反转控制电路原理图，在 Altium Designer 软件中正确完成电路原理图的绘制。

(3) 网络表生成

在原理图界面通过“设计”→“文件的网络表”→“Protel”设置，生成电动机正反转控制电路原理图文件的网络表，命名为“电动机正反转控制电路 .NET”。

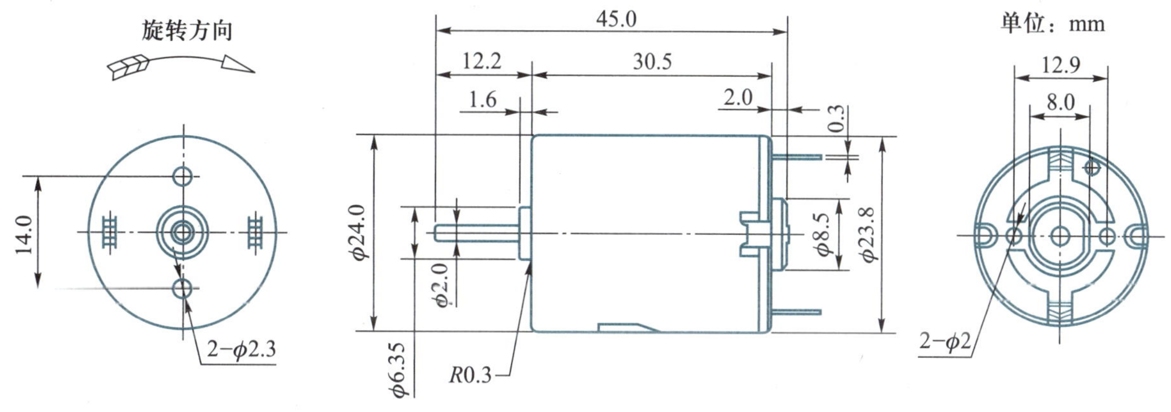

图 10.24　电动机封装尺寸图

(4) 印制电路板设计

根据电路实际应用场合板面尺寸和各种机械定位，在 PCB 设计环境中绘制印制电路板 3D 布局图，并放置所需的直流电动机、发光二极管、三极管、电阻、电容等元器件。设计时，充分考虑和确定布线区域和非布线区域（如螺纹孔的范围是非布线区域），合理排布元器件。印制电路板 3D 布局图设计完成后，检查核心元器件的线路，以确保准确性。电动机正反转控制电路印制电路板的设计要求如下：

① 根据绘制的原理图，生成双面 PCB 图，双面板的尺寸为 80 mm × 45 mm，元器件封装类型按电路板实物样式选。

② 输入端口放在左侧；电动机放在上半中心位置并在电动机封装区域设置禁止布线，注意高低位排序；电动机正反转指示灯放在右上方。

③ 一般布线间隙 0.3 mm。布线线宽 0.3 mm，地线线宽 0.5 mm，电源线线宽 0.6 mm。

④ 设置双面敷铜，网络连接到 GND，间隙 0.6 mm，去除死铜。

电动机正反转控制电路印制电路板 3D 参考布局图如图 10.25 所示，可以根据个人对于电路功能的理解进行设计优化。

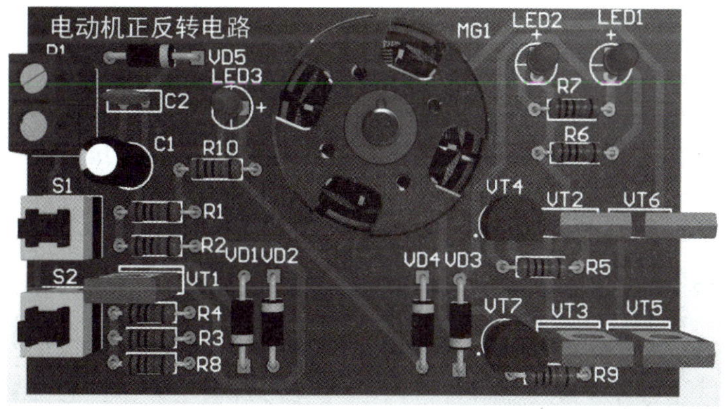

图 10.25　电动机正反转控制电路印制电路板 3D 参考布局图

(5) 主要制造文件和装配文件输出

① 在 PCB 界面通过 “文件” → “制造输出” → “Gerber Files” 设置，输出用来生产 PCB 的 gerber 文件。

② 在 PCB 界面通过 “文件” → “制造输出” → “NC Drill Files” 设置，输出记录 PCB 中各种过孔、通孔信息的钻孔文件。

③ 在 PCB 界面通过 “文件” → “智能 PDF” 设置，输出装配图和元器件清单。

2. 电动机正反转控制电路装调与测试

(1) 电路板装配图识读

电动机正反转控制电路装配图如图 10.26 所示。对照电路的原理图，结合电动机正反转控制电路印制电路板的设计内容，正确识读电路的装配图，为后面元器件的正确选择、电路的装调和测试做准备。

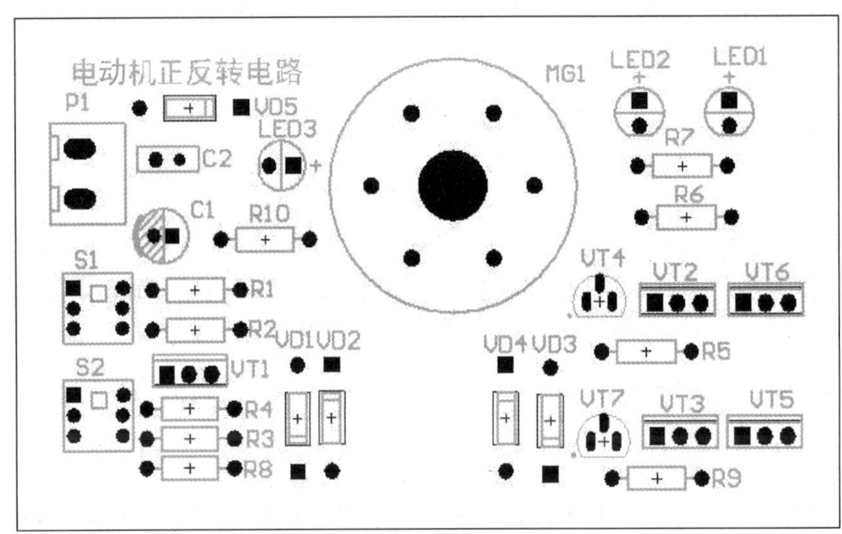

图 10.26 电动机正反转控制电路装配图

(2) 元器件识读与检测

装接本电路所需要的元器件清单见表 10.25，请按清单清点与核对元器件，将清点核对结果记录在表中。

表 10.25 电动机正反转控制电路元器件清单列表

序号	符号	名称	规格	数量	是否齐全
1	C_1	电解电容	CD11-25 V-100 μF	1	□是 □否
2	C_2	瓷片电容	10 nF	1	□是 □否
3	LED1~LED3	发光二极管	LTR-4206	3	□是 □否
4	MG1	电动机	R280	1	□是 □否
5	P1	2P 电源接口	2P-2.54	1	□是 □否
6	R_1、R_3	电阻	RJ-0.25 W-10 kΩ ±1%	2	□是 □否

续表

序号	符号	名称	规格	数量	是否齐全
7	R_2、R_4、R_8	电阻	RJ-0.25 W-4.7 kΩ ±1%	3	□是　□否
8	R_5、R_9	电阻	RJ-0.25 W-510 Ω ±1%	2	□是　□否
9	R_6、R_7	电阻	RJ-0.25 W-2 kΩ ±1%	2	□是　□否
10	R_{10}	电阻	RJ-0.25 W-1 kΩ ±1%	1	□是　□否
11	S1、S2	自锁开关	SP-2211	2	□是　□否
12	VD1~VD4	二极管	1N4007	4	□是　□否
13	VD5	二极管	1N5819	1	□是　□否
14	VT1、VT2、VT3	大功率三极管	B772	3	□是　□否
15	VT4	三极管	8550	1	□是　□否
16	VT5、VT6	三极管	882	2	□是　□否
17	VT7	三极管	8050	1	□是　□否
记录人：__________　时间：______年____月____日					

为确保装接在电路中的每个元器件都正常，装接电路前请识读与检测元器件，并将识读与检测结果填在表 10.26 中。

表 10.26　元器件识别与检测记录表

序号	元器件名称	识读检测内容	识读检测结果
1	色环电阻 R_4	识读阻值	______Ω，误差______%
2		实测阻值	______Ω
3	电解电容 C_1	标称容量	______μF
4		额定工作电压	______V
5	三极管 VT4	管型	______
6		引脚顺序（有字一面正对自己）	______、______、______
7	记录人：__________　时间：______年____月____日		

（3）电路装接

根据电动机正反转控制电路原理图，选择所需要的元器件，把它们按表 10.27 工艺要求正确地焊接在印制电路板上。将结果记录在表 10.28 中。

表 10.27　电路安装工艺要求表

安装顺序	元器件名称	参数	数量	安装工艺要求	设备工具
1	R_1、R_3	10 kΩ	2	按图（a）所示，水平卧式紧贴电路板安装	镊子、斜口钳、电烙铁等常用装接工具
	R_2、R_4、R_8	4.7 kΩ	3		
	R_5、R_9	510 Ω	2		
	R_6、R_7	2 kΩ	2		
	R_{10}	1 kΩ	1		

续表

安装顺序	元器件名称	参数	数量	安装工艺要求	设备工具
2	VD1~ VD4	1N4007	4		
	VD5	1N5819	1		
3	C_2	10 nF	1	按图(b)所示,引脚留 2 mm 左右安装	
4	LED1、LED2、LED3		3	按图(c)所示,管体底部紧贴电路路板安装,注意区分引脚极性	
5	VT1、VT2、VT3	B772	3	按图(d)所示,引脚留 3~5 mm 高度,垂直电路板安装,注意区分引脚极性	
	VT4	8550	1		
	VT5、VT6	882	2		
	VT7	8050	1		
6	S1、S2		2	按图(e)所示,垂直紧贴电路板安装,注意动合、动断位置	
7	P1		1	垂直紧贴电路板安装	
8	MG1	5 V	1	先用螺钉将电动机与电路板固定,再将转盘固定在电动机转轴上	
图样	图(a) 图(b) 图(c) 图(d) 图(e)				
焊接工艺要求					
元器件按从小到大、从低到高顺序安装;焊点大小适中,无漏、假、虚、连焊,焊点光滑、圆润、干净、无毛刺;引脚加工尺寸及成形符合工艺要求;导线长度、剥线头长度符合工艺要求,芯线完好,捻头镀锡					

表 10.28 电路装接记录表

序号	操作内容	完成情况
1	元器件按从小到大、从低到高顺序安装	□完成 □未完成
2	焊点大小适中、光滑、圆润、无毛刺,无漏、假、虚、连焊现象	□完成 □未完成
3	元器件装配成形符合工艺要求	□完成 □未完成
4	电路焊接及焊点质量符合工艺要求	□完成 □未完成
记录人:______ 时间:____年___月___日		

(4) 通电前检查

装接完成的电动机正反转控制电路实物图如图 10.27 所示。本电路输入端接 5 V 直流电。开始通电前,按表 10.29 通电前检查步骤,完成电路的通电前检查并记录结果。

图 10.27　电动机正反转控制电路实物图

开始通电前，按表 10.29 的步骤完成电路的通电前检查并记录结果。

表 10.29　电路通电前检查步骤记录表

序号	检查项目	检测结果记录
1	桌面、电路板面清理	□完成　□未完成
2	电源输入电压	输入电压：________V 挡位：________
3	电路板输入电阻（不短路，方可正常通电）	输入端电阻：________Ω 挡位：________
记录人：________　时间：____年___月___日		

（5）电路分析

按照原理图中电动机所接的方向，分析电动机正反转时候，各个三极管和指示灯的状态，并填入表 10.30 中。

表 10.30　电路断电参数分析结果记录表

序号	分析项目	分析结果记录							
1	三极管工作状态（导通/截止）		VT1	VT2	VT3	VT4	VT5	VT6	VT7
		电动机正转							
		电动机反转							
2	发光二极管的状态（亮/灭）		LED1	LED2					
		电动机正转							
		电动机反转							
3	开关的作用	S1 的作用：____________ S2 的作用：____________							
记录人：________　时间：____年___月___日									

(6) 电压与电流测试

在电源端输入 5 V 直流电源，按下 S1、S2，电动机反转；S1 按下，S2 弹起，电动机正转。使用万用表测量电动机两端电压和流过发光二极管的电流，填写相关参数，测量电动机正反转控制电路的电压、电流，并记录在表 10.31 中。

表 10.31　电压与电流测试记录表

测量项目	电动机正转	电动机反转
电动机两端电压		
流过 LED1 的电流		
流过 LED2 的电流		

(7) 常见故障分析

根据电路的调试和测试结果，分析出现下列电路故障的原因：

① 若按下 S1，电动机始终不转，可能是什么原因造成的？

____

② 若按下 S1，电动机转动，随后按下 S2，电动机并未反转，可能是哪些元器件出现故障，为什么？

____

③ 若某同学将电动机的正负极接反，将会出现什么现象？

____

任务总结

1. 任务评价

请在表 10.32 中完成各环节的评分。

表 10.32　电动机正反转控制电路装调与测试任务评价表

评分内容		配分	评分说明	得分
职业素养（10 分）	安全意识	5 分	符合用电安全操作规范，出现不符合安全操作的行为，每项扣 1 分，扣完为止	
	现场整理	5 分	出现未整理现场、仪器仪表及工具摆放杂乱、不遵守纪律等现象，每项扣 1 分，扣完为止	
装接准备（5 分）	原理分析	5 分	每错 1 空扣 1 分，扣完为止	
PCB 设计（15 分）	原理图绘制	4 分	正确绘制原理图，符号规范，布局合理。错一处扣 0.5 分，扣完为止	
	网络表生成	2 分	网络表生成得 2 分，否则不给分	

续表

评分内容		配分	评分说明	得分
PCB 设计（15 分）	印制电路板设计	5 分	常用 PCB 规则的设置 3 分，特殊元器件的布局 1 分，整体布局 1 分。错一处扣 0.5 分，扣完为止	
	制造文件和装配文件的输出	4 分	制造文件和装配文件各 2 分，正确输出得分，否则不给分	
电路装调（35 分）	元器件清点核对	5 分	开始操作 15 min 后，发现每少点或错点 1 个元器件扣 1 分，扣完为止	
	元器件识读检测	5 分	每错 1 空扣 0.5 分，扣完为止	
	产品装接	5 分	元器件选择错误、极性装错等，每处扣 0.5 分，扣完为止	
	安装工艺	5 分	元器件安装工艺、焊点、引脚成形及引线等不符合工艺标准，每处扣 0.5 分，扣完为止	
	电路功能	15 分	电路功能正常得 15 分，否则 0 分	
测量分析（35 分）	通电前检查	5 分	每错 1 处扣 1 分，扣完为止	
	电路分析	10 分	每错 1 处扣 1 分，扣完为止	
	电压与电流测试	10 分	每错 1 处扣 1 分，扣完为止	
	电路故障分析	10 分	第 1、2 题 3 分，第 3 题 4 分，回答正确给分	
总得分				

2. 学习小结

小结本次实训过程，记录问题、收获和反思。

任务拓展

1. 在完成此任务的基础上，请设计电动机正反转控制电路的拓展功能：

若要给电动机正反转电路增加电流取样电阻，可以实时采集流过电动机的电流，防止电动机过电流烧坏，电路将如何设计，可以用在哪些场合？请你在下框中画出具体的改进电路。

2. 你设计的电动机正反转控制电路的 PCB，电动机是安装在电路板底层还是顶层？为什么测速的电动机一般要安装在底层呢？请结合调试过程，分析原因，并利用 Altium Designer 软件为电动机设计一个四孔的转盘，要求丝印能够充分表现转盘的形状和特点，应如何设计？

项目 11　数字逻辑电路装调与测试

项目目标

◇ 认识八路抢答器和秒计数显示器电路，会分析数字逻辑电路的工作原理。

◇ 能按印制电路板的设计规范，完成八路抢答器和秒计数显示器电路的 PCB 设计与绘制。

◇ 能在印制电路板上完成八路抢答器和秒计数显示器电路的装接与调试。

◇ 会测试八路抢答器和秒计数显示器电路的电压与电流。

◇ 会排除八路抢答器和秒计数显示器电路的常见故障。

◇ 养成规范操作、安全文明生产的职业素养，传承精益求精的工匠精神。

项目描述

当今社会科技发达，数字逻辑电路在生活中得到了广泛的应用，如简单防盗报警器、电热水器、自动控制路灯等。数字逻辑电路的发展，给人们的生活带来了很多便利。八路抢答器和秒计数显示器是数字逻辑电路的典型应用。图 11.1 和图 11.2 所示分别是基于 51 单片机设计的八路抢答器和 LED 电子智能时钟。

图 11.1　基于 51 单片机设计的八路抢答器

图 11.2　LED 电子智能时钟

本项目以八路抢答器和秒计数显示器为例，按要求完成八路抢答器和秒计数显示器的 PCB 绘制、电路装接，进行电路功能的调试，并使用万用表和示波器完成电压与电流的测试。

项目结构

数字逻辑电路装调与测试思维导图如图 11.3 所示。

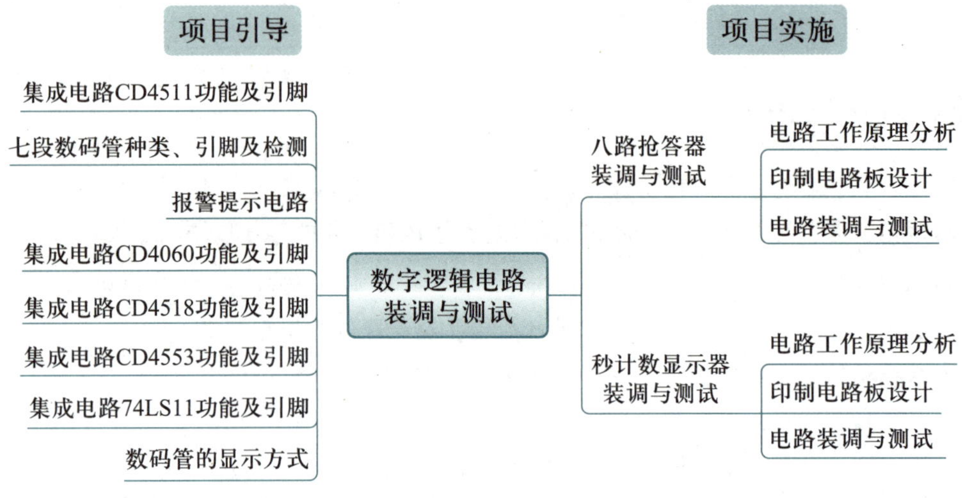

图 11.3 数字逻辑电路装调与测试思维导图

项目引导

问题 1 集成电路 CD4511 的功能是什么？其引脚如何排列？

CD4511 是用于驱动共阴极 LED 数码管显示器的 BCD 码七段码译码器，是具有 BCD 转换、消隐和锁存控制、七段译码及驱动功能的 CMOS 电路，能提供较大的拉电流，可直接驱动共阴极 LED 数码管。

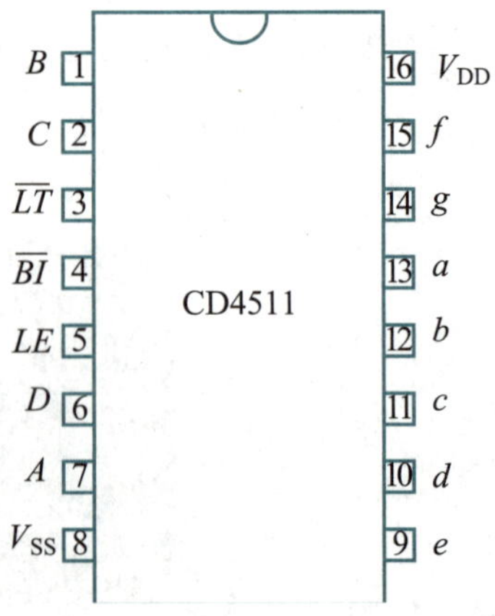

图 11.4 CD4511 引脚示意图

CD4511 引脚示意图如图 11.4 所示，________为 BCD 码数据输入端，A 为最低位。$\overline{LT}$ 为灯测试端，加高电平时，显示器正常显示，加低电平时，显示器一直显示数码“8”，各笔段都被点亮，以检查显示器是否有故障。________为消隐功能端，低电平时使所有笔段均消隐，正常显示时，$\overline{BI}$ 端应加高电平。另外 CD4511 有拒绝伪码的特点，当输入数据超过十进制数 9(1001)时，显示字形也自行消隐。LE 是锁存控制端，高电平时锁存，低电平时传输数据。________是七段数据输出端，可驱动共阴极 LED 数码管。

集成电路 CD4511 功能表见表 11.1。

表 11.1　集成电路 CD4511 功能表

输入							输出							
LE	$\overline{BI}$	$\overline{LT}$	*D*	*C*	*B*	*A*	*a*	*b*	*c*	*d*	*e*	*f*	*g*	显示
×	×	0	×	×	×	×	1	1	1	1	1	1	1	8
×	0	1	×	×	×	×	0	0	0	0	0	0	0	消隐
0	1	1	0	0	0	0	1	1	1	1	1	1	0	0
0	1	1	0	0	0	1	0	1	1	0	0	0	0	1
0	1	1	0	0	1	0	1	1	0	1	1	0	1	2
0	1	1	0	0	1	1	1	1	1	1	0	0	1	3
0	1	1	0	1	0	0	0	1	1	0	0	1	1	4
0	1	1	0	1	0	1	1	0	1	1	0	1	1	5
0	1	1	0	1	1	0	0	0	1	1	1	1	1	6
0	1	1	0	1	1	1	1	1	1	0	0	0	0	7
0	1	1	1	0	0	0	1	1	1	1	1	1	1	8
0	1	1	1	0	0	1	1	1	1	0	0	1	1	9
0	1	1	1	0	1	0	0	0	0	0	0	0	0	消隐
0	1	1	1	0	1	1	0	0	0	0	0	0	0	消隐
0	1	1	1	1	0	0	0	0	0	0	0	0	0	消隐
0	1	1	1	1	0	1	0	0	0	0	0	0	0	消隐
0	1	1	1	1	1	0	0	0	0	0	0	0	0	消隐
0	1	1	1	1	1	1	0	0	0	0	0	0	0	消隐
1	1	1	×	×	×	×	锁存							锁存

问题 2　七段数码管有哪几种？其引脚如何排列？如何检测其好坏？

数码管是一种半导体发光器件。七段数码管分为共阳极和共阴极两种，其结构如图 11.5(a)、(b)所示。共阳极的七段数码管的正极（或阳极）为 8 个发光二极管的共有正极，其他接点为独立发光二极管的负极（或阴极），使用者只需把正极接电源，不同的负极接地就能控制七段数码管显示不同的数字。共阴极的七段数码管与共阳极的只是电压需求相反而已。八路抢答器电路采用的是七段共阴极数码管。数码管的引脚示意图及内部结构示意图如图 11.5(c)所示。

以七段共阴极数码管 3161AS 为例，可以用万用表检测其好坏。用数字式万用表的________挡，黑表笔接数码管的 1 脚或者 6 脚，红表笔接 9 脚，此时读取数码管显示笔段为________。若要读取数码管显示值为笔段 g，用数字式万用表的________挡，黑表笔接数码管的 1 脚或者 6 脚，红表笔应接数码管的________脚。

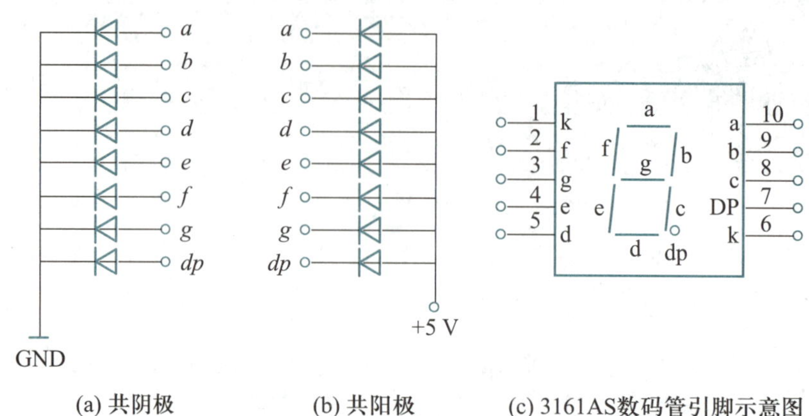

(a) 共阴极　　(b) 共阳极　　(c) 3161AS数码管引脚示意图

图 11.5　数码管内部结构引脚示意图

问题 3　报警提示电路有什么作用？常用的报警方式有哪些？

报警提示电路主要起声光提示的作用，当有人抢答时触发扬声器发出声音，提示按键有效，但是抢答是否有效，由抢答者的速度决定，最快按下按键者抢答成功。常用的报警方式有：声音报警（蜂鸣器、蜂鸣片、扬声器等）、发光报警（发光二极管）、声光组合报警（声光报警器、发光蜂鸣器等）3 种典型报警方式。常用的声光报警元器件如图 11.6 所示。

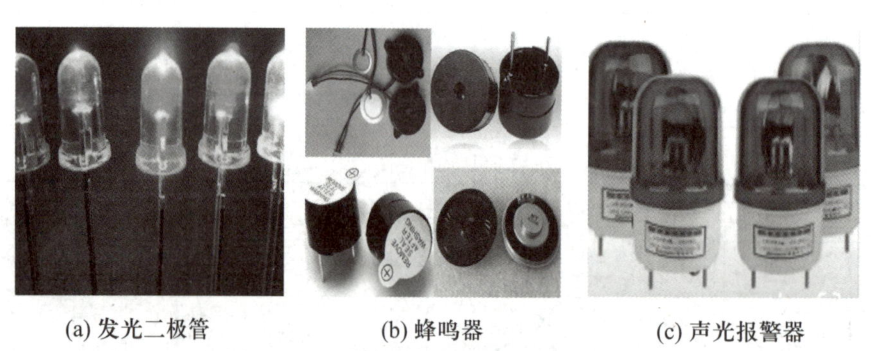

(a) 发光二极管　　(b) 蜂鸣器　　(c) 声光报警器

图 11.6　常用的声光报警元器件

以八路抢答器为例，电路中的扬声器为________报警方式，当________时，扬声器发出报警声音，报警的时间长短由________控制。

问题 4　集成电路 CD4060 的功能是什么？其引脚如何排列？

集成电路 CD4060 由一个振荡器和 14 级二进制串行计数器组成，振荡器的结构可以是 *RC* 或晶振电路，*R* 为高电平时，计数器清零且振荡器使用无效。所有的计数器位均为主从触发器。在 CP_1（和 CP_0）的下降沿，计数器以二进制代码进行计数。在时钟脉冲线上使用施密特触发器对时钟上升和下降时间进行限制。CD4060 在数字集成电路中可实现的分频次数最高，而且 CD4060 还包含振荡电路所需的非门，使用更为方便。CD4060 计数为 14 级二进制计数器，可以将 32 768 Hz 的信号分频为 2 Hz，CD4060 的时钟输入端为两个串接的非门，因此可以直接实现振荡和分频的功能。

CD4060 引脚示意图如图 11.7 所示，CP_0 为时钟输出端，________为反相时钟输出端，________为时钟信号输入端；Q_4~Q_{10}、Q_{12}~Q_{14} 为计数器输出端；________为清零端，高电平清零。

集成电路 CD4060 功能表见表 11.2。

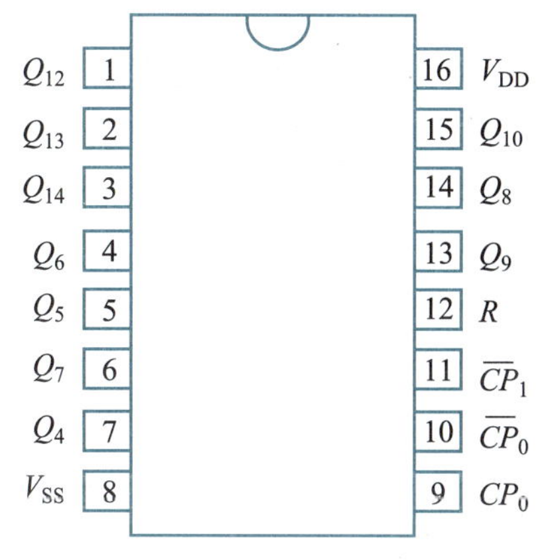

图 11.7　CD4060 引脚示意图

表 11.2　集成电路 CD4060 功能表

输入		功能
CP	*R*	
×	H	清除
↓	L	计数
↑	L	保持

问题 5　集成电路 CD4518 的功能是什么？其引脚如何排列？

集成电路 CD4518 为双 BCD 加法计数器，由两个相同的同步 4 级计数器组成。计数器级为 *D* 触发器。具有内部可交换 *CP* 和 *EN* 线，用于在时钟上升沿或下降沿加计数。计数器在脉动模式下可级联，通过将 Q_3 连接至下一计数器的 *EN* 输入端可实现级联。同时后者的 *CP* 输入保持低电平。

CD4518 引脚示意图如图 11.8 所示，$CLOCK_A$、$CLOCK_B$ 为时钟输入端，$RESET_A$、$RESET_B$ 为清除端，$ENABLE_A$、$ENABLE_B$ 为计数允许控制端，________为计数器 1 输出端，________为计数器 2 输出端，V_{DD} 为正电源，*V*ss 为接地端。

集成电路 CD4518 功能表见表 11.3。

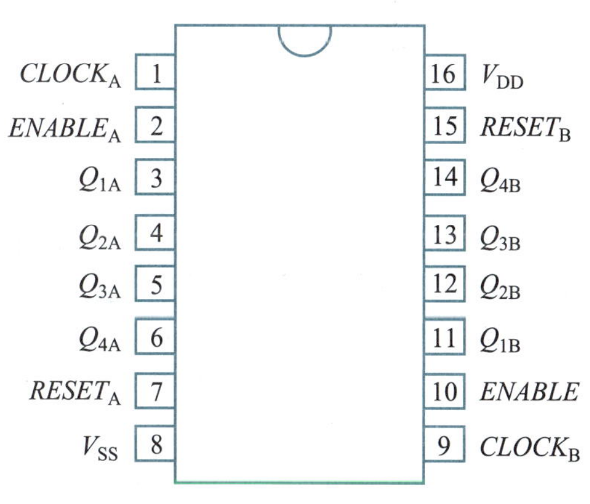

图 11.8　CD4518 引脚示意图

表 11.3　集成电路 CD4518 功能表

输入			输出
RESET	*CLOCK*	*ENABLE*	功能
L	↑	H	加计数
L	L	↓	加计数

续表

输入			输出
RESET	CLOCK	ENABLE	功能
L	↓	×	保持
L	×	↑	
L	↑	L	
L	H	↓	
H	×	×	清零

问题 6 集成电路 CD4553 的功能是什么？其引脚如何排列？

集成电路 CD4553 是 3 位十进制计数器，但只有 1 个输出端，要完成 3 位输出，需要采用扫描输出方式，通过选通脉冲信号依次控制 3 位十进制代码输出，从而实现扫描显示方式。

CD4553 引脚示意图如图 11.9 所示。*CLOCK* 为计数脉冲输入端，下降沿有效。CI_A、CI_B 为内部振荡器的外界电容端子。DS_1、DS_2、DS_3 为位选通扫描信号的输出，这 3 端能循环地输出低电平，供显示器作为位选通控制。________是 BCD 码输出端，它能分时轮流输出 3 组锁存器的 BCD 码。________为计数器清零（只清计数器部分），高电平有效。*LE* 为锁定允许端，当该端为低电平时，3 组计数器的内容分别进入 3 组锁存器，当该端为高电平时，锁存器锁定，计数器的值不能进入。*DIS* 端接地时，计数脉冲才能进行计数。

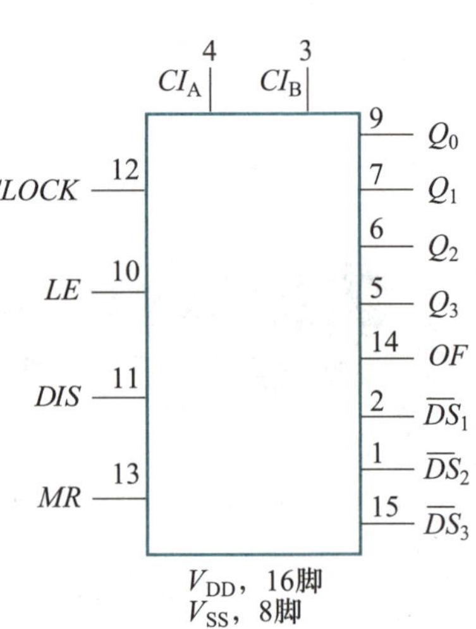

图 11.9 CD4553 引脚示意图

集成电路 CD4553 功能表见表 11.4。

表 11.4 集成电路 CD4553 功能表

输入				输出
MR	CLOCK	DIS	LE	
0	↑	0	0	保持
0	↓	0	0	计数
0	×	1	×	保持
0	1	↑	0	计数
0	1	↓	0	保持
0	0	×	×	保持
0	×	×	↑	锁存
0	×	×	1	锁存
1	×	×	0	$Q_0=Q_1=Q_2=Q_3=0$

问题 7 集成电路 74LS11 的功能是什么？其引脚如何排列？

集成电路 74LS11 为三输入**与**门，由其逻辑功能表可得，其逻辑功能为“有 0 得 0，全 1 得 1”，即只要 3 个输入端口中有 1 个为 0，则输出 Z 就为 0，当输入全为 1 时，才有输出 Z 为 1。

74LS11 内部原理图及引脚图如图 11.10 所示，其功能表见表 11.5。

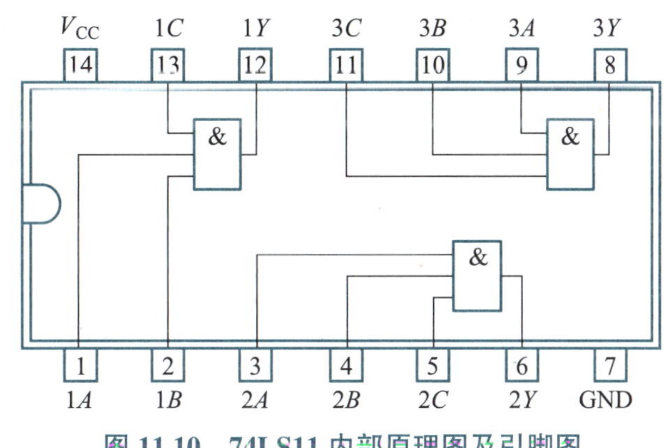

图 11.10 74LS11 内部原理图及引脚图

表 11.5 集成电路 74LS11 真值表

输入			输出
A	B	C	Y
X	X	L	L
X	L	X	L
L	X	X	L
H	H	H	H

问题 8 数码管的几种显示方式？

数码管有静态显示和动态显示两种显示方式。

(1) 静态显示

静态显示的特点是每个数码管的段选必须接一个 8 位数据线来保持显示的字形码。当送入一次字形码后，显示字形可一直保持，直到送入新字形码为止。这种方法的优点是占用 CPU 时间少，显示便于监测和控制。缺点是硬件电路比较复杂，成本较高。

(2) 动态显示

动态显示的特点是将所有位数码管的段选线并联在一起，由位选线控制是哪一位数码管有效。选择数码管采用动态扫描显示。动态扫描显示即轮流向各位数码管送出字形码和相应的位选信号，利用发光管的余辉和人眼视觉暂留作用，使人感觉好像各位数码管同时在显示。动态显示的亮度比静态显示要差一些，所以在选择限流电阻时应略小于静态显示电路。

以秒计数显示器为例,电路中的 3 个单位共阴极数码管属于________显示方式,十位数码管的控制信号来自 CD4553 的________脚。

项目实施

任务 1　八路抢答器装调与测试

任务目标

◇ 会分析八路抢答器电路的工作原理。

◇ 能按印制电路板的设计规范,完成八路抢答器的 PCB 设计与绘制。

◇ 能按工艺要求在印制电路板上规范完成八路抢答器电路的装接与调试。

◇ 会用万用表测试八路抢答器电路的电压,会用示波器测试电压波形。

◇ 会分析八路抢答器电路的常见故障。

任务描述

抢答器是一种应用非常广泛的设备,在各种竞赛、抢答场合中,它能迅速、客观地分辨出最先获得发言权的选手。八路抢答器可以在任一抢答按键按下后,显示优先抢答者的号码,同时蜂鸣器发声,表示抢答成功。八路抢答器电路原理图如图 11.11 所示。本任务要求完成以下内容:

① 根据电路功能需求和印制电路板的设计规范,完成八路抢答器 PCB 的设计与绘制。

② 识别、清点与检测装接电路所需要的元器件。

③ 按工艺规范在印制电路板上完成八路抢答器的装接与调试。

④ 对装配好的电路进行通电前检查,检查无误后通 6 V 直流电,并做好记录。

⑤ 用万用表测电源电压、电路板输入电阻;当 8 路抢答按键均不按下时,用万用表测量 U1 的工作电压、R_{10} 两端电压和三极管 VT1 集电极 – 发射极电压 U_{CEQ} 等,并做好记录。

⑥ 用示波器观测当有选手按下某一抢答按键时 R_{12} 两端的电压波形,并做好记录。

⑦ 结合电路的测试结果,进行电路常见故障分析。

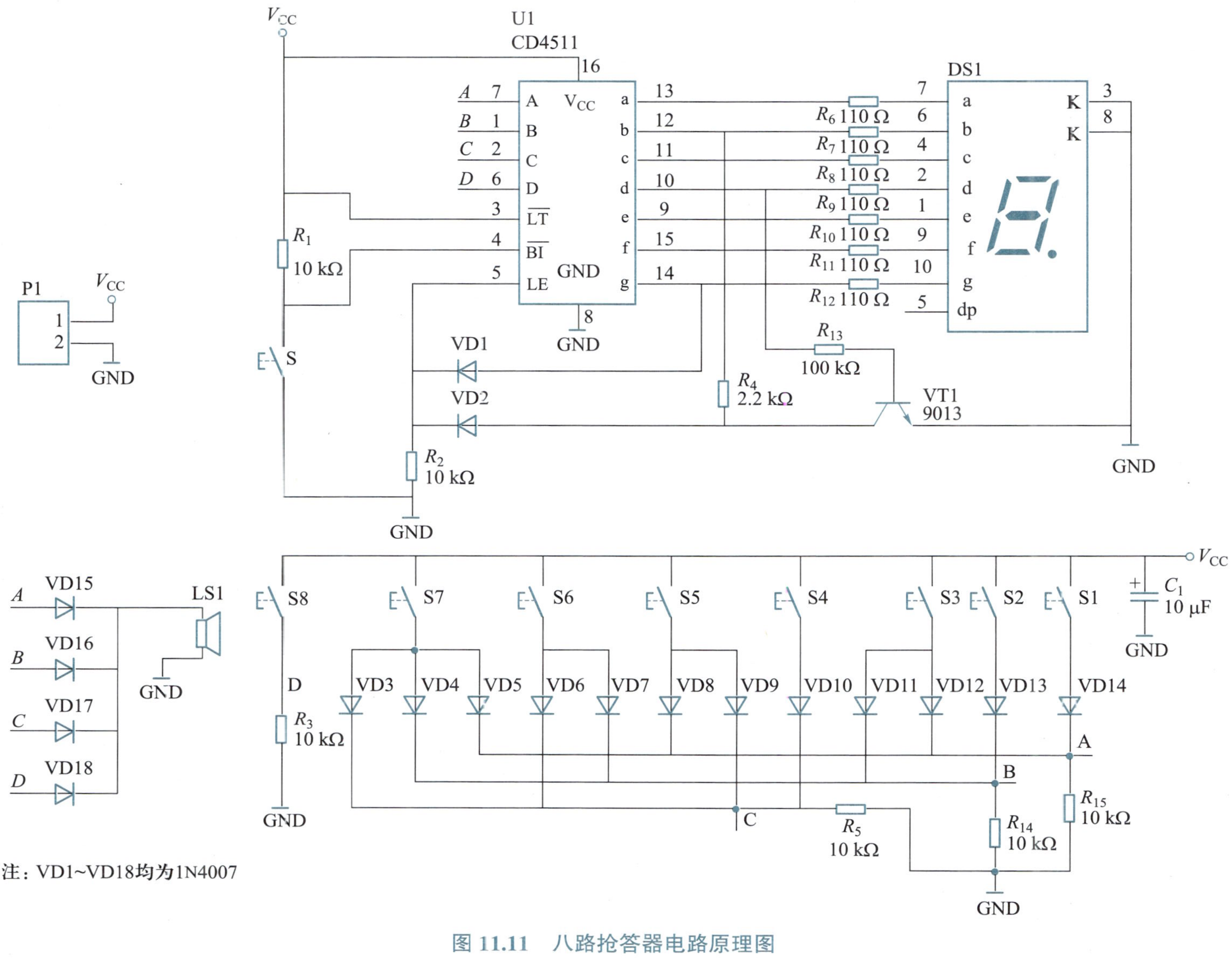

图 11.11　八路抢答器电路原理图

任务准备

1. 职业素养养成

(1) 安全防护准备

穿好防静电服和绝缘鞋,戴好防静电手环。

(2) 工具仪表准备

电烙铁、烙铁架、焊锡丝、斜口钳、镊子、高温海绵、螺丝刀、万用表、示波器等。

(3) 软件、电源、设备准备

检查 Altium Designer 软件是否能正常打开;检查电源电压 6 V 直流电输出是否正常;检查示波器 CH1、CH2 两路通道是否能正常测试波形。

将检查结果记录在表 11.6 中。

表 11.6 检查结果记录表

序号	检查内容	检查细目
1	安全防护准备	□防静电服 □绝缘鞋 □防静电手环
2	工具仪表准备	□工具 □仪表
3	软件、电源、设备准备	□软件正常 □电源正常 □设备正常
检查人:________ 时间:_____年____月____日		

2. 电路工作原理分析

图 11.11 所示的八路抢答器电路主要由编码、锁存、译码显示电路构成。

电路中 S1~S8 组成 1~8 路抢答按键,与 VD3~VD14 组成数字编码器,任一抢答按键按下,蜂鸣器鸣叫一声,并且通过编码器编码成 8421BCD 码,送到 CD4511 译码电路的输入端。CD4511 内部电路与 VT1、R_4、R_2、R_{13}、VD1、VD2 组成的控制电路可完成锁存功能,当抢答按键都未按下时,CD4511 的 BCD 码输入端都有下拉电阻,BCD 码的输入端为 0000,CD4511 的输出端 a、b、c、d、e、f 均为高电平,g 为低电平。通过 CD4511 对 0~9 这 10 个数字的分析,只有当数字为 0 时,才出现 d 为高电平且 g 为低电平,这时 VT1 导通,VD1、VD2 的正极均为低电平,使 CD4511 的第 5 脚,即 LE 端为低电平 0,这种状态下,CD4511 不锁存。在抢答准备阶段,可以按下复位键 S,使数码管显示为 0,抢答开始时,当 S1~S8 任一按键按下时,CD4511 的输出端 d 为低电平或输出端 g 为高电平,这两种状态必有一个存在或都存在,使 CD4511 的 LE 端置 1,并使 CD4511 的 a、b、c、d、e、f、g 这 7 个输出锁存保持在 LE 为 0 时输入 BCD 码之前的显示状态。

八路抢答器电路中,由 VD1、VD2 和 R_2 构成的电路是________(**与门、或门、与非门、或非门**),其逻辑功能概括为:________,在电路中实现的功能是________。

按任何抢答按键使 U1 处于锁存状态，U1 的 5 脚电平为________（高电平、低电平），此时 U1 的 14 脚电平为________（高电平、低电平），10 脚电平为________（高电平、低电平），三极管 VT1 工作在________状态。

任务实施

1. 八路抢答器印制电路板设计

（1）准备

包括准备元器件库和设计任务书。首先准备八路抢答器原理图元器件库和 PCB 元器件库。元器件库可以使用软件自带的基础库，也可以根据所选设备的标准尺寸数据自行完成元器件库。电路图中的 P1 端口的绘制需要自建原理图符号和封装，其实物和封装尺寸如图 11.12 和图 11.13 所示。

图 11.12 128L-5.0/5.08-2P 端口实物图

（2）电路原理图绘制

按图 11.11 所示的八路抢答器电路原理图，在 Altium Designer 软件中正确完成电路原理图的绘制。

（3）网络表生成

在原理图界面通过“设计”→“文件的网络表”→“Protel”设置，生成八路抢答器电路原理图文件的网络表，命名为“八路抢答器 .NET”。

（4）印制电路板设计

根据电路实际应用场合板面尺寸和各种机械定位，在 PCB 设计环境中绘制印制电路板 3D 布局图，并放置所需的连接器、按钮 / 开关、数码管等元器件。设计时，充分考虑和确定布线区域和非布线区域（如螺纹孔的范围是非布线区域），合理排布元器件。印制电路板 3D 布局图设计完成后，检查核心集成电路的线路，以确保准确性。八路抢答器印制电路板的设计要求如下：

① 根据绘制的原理图，生成双面 PCB 图，双面板的尺寸为 80 mm × 60 mm，元器件封装类型按电路板实物样式选。

② 电源端口放在左边，电源端口位于板子左上角，数码管位于板子右上角，注意小数点方向。按键单排布局，方便抢答。

③ 在电路板物理边界的 4 个角绘制 4 个安装孔（孔径 4 mm），距离 PCB 边缘 3 mm。

④ 一般布线间隙 0.5 mm。布线线宽 0.5 mm，电源线和地线线宽 0.6 mm。

⑤ 设置双面敷铜，网络连接到 GND，间隙 0.6 mm，去除死铜。

八路抢答器印制电路板 3D 参考布局图如图 11.14 所示，可以根据个人对于电路功能的理解进行设计优化。

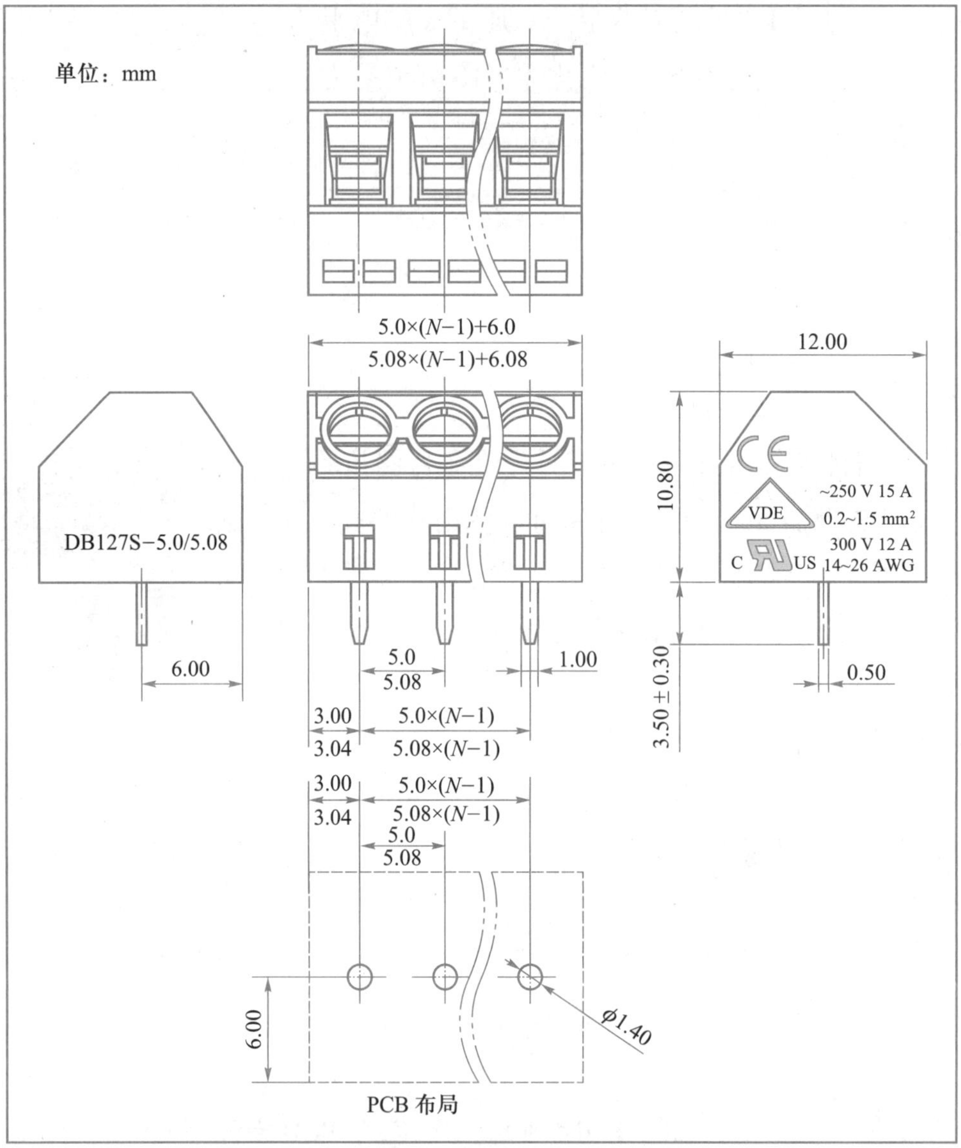

单位：mm

5.0×(N−1)+6.0

5.08×(N−1)+6.08

12.00

DB127S−5.0/5.08

10.80

~250 V 15 A

VDE

0.2~1.5 mm²

300 V 12 A

C US 14~26 AWG

6.00

5.0

5.08

1.00

3.50 ± 0.30

0.50

3.00 5.0×(N−1)

3.04 5.08×(N−1)

3.00 5.0×(N−1)

3.04 5.08×(N−1)

5.0

5.08

6.00

ϕ1.40

PCB 布局

图 11.13 128L−5.0/5.08 −2P 端口封装尺寸图

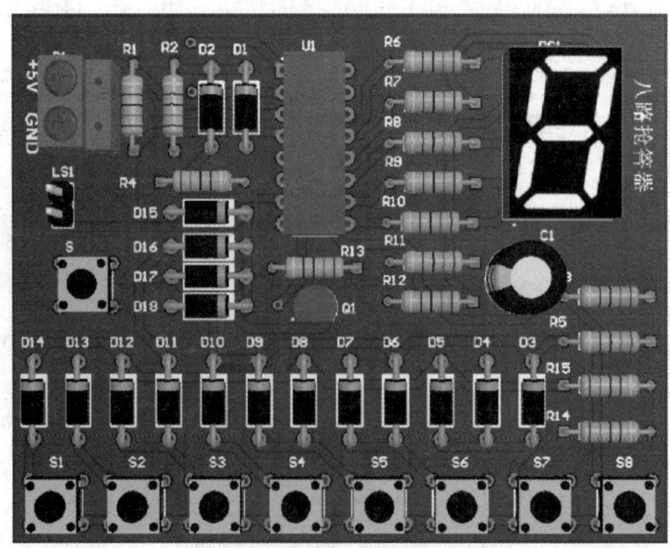

图 11.14 八路抢答器印制电路板 3D 参考布局图

(5) 主要制造文件和装配文件输出

① 在 PCB 界面通过“文件”→“制造输出”→“Gerber Files”设置，输出用来生产 PCB 的 gerber 文件。

② 在 PCB 界面通过“文件”→“制造输出”→“NC Drill Files”设置，输出记录 PCB 中各种过孔、通孔信息的钻孔文件。

③ 在 PCB 界面通过“文件”→“智能 PDF”设置，输出装配图和元器件清单。

2. 八路抢答器装调与测试

(1) 电路板的装配图识读

八路抢答器装配图如图 11.15 所示。对照电路的原理图，结合八路抢答器印制电路板的设计内容，正确识读电路的装配图，为后面元器件的正确选择、电路装调和测试做准备。

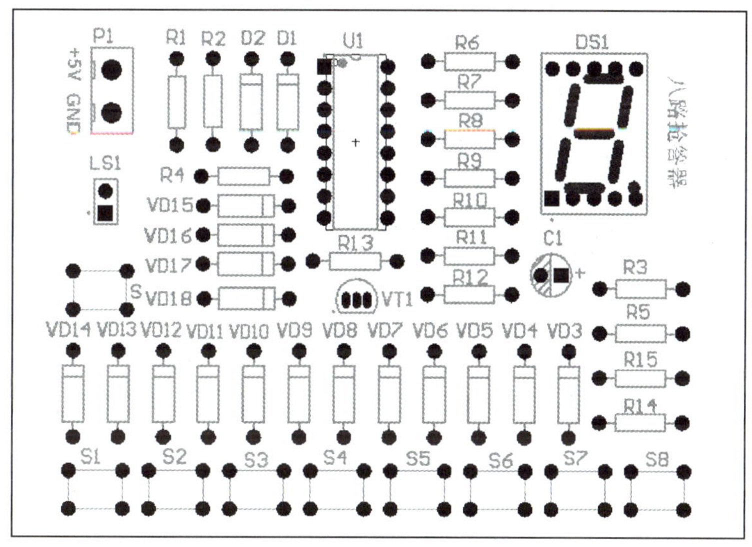

图 11.15　八路抢答器装配图

(2) 元器件识读与检测

装接八路抢答器所需要的元器件清单见表 11.7，请按清单清点与核对元器件，将清点核对结果记录在表中。

表 11.7　八路抢答器元件清单列表

序号	符号	名称	规格	数量	是否齐全
1	R_1、R_2、R_3，R_5、R_{14}、R_{15}	电阻	RJ–0.25 W–10 kΩ ±1%	6	□是　□否
2	R_4	电阻	RJ–0.25 W–2.2 kΩ ±1%	1	□是　□否
3	R_6~R_{12}	电阻	RJ–0.25 W–110 Ω ±1%	7	□是　□否
4	R_{13}	电阻	RJ–0.25 W–100 kΩ ±1%	1	□是　□否
5	C_1	电解电容	CD11–25 V–10 μF	1	□是　□否
6	VD1~VD18	二极管	1N4007	18	□是　□否

续表

序号	符号	名称	规格	数量	是否齐全
7	DS1	七段数码管	7SEG	1	□是 □否
8	LS1	扬声器	8 Ω/0.5 W	1	□是 □否
9	P1	2P 电源接口	2P-5.08	1	□是 □否
10	VT1	三极管	9013	1	□是 □否
11	S、S1~S8	按键	6 mm×6 mm 轻触	9	□是 □否
12	U1 底座	16 脚底座	DIP-16	1	□是 □否
13	U1	集成芯片	CD4511	1	□是 □否
记录人：________ 时间：_____年____月____日					

为确保装接在电路中的每个元器件都正常，装接电路前请识读与检测元器件，并将识读与检测结果填在表 11.8 中。

表 11.8 元器件识别与检测记录表

序号	元器件名称	识读检测内容	识读检测结果
1	色环电阻 R_{13}	识读阻值	________Ω，误差________%
2		实测阻值	________Ω
3	电解电容 C_1	标称容量	________μF
4		额定工作电压	________V
5	三极管 VT1	放大系数	________
6		引脚顺序（有字一面正对自己）	________、________、________
记录人：________ 时间：_____年____月____日			

(3) 电路装接

根据八路抢答器原理图，从提供的元器件中选择所需要的元器件，把它们按表 11.9 工艺要求正确地焊接在印制电路板上。将结果记录在表 11.10 中。

表 11.9 电路安装工艺要求表

安装顺序	元器件符号	参数	数量	安装工艺要求	设备工具
1	R_1、R_2、R_3、R_5、R_{14}、R_{15}	10 kΩ	6	按图（a）所示，水平卧式紧贴电路板安装	镊子、斜口钳、电烙铁等常用装接工具
	R_4	2.2 kΩ	1		
	R_6~R_{12}	110 Ω	7		
	R_{13}	100 kΩ	1		
2	VD1~VD18	1N4007	18	按图（b）所示，水平卧式紧贴电路板安装	
3	U1	CD4511	1	先按图（c）所示，安装集成电路的底座，紧贴电路板安装，注意对应集成电路的引脚顺序，待所有元器件装接完成后，再按图（d）所示，安装集成芯片	

续表

安装顺序	元器件符号	参数	数量	安装工艺要求	设备工具
4	S、S1~ S8	按键	9	按图(e)所示，紧贴电路板安装	
5	VT1	9013	1	按图(f)所示，引脚留 3~5 mm 高度，垂直电路板安装，注意区分引脚极性	
6	DS1	7SEG	1	紧贴电路板安装，注意对应数码管的引脚顺序	
7	C1	10 μF	1	按图(g)所示，垂直紧贴电路板安装，注意引脚极性	
8	P1	2.54 mm–2P	1	垂直紧贴电路板安装	
9	LS1		1	垂直紧贴电路板安装	
图样	图(a) 图(b) 图(c) 图(d) 图(e) 图(f) 图(g)	 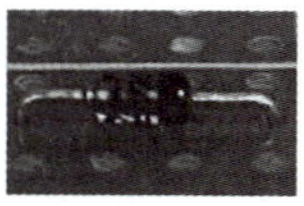     			
焊接工艺要求					
元器件按从小到大、从低到高顺序安装；焊点大小适中，无漏、假、虚、连焊，焊点光滑、圆润、干净、无毛刺；引脚加工尺寸及成形符合工艺要求；导线长度、剥线头长度符合工艺要求，芯线完好，捻头镀锡					

表 11.10　电路装接记录表

序号	操作内容	完成情况
1	元器件按从小到大、从低到高顺序安装	□完成　□未完成
2	焊点大小适中、光滑、圆润、无毛刺，无漏、假、虚、连焊现象	□完成　□未完成
3	元器件装接成形符合工艺要求	□完成　□未完成
4	电路焊接及焊点质量符合工艺要求	□完成　□未完成
记录人：______　时间：____年__月__日		

(4) 通电前检查

装接完成的八路抢答器电路实物图如图 11.16 所示。本电路输入端接 6 V 直流电，开始通电前，按表 11.11 通电前检查步骤，完成电路的通电前检查并记录结果。

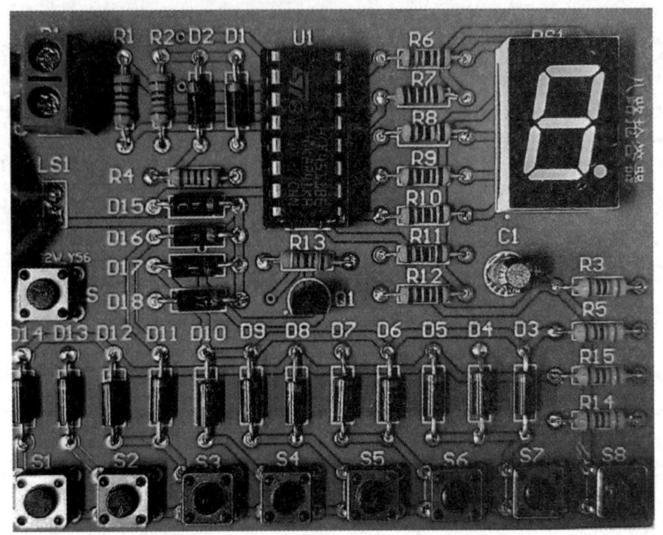

图 11.16　八路抢答器实物图

表 11.11　电路通电前检查步骤记录表

序号	检查项目	检测结果记录
1	桌面、电路板面清理	□完成　□未完成
2	电源输入电压	挡位：________ 红表笔：________ 黑表笔：________ 测得的电压：________V
3	电路板输入电阻	输入端电阻：________Ω 挡位：________ 红表笔：________ 黑表笔：________ 测得的电阻：________Ω
记录人：________　时间：____年___月___日		

(5) 电路电压测试

通电前检测各项都正常后，在电源输入端接入 6 V 直流电源，通电时注意安全用电规范。当电路中 S1~S8 全部断开时，请按表 11.12 逐项完成电路电压的测试，并将结果记录在表中。

表 11.12　电路电压测试记录表

序号	检查项目	检测结果记录
1	U1 的工作电压	量程：________ 红表笔：________黑表笔：________ 测得的电压：________V
2	R_{10} 两端电压	量程：________ 红表笔：________黑表笔：________ 测得的电压：________V 计算得 I_{10}：________mA

续表

序号	检查项目	检测结果记录
3	三极管 VT1 集电极－发射极电压 U_{CEQ}	量程：________ 红表笔：________黑表笔：________ 测得的电压：________V
记录人：________　　时间：____年____月____日		

(6) 电路波形测试

调试电路功能，当主持人按下复位键以后，分别模拟选手按下抢答按键 S1~S8，报警电路会发出报警声，此时观察数码显示电路，会显示成功抢答的选手编号。若主持人未按下复位键而有人按了抢答键，此次抢答无效。

当选手按下 S3 抢答键时，使用示波器观测 R_{12} 两端的电压波形，计算相关参数，并记录在表 11.13 中。

表 11.13　R_{12} 两端电压的波形测试记录表

（示波器坐标格）	最高电平________ 最低电平________ 脉冲宽度________ Y 轴挡位________
记录人：________　　时间：____年____月____日	

(7) 常见故障分析

根据电路的调试和测试结果，分析出现下列电路故障的原因：

① 若数码管 b 笔段不亮，可能是什么原因造成的？

____

② 若抢答显示正常，但没有报警提示，可能是什么故障？

____

任务总结

1. 任务评价

请在表 11.14 中完成各环节的评分。

表 11.14　八路抢答器装调与测试任务评价表

评分内容		配分	评分说明	得分
职业素养（10 分）	安全意识	5 分	符合用电安全操作规范，出现不符合安全操作的行为，每项扣 1 分，扣完为止	
	现场整理	5 分	出现未整理现场、仪器仪表及工具摆放杂乱、不遵守纪律等现象，每项扣 1 分，扣完为止	
装接准备（5 分）	原理分析	5 分	每错 1 空扣 1 分，扣完为止	
PCB 设计（15 分）	原理图绘制	4 分	正确绘制原理图，符号规范，布局合理。错一处扣 0.5 分，扣完为止	
	网络表生成	2 分	网络表生成得 2 分，否则不给分	
	印制电路板设计	5 分	常用 PCB 规则的设置 3 分，特殊元器件的布局 1 分，整体布局 1 分。错一处扣 0.5 分，扣完为止	
	制造文件和装配文件的输出	4 分	制造文件和装配文件各 2 分，正确输出得分，否则不给分	
电路装调（35 分）	元器件清点核对	5 分	开始操作 15 min 后，发现每少点或错点 1 个元器件扣 1 分，扣完为止	
	元器件识读检测	5 分	每错 1 空扣 0.5 分，扣完为止	
	产品装接	5 分	元器件选择错误、极性装错等，每处扣 0.5 分，扣完为止	
	安装工艺	5 分	元器件安装工艺、焊点、引脚成形及引线等不符合工艺标准，每处扣 0.5 分，扣完为止	
	电路功能	15 分	电路功能正常得 15 分，否则 0 分	
测量分析（35 分）	通电前检查	5 分	每错 1 处扣 1 分，扣完为止	
	电路分析	10 分	每错 1 处扣 1 分，扣完为止	
	电压与电流测试	10 分	每错 1 处扣 1 分，扣完为止	
	电路故障分析	10 分	第 1、2 题 3 分，第 3 题 4 分，回答正确给分	
总得分				

2. 学习小结

小结本次实训过程，记录问题、收获和反思。

____

____

____

____

____

____

任务拓展

1. 在完成此任务的基础上，请设计八路抢答器的拓展功能：

(1) 具有定时抢答功能，且一次抢答的时间由主持人设定(如 30 s)。当主持人启动“开始”键后，定时器进行减计时。

(2) 参赛选手在设定的时间内进行抢答，抢答有效，定时器停止工作，显示器上显示选手的编号和抢答的时间，并保持到主持人将系统清零为止。如果定时时间已到，无人抢答，本次抢答无效，系统报警并禁止抢答，定时显示器上显示“00”。

2. 请根据本任务的原理分析，设计一个四路抢答电路。

3. 结合装接和测试结果，继续优化 PCB 的布局和布线。

任务 2　秒计数显示器装调与测试

任务目标

◇ 会分析秒计数显示器电路的工作原理。

◇ 能按印制电路板的设计规范，完成秒计数显示器电路的 PCB 设计与绘制。

◇ 能按工艺要求在印制电路板上规范完成秒计数显示器电路的装接与调试。

◇ 会用万用表测试秒计数显示器电路的电压，会用示波器测试电压波形。

◇ 会分析秒计数显示器电路的常见故障。

任务描述

计数显示器在日常生活工作中应用广泛，它是把以某种代码形式出现的数字转换为人们熟悉的十进制数字显示出来的装置。秒计数显示器用于体育竞技等项目中以秒为单位进行精确计时，计数器每秒计数加 1，计满 60 后清零重新计数，周而复始，具有秒计数和手动复位功能，且计数过程在数码管上显示。秒计数显示器电路原理图如图 11.17 所示。本任务要求完成以下内容：

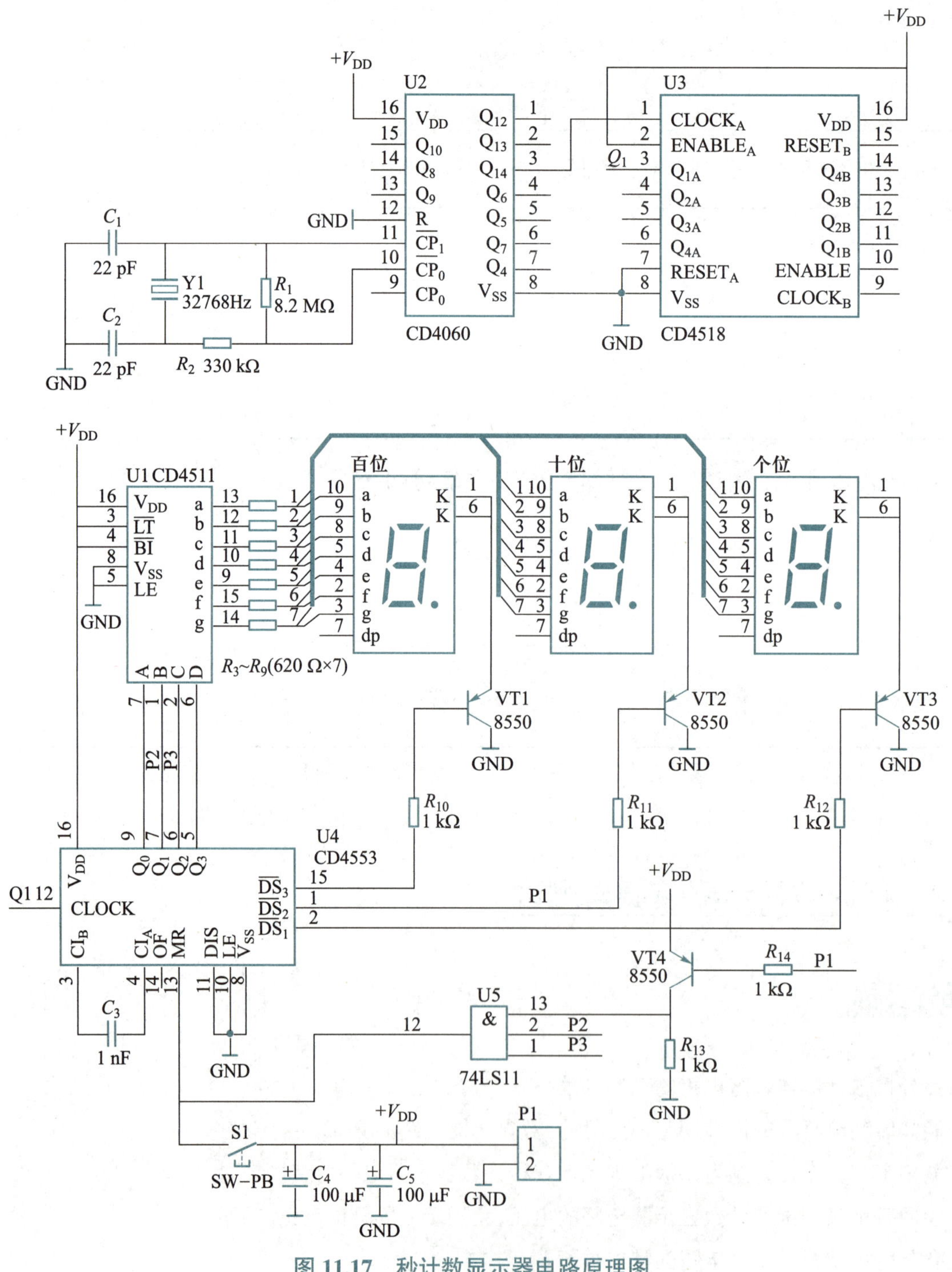

图 11.17　秒计数显示器电路原理图

① 根据电路功能需求和印制电路板的设计规范，完成秒计数显示器的 PCB 设计与绘制。

② 识别、清点与检测装接电路所需要的元器件。

③ 按工艺规范在印制电路板上完成秒计数显示器的装接与调试。

④ 对装配好的电路进行通电前检查，检查无误后接通 5 V 直流电。

⑤ 当不插入 U2 芯片时，用万用表测 U3 的工作电压、R_5 两端电压、VT2 的 U_{CEQ} 等静态参数。

⑥ 当插入 U2 芯片时，使用示波器观测 U2 的 11 脚和 U3 的 1 脚波形。

⑦ 结合电路的测试结果，进行电路常见故障分析。

任务准备

1. 职业素养养成

(1) 安全防护准备

穿好防静电服和绝缘鞋，戴好防静电手环。

(2) 工具仪表准备

电烙铁、烙铁架、焊锡丝、斜口钳、镊子、高温海绵、螺丝刀、万用表、示波器等。

(3) 软件、电源、设备准备

检查 Altium Designer 软件是否能正常打开；检查直流稳压电源 5 V 直流电输出是否正常；检查示波器 CH1、CH2 两路通道是否能正常测量波形。

将检查结果记录在表 11.15 中。

表 11.15　检查结果记录表

序号	检查内容	检查细目
1	安全防护准备	□防静电服　□绝缘鞋　□防静电手环
2	工具仪表准备	□工具　□仪表
3	软件、电源、设备准备	□软件正常　□电源正常　□设备正常
检查人：__________　　时间：______年____月____日		

2. 电路工作原理分析

图 11.17 所示的秒计数显示器由秒信号产生、六十进制计数器、译码显示等单元电路组成。

晶振 Y1 产生 32 768 Hz 频率经 U2 14 次 2 分频后变成________Hz 的信号，再经 U3 CD4518 计数器 2 分频变成________Hz 的秒信号。集成电路 U4(CD4553)是 3 位十进制计数器，有 1 个输出端，要完成 3 位输出，最高可计到 999。它采用扫描输出方式，通过选通脉冲信号依次控制 3 位十进制的输出，从而实现扫描显示方式。秒脉冲信号送至 CD4553 的 12 脚，计数输出经 CD4511 译码给数码管显示。CD4511 是 BCD 译码器，用于驱动共阴极数码管，其 4 脚为输出消隐控制端，低电平有效；5 脚为数据锁定控制端，高电平有效；3 脚为灯测试端，低电平有效。当 CD4553 计数到________的时候，P2 和 P3 都为________（高电平、低电平），P1 为________（高电平、低电平），P1 经过 VT4 构成的**非**门变成高电平，P1、P2、P3 经过 U5 构成的**与**门，输出高电平送至 CD4553 的 13 脚，13 脚为高电平则计数器清零，CD4553 重新计数。

任务实施

1. 秒计数显示器电路印制电路板设计

（1）准备

包括准备元器件库和设计任务书。首先准备秒计数显示器电路原理图元器件库和 PCB 元器件库。元器件库可以使用软件自带的基础库，也可以根据所选设备的标准尺寸数据自行完成元器件库中原理图符号和封装的绘制。秒计数显示器中的单位共阴极数码管需要自建 PCB 封装元器件库，其实物和封装尺寸如图 11.18 和图 11.19 所示。

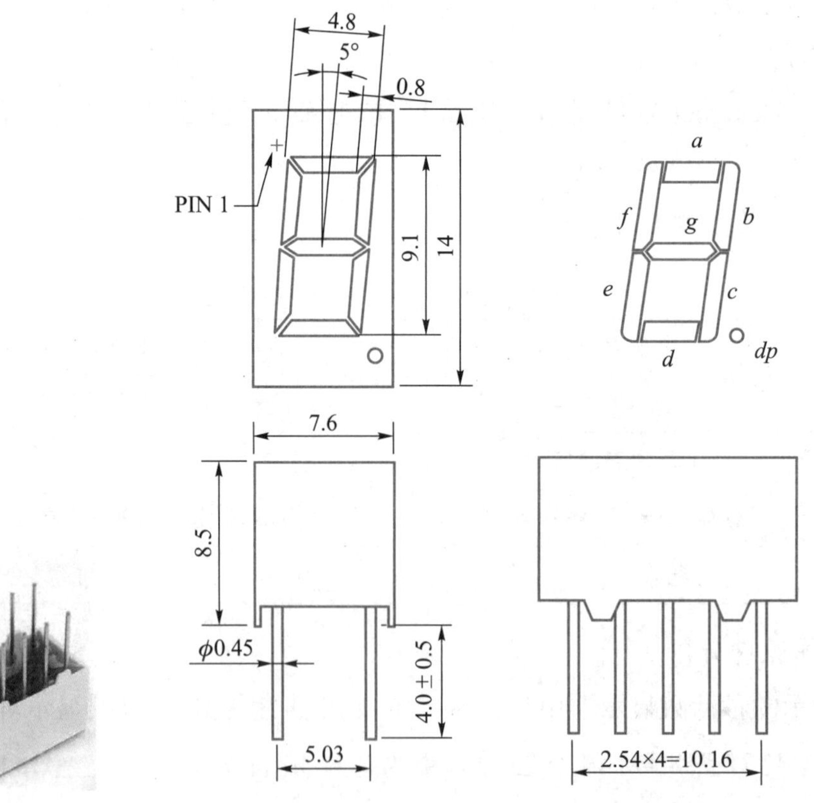

图 11.18　数码管实物图

图 11.19　数码管封装尺寸图

（2）电路原理图绘制

按图 11.17 所示的秒计数显示器电路原理图，在 Altium Designer 软件中正确完成电路原理图的绘制。

(3) 网络表生成

在原理图界面通过“设计”→“文件的网络表”→“Protel”设置，生成秒计数显示器电路原理图文件的网络表，命名为“秒计数显示器电路 .NET”。

(4) 印制电路板设计

根据电路实际应用场合板面尺寸和各种机械定位，在 PCB 设计环境中绘制印制电路板 3D 布局图，并放置所需的连接器、按钮 / 开关、数码管等元器件。设计时，充分考虑和确定布线区域和非布线区域(如螺纹孔的范围是非布线区域)，合理排布元器件。印制电路板 3D 布局图设计完成后，检查核心集成电路的线路，以确保准确性。秒计数显示器印制电路板的设计要求如下：

① 根据绘制的原理图，生成双面 PCB 图，双面板的尺寸为 95 mm × 45 mm，元器件封装类型按电路板实物样式选。

② 输入端口放在左边，数码管放在右上角，注意高低位排序。

③ 一般布线间隙 0.3 mm。布线线宽 0.3 mm，地线线宽 0.5 mm，电源线线宽 0.6 mm。

④ 设置双面敷铜，网络连接到 GND，间隙 0.4 mm，去除死铜。

秒计数显示器印制电路板 3D 参考布局图如图 11.20 所示，可以根据个人对于电路功能的理解进行设计优化。

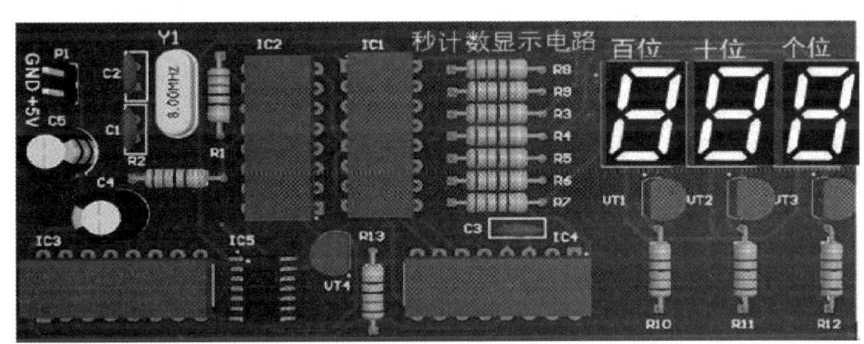

图 11.20 秒计数显示器印制电路板 3D 参考布局图

(5) 主要制造文件和装配文件输出

① 在 PCB 界面通过“文件”→“制造输出”→“Gerber Files”设置，输出用来生产 PCB 的 gerber 文件。

② 在 PCB 界面通过“文件”→“制造输出”→“NC Drill Files”设置，输出记录 PCB 中各种过孔、通孔信息的钻孔文件。

③ 在 PCB 界面通过“文件”→“智能 PDF”设置，输出装配图和元器件清单。

2. 秒计数显示器装调与测试

(1) 电路板装配图识读

秒计数显示器装配图如图 11.21 所示，对照电路的原理图，结合印制电路板的设计内容，正确识读电路的装配图,为后面元器件的正确选择、电路的装调和测试做准备。

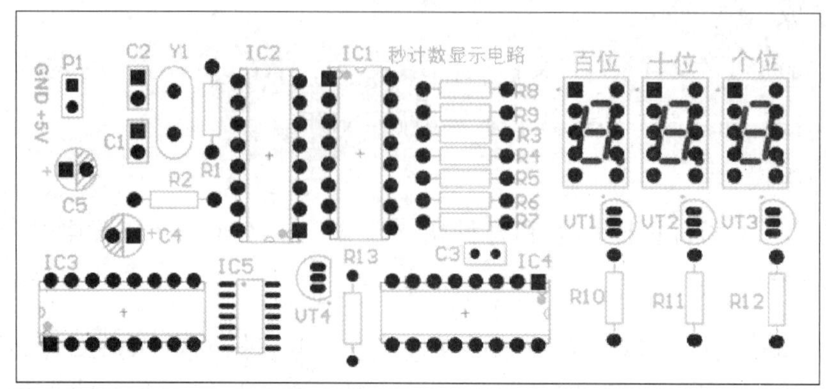

图 11.21　秒计数显示器装配图

(2) 元器件识读与检测

装接本电路所需要的元器件清单见表 11.16,请按清单清点与核对元器件,将清点核对结果记录在表中。

表 11.16　秒计数显示器元器件清单列表

序号	符号	名称	规格	数量	是否齐全
1	C_1、C_2	瓷片电容	22 pF	2	□是　□否
2	C_3	瓷片电容	1 nF	1	□是　□否
3	C_4、C_5	电解电容	CD11–25 V–100 μF	2	□是　□否
4	U1	集成芯片	CD4511	1	□是　□否
5	U2	集成芯片	CD4060	1	□是　□否
6	U3	集成芯片	CD4518	1	□是　□否
7	U4	集成芯片	CD4553	1	□是　□否
8	U5	集成芯片	74LS11	1	□是　□否
9	U1~U4 底座	16 脚底座	DIP–14	4	□是　□否
10	P1	电源接口	2P–2.54	1	□是　□否
11	R_1	电阻	RJ–0.25 W–8.2 MΩ ±1%	1	□是　□否
12	R_2	电阻	RJ–0.25 W–330 kΩ ±1%	1	□是　□否
13	R_3~R_9	电阻	RJ–0.25 W–620 Ω ±1%	7	□是　□否
14	R_{10}~R_{14}	电阻	RJ–0.25 W–1 kΩ ±1%	5	□是　□否
15	VT1~VT4	三极管	8550	4	□是　□否
16	Y1	晶振	32 768 Hz	1	□是　□否
17	个位、十位、百位	数码管	3161AS–1	3	□是　□否
记录人:________　时间:_____年____月____日					

为确保装接在电路中的每个元器件都正常,装接电路前请识读与检测元器件,并将识读与检测结果填在表 11.17 中。

表 11.17 元器件识别与检测记录表

序号	元器件名称	识读检测内容	识读检测结果
1	色环电阻 R_4	识读阻值	________Ω，误差________%
2		实测阻值	________Ω
3	电解电容 C_5	标称容量	________μF
4		耐压	________V
5	三极管 VT2	管型	________
6		引脚顺序（有字一面正对自己）	________、________、________
记录人：__________ 时间：______年____月____日			

(3) 电路装接

根据秒计数显示器电路原理图，从提供的元器件中选择所需要的元器件，把它们按表 11.18 工艺要求正确地焊接在印制电路板上。将结果记录在表 11.19 中。

表 11.18 电路安装工艺要求表

安装顺序	元器件符号	参数	数量	安装工艺要求	设备工具
1	U5	74LS11	1	按图(a)所示，紧贴电路板安装，注意 1 脚位置	镊子、斜口钳、电烙铁等常用装接工具
2	R_1	8.2 MΩ	1	按图(b)所示，水平卧式紧贴电路板安装	
	R_2	330 kΩ	1		
	R_3~R_9	620 Ω	7		
	R_{10}~R_{14}	1 kΩ	5		
3	C_1、C_2	22 pF	2	按图(c)所示，引脚留 2 mm 左右安装	
	C_3	1 nF	1		
4	C_4、C_5	100 μF	2	按图(g)所示，紧贴电路板安装	
5	Y1	晶振	1	紧贴电路板安装	
6	U1	CD4511	1	先安装集成电路的底座，紧贴电路板安装，注意对应集成电路的引脚顺序；待所有元器件装接完成后，再安装集成电路，注意凹槽口朝向与底座一致，如图(e)所示	
	U2	CD4060	1		
	U3	CD4518	1		
	U4	CD4553	1		
7	VT1~VT4	8050	1	按图(d)所示，引脚留 3~5 mm 高度垂直电路板安装，注意区分引脚极性	
8	P1		1	按图(f)所示，将短针侧垂直紧贴电路板安装	
9	数码管	3161AS	3	按图(h)所示，紧贴电路板安装，注意 1 脚和小数点位置	
图样	图(a) 图(b) 图(c) 图(d) 图(e) 图(f) 图(g) 图(h)				
焊接工艺要求					
元器件按从小到大、从低到高顺序安装；焊点大小适中，无漏、假、虚、连焊，焊点光滑、圆润、干净、无毛刺；引脚加工尺寸及成形符合工艺要求；导线长度、剥线头长度符合工艺要求，芯线完好，捻头镀锡					

表 11.19　电路装接记录表

序号	操作内容	完成情况
1	元器件按从小到大、从低到高顺序安装	□完成　□未完成
2	焊点大小适中、光滑、圆润、无毛刺,无漏、假、虚、连焊现象	□完成　□未完成
3	元器件装配成形符合工艺要求	□完成　□未完成
4	电路焊接及焊点质量符合工艺要求	□完成　□未完成
记录人:________　时间:_____年____月____日		

(4) 通电前检查

装接完成的秒计数显示器电路板如图 11.22 所示。本电路输入端接 5 V 直流电,开始通电前,按表 11.20 通电前检查步骤,完成电路的通电前检查并记录结果。

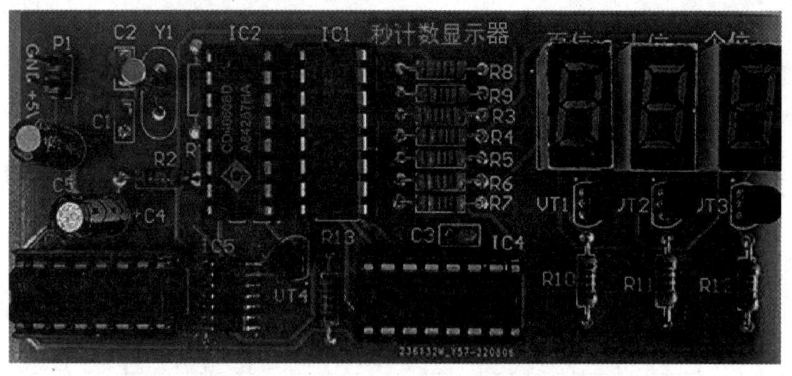

图 11.22　秒计数显示器电路板

表 11.20　电路通电前检查步骤记录表

序号	检查项目	检测结果记录
1	桌面、电路板面清理	□完成　□未完成
2	电源输入电压	输入电压:________V 挡位:________ 红表笔:________ 黑表笔:________ 测得的电压:________V
3	电路板输入电阻	输入端电阻:________Ω 挡位:________ 红表笔:________ 黑表笔:________
记录人:________　时间:_____年____月____日		

(5) 电路电压测试

通电前检测各项都正常后,先不插入 U2 芯片,在电源输入端接入 5 V 直流电源,通电时注意安全用电规范。请按表 11.21 逐项完成电路静态参数的测试,并将结果记录在表中。

表 11.21　电路静态参数测试记录表

序号	检查项目	检测结果记录
1	U3 的工作电压	万用表表型：____________（模拟式、数字式） 挡位：____________ 测得的电压：____________V
2	R_5 两端电压	万用表表型：____________（模拟式、数字式） 挡位：____________ 测得的电压：____________V 流过 R_5 的电流：　　　　mA
3	三极管 VT2 集电极 – 发射极电压 U_{CEQ}	量程：________挡位：________ 红表笔：________黑表笔：______ 测得的电压：________V
记录人：__________　　时间：______年____月____日		

(6) 电路波形测试

插入 U2 芯片，在电源端输入 5 V 直流电源，计数器每秒计数加 1，计满 60 后清零重新计数。使用双踪示波器测试 U2 的 11 脚和 U3 的 1 脚波形，填写相关参数，并记录在表 11.22 中。

表 11.22　电压波形测试记录表

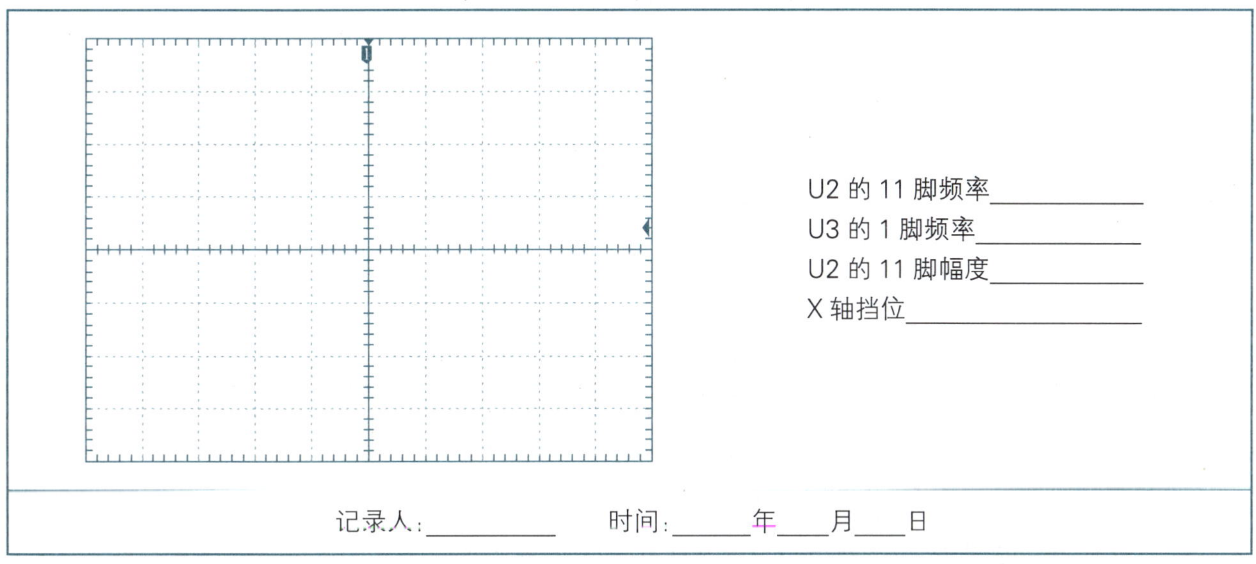

U2 的 11 脚频率____________

U3 的 1 脚频率____________

U2 的 11 脚幅度____________

X 轴挡位____________

记录人：__________　　时间：______年____月____日

(7) 常见故障分析

根据电路的调试和测试结果，分析出现下列电路故障的原因：

① 若电路不计数，可能是什么原因造成的？

____

② 若计数到 60 后不清零继续累计，可能是什么故障？

____

任务总结

1. 任务评价

请在表 11.23 中完成各环节的评分。

表 11.23 秒计数显示器装调与测试任务评价表

<table>
<tr><th colspan="2">评分内容</th><th>配分</th><th>评分说明</th><th>得分</th></tr>
<tr><td rowspan="2">职业素养（10 分）</td><td>安全意识</td><td>5 分</td><td>符合用电安全操作规范，出现不符合安全操作的行为，每项扣 1 分，扣完为止</td><td></td></tr>
<tr><td>现场整理</td><td>5 分</td><td>出现未整理现场、仪器仪表及工具摆放杂乱、不遵守纪律等现象，每项扣 1 分，扣完为止</td><td></td></tr>
<tr><td>装接准备（5 分）</td><td>原理分析</td><td>5 分</td><td>每错 1 空扣 1 分，扣完为止</td><td></td></tr>
<tr><td rowspan="4">PCB 设计（15 分）</td><td>原理图绘制</td><td>4 分</td><td>正确绘制原理图，符号规范，布局合理。每错一处扣 0.5 分，扣完为止</td><td></td></tr>
<tr><td>网络表生成</td><td>2 分</td><td>网络表生成得 2 分，否则不给分</td><td></td></tr>
<tr><td>印制电路板设计</td><td>5 分</td><td>常用 PCB 规则的设置 3 分，特殊元器件的布局 1 分，整体布局 1 分。每错一处扣 0.5 分，扣完为止</td><td></td></tr>
<tr><td>制造文件和装配文件的输出</td><td>4 分</td><td>制造文件和装配文件各 2 分，正确输出得分，否则不给分</td><td></td></tr>
<tr><td rowspan="5">电路装调（35 分）</td><td>元器件清点核对</td><td>5 分</td><td>开始操作 15 min 后，发现每少点或错点 1 个元器件扣 1 分，扣完为止</td><td></td></tr>
<tr><td>元器件识读检测</td><td>5 分</td><td>每错 1 空扣 0.5 分，扣完为止</td><td></td></tr>
<tr><td>产品装接</td><td>5 分</td><td>元器件选择错误、极性装错等，每处扣 0.5 分，扣完为止</td><td></td></tr>
<tr><td>安装工艺</td><td>5 分</td><td>元器件安装工艺、焊点、引脚成形及引线等不符合工艺标准，每处扣 0.5 分，扣完为止</td><td></td></tr>
<tr><td>电路功能</td><td>15 分</td><td>电路功能正常得 15 分，否则 0 分</td><td></td></tr>
<tr><td rowspan="4">测量分析（35 分）</td><td>通电前检查</td><td>5 分</td><td>每错 1 处扣 1 分，扣完为止</td><td></td></tr>
<tr><td>电路电压与电流测试</td><td>10 分</td><td>每错 1 处扣 1 分，扣完为止</td><td></td></tr>
<tr><td>电路波形测试</td><td>10 分</td><td>每错 1 处扣 1 分，扣完为止</td><td></td></tr>
<tr><td>电路故障分析</td><td>10 分</td><td>每题 5 分，回答正确给分</td><td></td></tr>
<tr><td colspan="4">总得分</td><td></td></tr>
</table>

2. 学习小结

小结本次实训过程，记录问题、收获和反思。

任务拓展

1. 在完成此任务的基础上，请设计秒计数显示器的拓展功能：

(1) 若要将秒计数显示器中的六十进制计数器改成二十四进制或者十二进制，电路将如何设计？可以用在哪些场合？

(2) 能否将本项目中的八路抢答器和秒计数显示器的功能结合起来，要求抢答器和秒计数显示器同步复位，有选手抢答成功以后，秒计数显示器从 0 开始计数，计满 60 扬声器报警，提示选手 1 min 作答时间已到。

2. 结合装接和测试结果，继续优化秒计数显示器 PCB 的布局和布线。

项目 12　电子产品电路装调与测试

项目目标

- ◇ 认识彩灯控制器、红外遥控器、智能音响和简易数字电子钟电路，会分析电子产品电路的工作原理。
- ◇ 能按印制电路板的设计规范，完成彩灯控制器、红外遥控器、智能音响和简易数字电子钟电路的 PCB 设计与绘制。
- ◇ 能在印制电路板上完成彩灯控制器、红外遥控器、智能音响和简易数字电子钟电路的装接与调试。
- ◇ 会测试彩灯控制器、红外遥控器、智能音响和简易数字电子钟电路的电压与电流。
- ◇ 会排除彩灯控制器、红外遥控器、智能音响和简易数字电子钟的常见故障。
- ◇ 养成规范操作、安全文明生产的职业素养，传承精益求精的工匠精神。

项目描述

电子产品是以电能为工作基础的相关产品，在日常生活中随处可见，如电视机、音箱、计算机、手机等。在加快建设“数字中国”的新时代，电子产品也向数字化、网络化、智能化方向发展。图 12.1、图 12.2 所示是空调主控电路板和电子迎宾器控制板。

本项目以彩灯控制器、红外遥控器、智能音响和简易数字电子钟电路为例，按要求完成彩灯控制器、红外遥控器、智能音响和简易数字电子钟电路的 PCB 绘制、电路装接，进行电路功能的调试，并使用万用表和示波器完成电压与电流的测试。

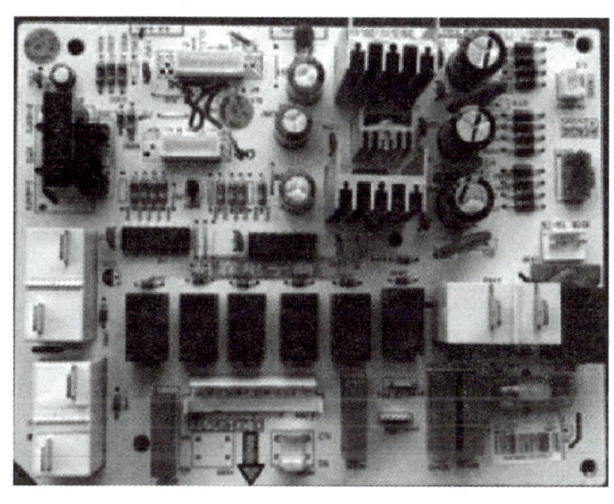

图 12.1　空调主控电路板

图 12.2　电子迎宾器控制板

项目结构

电子产品电路思维导图如图 12.3 所示。

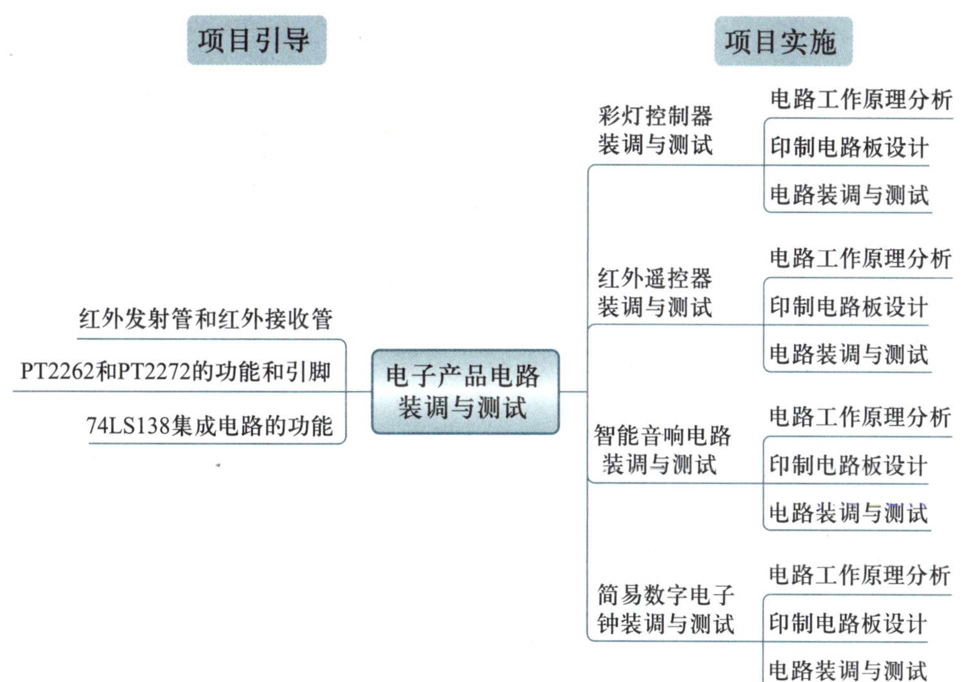

图 12.3　电子产品电路装调与测试思维导图

项目引导

问题 1 如何区分红外发射管和红外接收管?

红外发射管也称红外线发射二极管,属于________类。它是可以将________直接转换成________并能辐射出去的________,主要应用于各种光电开关及遥控发射电路中。红外接收管是将________转换成________的一种元器件。一般是____、______、______一体头,红外信号经接收管______后,输出接收到的红外数据。

红外线发射管的结构、原理与普通发光二极管相近,只是使用的半导体材料不同。红外发光二极管通常使用砷化镓(GaAs)、砷铝化镓(GaAlAs)等材料,采用________,红外接收管采用________封装。

问题 2 集成电路 PT2262 和 PT2272 的功能是什么?各引脚作用是什么?

集成电路 PT2262 是内部已经把编码信号______在了一个较高的______上的数字________,其内部包含______和______,能把编码信息“装载”在载体上,从 D_{OUT} 端送出调制好的________的高频已调波,使用非常方便,适用于红外线和超声波遥控电路。PT2622 各引脚功能说明见表 12.1。

表 12.1 集成电路 PT2622 各引脚功能说明

引脚序号	名称	功能	引脚序号	名称	功能
1~6	A_0~A_5	地址数据端	13	A_{11}/D_0	地址数据端
7	A_6/D_5	地址数据端	14	TE	控制端,低电平有效
8	A_7/D_4	地址数据端	15	OSC_2	外接振荡电阻输出端
9	GND	接地	16	OSC_1	外接振荡电阻输入端
10	A_8/D_3	地址数据端	17	D_{OUT}	数据输出端
11	A_9/D_2	地址数据端	18	V_{CC}	电源
12	A_1/D_1	地址数据端			

注:A_0~A_{11} 是 12 个地址端,D_0~D_5 是 6 位数据引脚,A_6~A_{11} 兼做数据引脚。

集成电路 PT2272 是能对 PT2262 发送的载波信号进行______的______。使用时,PT2272 和 PT2262 除地址编码需________,振荡电阻还________,一般要求译码器振荡频率要______编码器振荡频率的______倍,在实际使用中只要对振荡电阻稍做改动就能配套使用。PT2722 各引脚功能说明见表 12.2。

表 12.2 集成电路 PT2722 各引脚功能说明

引脚序号	名称	功能	引脚序号	名称	功能
1~6	A_0~A_5	地址数据端	13	A_{11}/D_0	地址数据端
7	A_6/D_5	地址数据端	14	DIN	数据信号输入端,来自接收模块输出端
8	A_7/D_4	地址数据端	15	OSC_0	外接振荡电阻输出端
9	GND	接地	16	OSC	外接振荡电阻输出端
10	A_8/D_3	地址数据端	17	VT	解码有效确认输出端,(常低)解码有效变成高电平(瞬态)
11	A_9/D_2	地址数据端	18	V_{CC}	电源
12	A_{10}/D_1	地址数据端			

注:A_0~A_{11} 是 12 个地址端,D_0~D_5 是 6 位数据引脚,A_6~A_{11} 兼做数据引脚。

问题 3 集成电路 74LS138 的功能是什么?

集成电路 74LS138 是______电平驱动输出______电平有效的______输入______输出________的译码器。

项目实施

任务 1 彩灯控制器装调与测试

任务目标

◇ 会分析彩灯控制器的工作原理。

◇ 能按印制电路板的设计规范,完成彩灯控制器的 PCB 设计与绘制。

◇ 能按工艺要求在印制电路板上规范完成彩灯控制器的装接与调试。

◇ 会用万用表测试彩灯控制器电压,会用示波器测试电压波形。

◇ 会分析彩灯控制器的常见故障。

任务描述

彩灯控制器是一种能实现彩灯轮流点亮的控制电路。常见的彩灯控制器还有控制彩灯闪烁、按规律点亮和其他各种点亮花样等，广泛应用于节日彩灯、橱窗、家庭的装饰灯等场合。彩灯控制器电路原理图如图 12.4 所示。本任务要求完成以下内容：

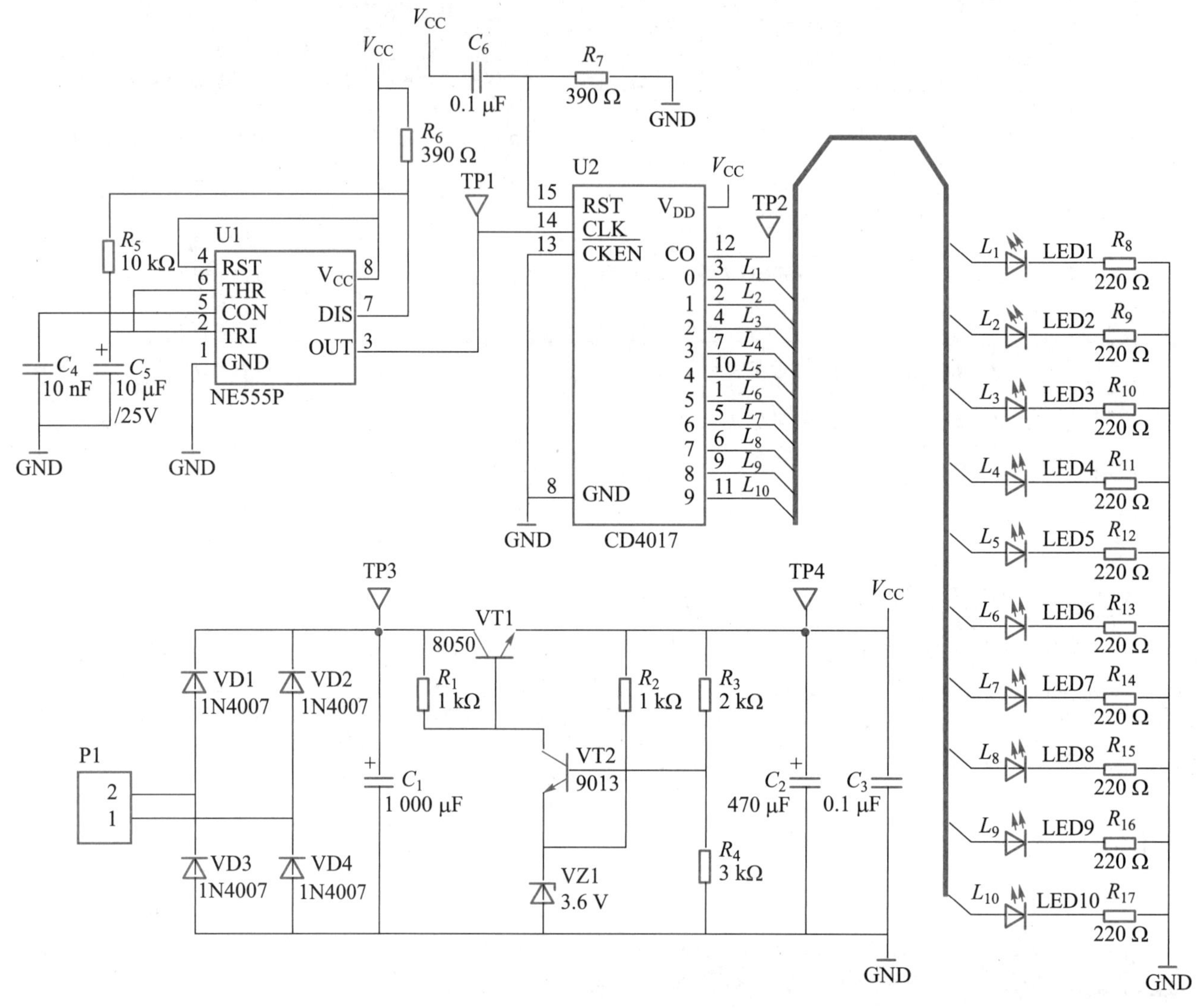

图 12.4　彩灯控制器电路原理图

① 根据电路功能需求和印制电路板的设计规范，完成彩灯控制器 PCB 的设计与绘制。

② 识别、清点与检测装接电路所需要的元器件。

③ 按工艺规范在印制电路板上完成彩灯控制器的装接与调试。

④ 对装配好的电路进行通电前检查，检查无误后接通 9 V 交流电，并做好记录。

⑤ 用万用表测电源电压、电路输入电阻、电路总工作电流、TP4 电位、集成块 U1 的 5 脚对地电压 U_{1-5} 和 LED1 两端电压，并做好记录。

⑥ 用示波器观测 TP1 和 TP2 点的波形，并做好记录。

⑦ 结合电路的测试结果，进行电路常见故障分析。

任务准备

1. 职业素养养成

(1) 安全防护准备

穿好防静电服和绝缘鞋，戴好防静电手环。

(2) 工具仪表准备

电烙铁、烙铁架、焊锡丝、斜口钳、镊子、高温海绵、螺丝刀、万用表、示波器等。

(3) 软件、电源、设备准备

检查 Altium Designer 软件是否能正常打开；检查电源台 9 V 交流电输出是否正常；检查示波器 CH1、CH2 两路通道是否能正常测量波形。

将检查结果记录在表 12.3 中。

表 12.3 检查结果记录表

序号	检查内容	检查细目
1	安全防护准备	□防静电服 □绝缘鞋 □防静电手环
2	工具仪表准备	□工具 □仪表
3	软件、电源、设备准备	□软件正常 □电源正常 □设备正常
检查人：________ 时间：___年__月__日		

2. 电路工作原理分析

图 12.4 所示的彩灯控制器电路原理图中，电路从 P1 处输入 9 V 交流电，经过整流二极管 VD1~VD4 整流、电容 C_1 滤波，再经三极管______电路______后输出 10 V 左右较稳定的直流电，给集成电路 555 构成的______电路、______电路和______电路供电。

基于集成电路 555 构成的多谐振荡器电路，是一种自激振荡器，电路没有______，只有两个______。在接通电源后，不需要外加触发信号，电源 V_{CC} 通过 R_6、R_5 向电容 C_5 充电，当电容两端电压充至高于$\frac{2}{3}V_{CC}$时，输出______电平，内部的放电三极管____，使电容 C_5 通过 R_5 对地放电；当电容两端电压放电至低于$\frac{1}{3}V_{CC}$时，输出______电平，电源 V_{CC} 又通过 R_6、R_5 向电容 C_5 充电，如此循环。

集成电路 CD4017 构成______计数器 / 分频器电路，其内部由____及____两部分组成。它的基本功能是对输入脉冲的______进行______计数，并按照输入脉冲的个数顺序，将脉冲分配在 Q_0~Q_9 这 10 个输出端，计满 10 个数后计数器自动______，同时输出一个进位______(引脚 12)，该进位输出信号可作为下一级的时钟信号。

LED 流水灯电路由______构成，对十进制计数器 Q_0~Q_9 这 10 个顺序输出的脉冲依次显示，从而实现流水彩灯指示的效果。

任务实施

1. 彩灯控制器印制电路板设计

(1) 电路原理图绘制

按图 12.4 所示的彩灯控制器电路原理图在 Altium Designer10 软件中正确完成电路原理图的绘制。软件库中搜索不到的原理图符号自行绘制。

(2) 网络表生成

在原理图界面通过“设计”→“文件的网络表”→“Protel”设置，生成彩灯控制器电路原理图文件的网络表，命名为“彩灯控制器 .NET”。

(3) 印制电路板设计

根据电路实际应用场合板面尺寸和各种机械定位，在 PCB 设计环境中绘制印制电路板 3D 布局图，设计时充分考虑实际应用合理排布元器件。印制电路板 3D 布局图完成后，检查核心集成电路的线路以确保准确性。彩灯控制器印制电路板的设计要求如下：

① 根据绘制的原理图，生成双面 PCB 图，双面板的尺寸为 80 mm × 50 mm，元器件封装类型按电路板实物样式选。

② 电源端口放在左边，LED1~LED10 均匀分布排列在电路板下方。

③ 在电路板物理边界的 4 个角绘制 4 个安装孔(孔径 4 mm)，距离 PCB 边缘 3 mm。

④ 设置布线间隙 0.3 mm，全局网络线宽 0.6 mm，地线、电源线线宽 0.8 mm。

⑤ 设置双面敷铜，网络连接到 GND，间隙 0.6 mm，去除死铜。

彩灯控制器印制电路板 3D 参考布局图如图 12.5 所示，可以根据个人对于电路功能的理解进行设计优化。

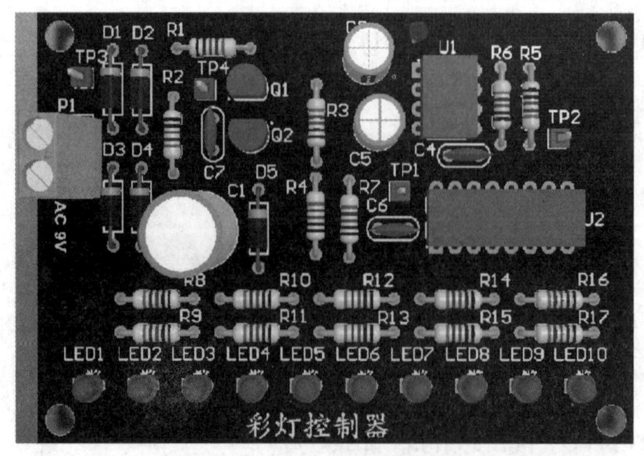

图 12.5　彩灯控制器印制电路板 3D 参考布局图

(4) 输出主要制造文件和装配文件

① 在 PCB 界面通过“文件”→“制造输出”→“Gerber Files”设置，输出用来生产 PCB 的 gerber 文件。

② 在 PCB 界面通过“文件”→“制造输出”→“NC Drill Files”设置，输出记录 PCB 中各种过孔、通孔信息的钻孔文件。

③ 在 PCB 界面通过“文件”→“智能 PDF”设置，输出装配图和元器件清单。

2. 彩灯控制器电路装调与测试

(1) 电路板装配图识读

彩灯控制器装配图如图 12.6 所示，对照电路的原理图，结合彩灯控制器印制电路板的设计内容，正确识读电路的装配图，为后面元器件的正确选择、电路的装调和参数测试做准备。

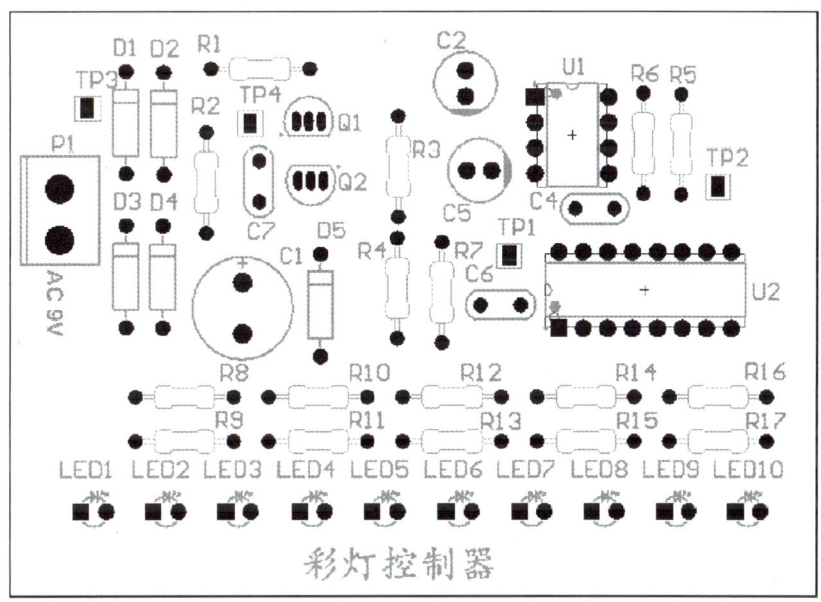

图 12.6　彩灯控制器装配图

(2) 元器件识读与检测

装接彩灯控制器电路所需要的元器件清单见表 12.4，请按清单清点与核对元器件。将清点核对结果记录在表中。

表 12.4　元器件清点核对记录表

序号	符号	名称	规格	数量	是否齐全
1	C_1	电解电容	1 000 μF	1	□是　□否
2	C_2	电解电容	470 μF	1	□是　□否
3	C_3、C_6	瓷片电容	0.1 μF	2	□是　□否
4	C_4	瓷片电容	10 nF	1	□是　□否
5	C_5	电解电容	10 μF	1	□是　□否
6	VD1~VD4	二极管	1N4007	4	□是　□否

续表

序号	符号	名称	规格	数量	是否齐全
7	LED1~LED10	发光二极管	红色	10	□是　□否
8	P1	2P 电源接口	Header 2	1	□是　□否
9	VT1	三极管	8050	1	□是　□否
10	VT2	三极管	9013	1	□是　□否
11	R_1、R_2	电阻	1 kΩ	2	□是　□否
12	R_3	电阻	2 kΩ	1	□是　□否
13	R_4	电阻	3 kΩ	1	□是　□否
14	R_5	电阻	10 kΩ	1	□是　□否
15	R_6、R_7	电阻	390 Ω	2	□是　□否
16	R_8~ R_{17}	电阻	220 Ω	10	□是　□否
17	TP1~TP4	单排针		4	□是　□否
18	U1	集成芯片	NE555P	1	□是　□否
19	U2	集成芯片	CD4017	1	□是　□否
20	U1 底座	8 脚底座	DIP–8	1	□是　□否
21	U2 底座	16 脚底座	DIP–16	1	□是　□否
22	VZ1	稳压管	3.6 V	1	□是　□否
记录人：________　时间：____年__月__日					

为确保装接在电路中的每个元器件都正常，装接电路前请识读与检测元器件，并将识读与检测结果填在表 12.5 中。

表 12.5　元器件识读与检测结果记录表

序号	元器件名	识读检测内容	识读检测结果
1	色环电阻 R_1	识读阻值	____Ω，误差 ±____%
		实测阻值	____Ω
2	整流二极管 VD1	正向导通电压	____V
		反向截止电阻	____Ω
3	三极管 VT1	放大系数	____
		管型	□ NPN　□ PNP
4	瓷片电容 C_3	识读容量	____μF
5	电解电容 C_5	识读容量	____μF
		额定工作电压	____V
记录人：______　时间：____年__月__日			

(3) 电路装接

根据彩灯控制器电路原理图，正确选择元器件，按表 12.6 工艺要求正确地焊接在印制电路板上。将结果记录在表 12.7 中。

表 12.6　电路安装工艺卡

安装顺序	元器件符号	参数	数量	安装工艺要求	设备工具
1	VZ1	3.6 V	1	按图(a)所示，水平卧式紧贴电路板安装，注意正负极性	
2	R_1、R_2	1 kΩ	2	按图(b)所示，水平卧式紧贴电路板安装	
	R_3	2 kΩ	1		
	R_4	3 kΩ	1		
	R_5	10 kΩ	1		
	R_6、R_7	390 Ω	2		
	R_8~R_{17}	220 Ω	10		
3	VD1~VD4	1N4007	4	按图(c)所示，水平卧式紧贴电路板安装，注意正负极性	
4	C_3、C_6	0.1 μF	2	按图(d)所示，垂直紧贴电路板安装	
	C_4	10 nF	1		
5	U1 底座	DIP-8	1	按图(e)所示，水平卧式紧贴电路板安装，注意底座凹口朝向	镊子、斜口钳、电烙铁等常用装接工具
	U2 底座	DIP-16	1		
6	LED1~LED10	LED0	10	按图(g)所示，垂直紧贴电路板安装，注意引脚极性	
7	VT1	8050	1	按图(f)所示，引脚留 3~5 mm 高度，垂直电路板安装，注意区分引脚极性	
	VT2	9013	1		
8	TP1~TP4	测试点	4	按图(h)所示，垂直紧贴电路板安装	
	P1	Header2	1		
9	C_1	1 000 μF	1	按图(i)所示，垂直紧贴电路板安装，注意引脚极性	
	C_2	470 μF	1		
	C_5	10 μF	1		
10	U1	NE555P	1	按图(j)所示，水平卧式插入芯片底座，注意凹口朝向与底座一致	
	U2	CD4017	1		
图样	图(a)　图(b)　图(c)　图(d)　图(e)　图(f)　图(g)　图(h)　图(i)　图(j)				
焊接工艺要求					
元器件按从小到大、从低到高顺序安装；在线路板上所焊接的元器件的焊点大小适中，无漏、假、虚、连焊，焊点光滑、圆润、干净、无毛刺；引脚加工尺寸及成形符合工艺要求；导线长度、剥线头长度符合工艺要求，芯线完好，捻头镀锡					

表 12.7　电路装接记录表

序号	操作内容	完成情况
1	元器件按从小到大、从低到高顺序安装	□完成　□未完成
2	焊点大小适中、光滑、圆润、无毛刺，无漏、假、虚、连焊现象	□完成　□未完成
3	引脚加工尺寸及成形符合工艺要求	□完成　□未完成
4	导线长度、剥线头长度符合工艺要求，芯线完好，捻头镀锡	□完成　□未完成
记录人：______　时间：____年__月__日		

(4) 通电前检查

装接完成的彩灯控制器电路板如图 12.7 所示。本电路输入端接 9 V 交流电，开始通电前，按表 12.8 通电前检查步骤，完成电路的通电前检查，并记录结果。

图 12.7　彩灯控制器电路板

表 12.8　电路通电前检查步骤记录表

序号	检查项目	检测结果记录
1	桌面、电路板面清理	□完成　□未完成
2	电源输入电压	输入电压：________V 挡位：________量程：________ 红表笔：________黑表笔：________ 测得的电压：________V
3	电路板输入电阻	输入端电阻：________Ω 挡位：________量程：________ 红表笔：________黑表笔：________ 测得的电阻：________Ω
记录人：______　时间：____年__月__日		

(5) 电路电压与电流测试

通电前检测各项都正常后，在电源输入端接入 9 V 交流电源，通电时注意单手操作。按表 12.9 逐项完成电路电压与电流的测试，并将结果记录在表中。

表 12.9　电路电压与电流测试记录表

序号	检查项目	检测结果记录
1	电路总工作电流	量程:________挡位:________ 红表笔:________黑表笔:________ 测得的电流:________A
2	TP4 电位值	量程:________挡位:________ 红表笔:________黑表笔:________ 测得的电位:________V
3	U_{1-5} 电压	量程:________挡位:________ 红表笔:________黑表笔:________ 测得的电压:________V
4	LED1 点亮时 两端电压	量程:________挡位:________ 红表笔:________黑表笔:________ 测得的电压范围:________V
记录人:________　时间:________年____月____日		

(6) 电路波形测试

用双踪示波器同时测量 TP1 和 TP2 点的波形，将测得的波形和波形参数记录在表 12.10 中。

表 12.10　电路输出电压波形和参数测试记录表

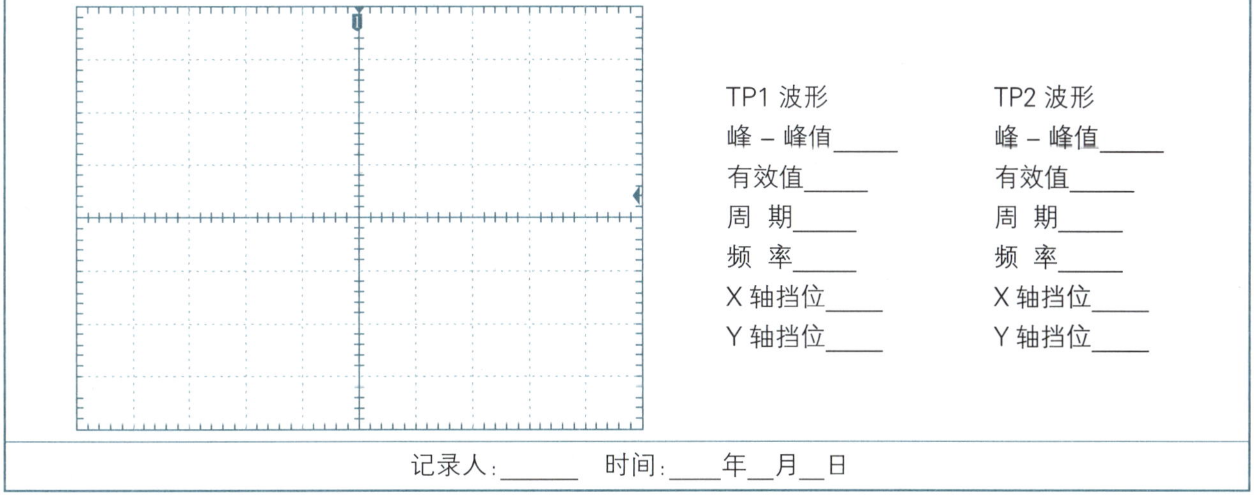

(7) 常见故障分析

根据电路的调试和测试结果，分析出现下列电路故障的原因：

① 若测得 TP4 电压为零，可能是什么原因造成的？

____

② 若 10 盏 LED 灯不能实现轮流点亮，可能是什么原因造成的？

____

任务总结

1. 任务评价

请在表 12.11 中完成各环节的评分。

表 12.11　彩灯控制器电路装调与测试任务评价表

评分内容		配分	评分说明	得分
职业素养（10 分）	安全意识	5 分	符合用电安全操作规范，出现不符合安全操作的行为，每项扣 1 分，扣完为止	
	现场整理	5 分	出现未整理现场、仪器仪表及工具摆放杂乱、不遵守纪律等现象，每项扣 1 分，扣完为止	
装接准备（5 分）	原理分析	5 分	每错 1 空扣 1 分，扣完为止	
PCB 设计（15 分）	原理图绘制	4 分	正确绘制原理图，符号规范，布局合理。每错一处扣 0.5 分，扣完为止	
	网络表生成	2 分	网络表生成得 2 分，否则不给分	
	印制电路板设计	5 分	常用 PCB 规则的设置 3 分，特殊元器件的布局 1 分，整体布局 1 分。每错一处扣 0.5 分，扣完为止	
	制造文件和装配文件的输出	4 分	制造文件和装配文件各 2 分，正确输出得分，否则不给分	
电路装调（35 分）	元器件清点核对	5 分	开始操作 15 min 后，发现每少点或错点 1 个元器件扣 1 分，扣完为止	
	元器件识读检测	5 分	每错 1 空扣 0.5 分，扣完为止	
	产品装接	5 分	元器件选择错误、极性装错等，每处扣 0.5 分，扣完为止	
	安装工艺	5 分	元器件安装工艺、焊点、引脚成形及引线等不符合工艺标准；每处扣 0.5 分，扣完为止	
	电路功能	15 分	电路功能正常得 15 分，否则 0 分	
测量分析（35 分）	通电前检查	5 分	每错 1 处扣 1 分，扣完为止	
	电路电压与电流测试	10 分	每错 1 处扣 1 分，扣完为止	
	电路波形测试	10 分	每错 1 处扣 1 分，扣完为止	
	电路故障分析	10 分	每题 5 分，回答正确给分	
总得分				

2. 学习小结

总结本次实训过程和知识要点，记录问题、收获和反思。

任务拓展

1. 若要输出电压在一定范围内可调，电路该如何改进？

2. 改变电路中哪些元器件的参数，可以改变流水灯轮流显示的速度？

任务 2 红外遥控器装调与测试

任务目标

◇ 会分析红外遥控器的工作原理。

◇ 能按印制电路板的设计规范，完成红外遥控器的 PCB 设计与绘制。

◇ 能按工艺要求在印制电路板上规范完成红外遥控器的装接与调试。

◇ 会用万用表测试红外遥控器电路的电压，会用示波器测试电压波形。

◇ 会分析红外遥控器的常见故障。

任务描述

红外遥控器是由红外发射电路和红外接收电路组成的控制电路。红外遥控器适用于各种红外线遥控型家用电器。对射式红外遥控器电路原理图如图 12.8 所示，图(a)为红外发射电路原理图，图(b)为红外接收电路原理图。本任务要求完成以下内容：

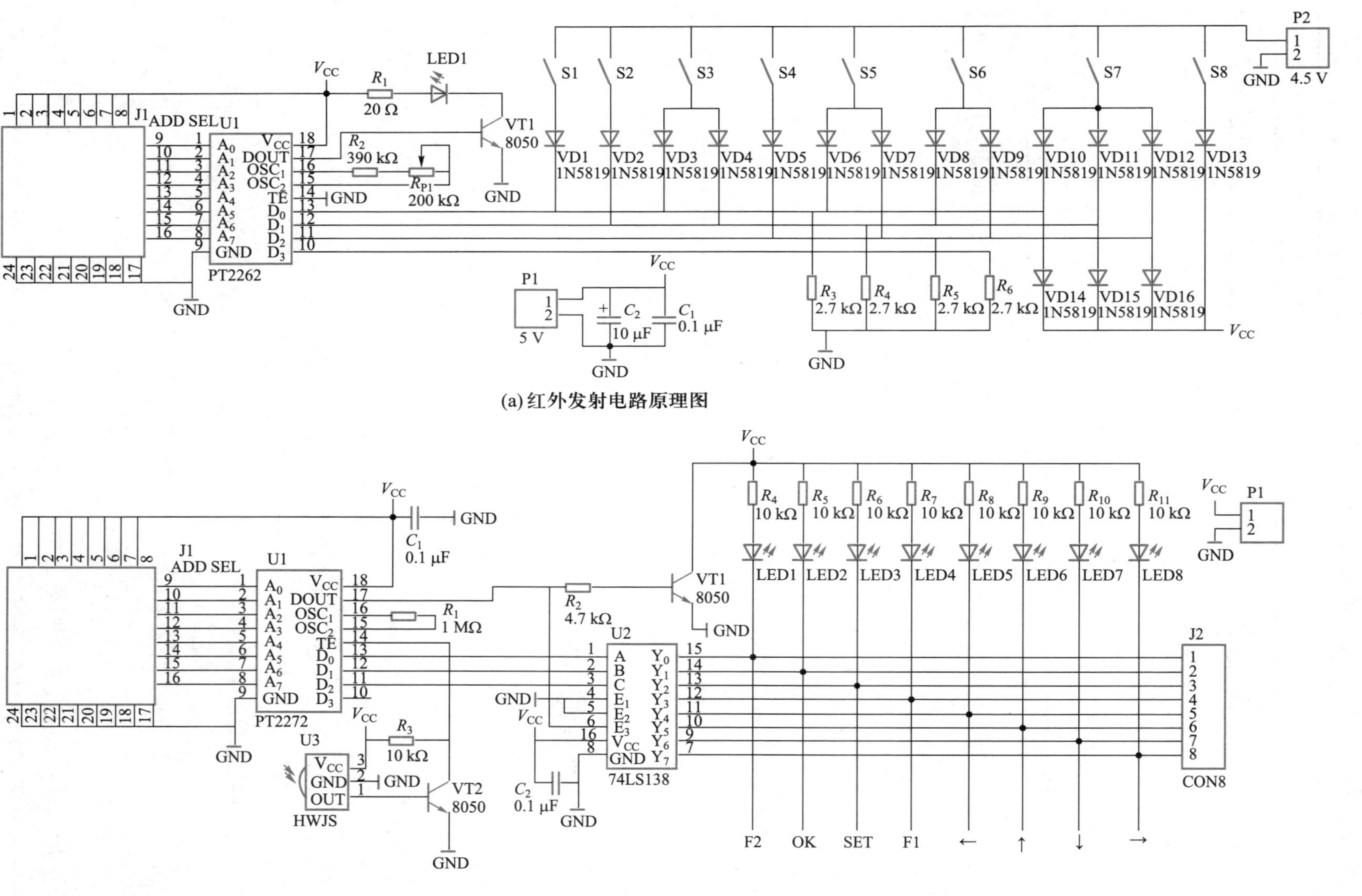

(a) 红外发射电路原理图

(b) 红外接收电路原理图

图 12.8 对射式红外遥控器电路原理图

① 根据电路功能需求和印制电路板的设计规范，完成对射式红外遥控器 PCB 的设计与绘制。

② 识别、清点与检测装接电路所需要的元器件。

③ 按工艺规范在印制电路板上完成对射式红外遥控器的装接与调试。

④ 对装配好的电路进行通电前检查，检查无误后接通 5 V 直流电，并做好记录。

⑤ 用万用表测电源电压、电路输入电阻、电路总工作电流，S1 按下时 VD1 两端电压，发射模块 S8 按下时接收模块 U2 的 7 脚电压，并做好记录。

⑥ 用示波器观测发射模板 U1 的 17 脚和 U2 的 14 脚的电位波形，并做好记录。

⑦ 结合电路的测试结果，进行电路常见故障分析。

任务准备

1. 职业素养养成

(1) 安全防护准备

穿好防静电服和绝缘鞋，戴好防静电手环。

(2) 工具仪表准备

电烙铁、烙铁架、焊锡丝、斜口钳、镊子、高温海绵、螺丝刀、万用表、示波器等。

(3) 软件、电源、设备准备

检查 Altium Designer 软件是否能正常打开；检查直流稳压电源 5 V 直流电输出是否正常；检查示波器 CH1、CH2 两路通道是否能正常测量波形。

将检查结果记录在表 12.12 中。

表 12.12　检查结果记录表

序号	检查内容	检查细目
1	安全防护准备	□防静电服　□绝缘鞋　□防静电手环
2	工具仪表准备	□工具　□仪表
3	软件、电源、设备准备	□软件正常　□电源正常　□设备正常
检查人:______　时间:____年__月__日		

2. 电路工作原理分析

对射式红外遥控器电路如图 12.8 所示，由__________电路和__________电路两个模块组成，两个模块均由 5 V 直流电供电。

按键编码红外发射电路中，S1~S8 用来设置__________，二极管 VD1~VD16 实现对按键信号进行__________编码，编码后送给 PT2262 的数据输入端 D_3、D_2、D_1、D_0，PT2262 是把编码信号__________在了一个较高的载频上的数字编码芯片，通过该芯片实现将按下 S1~S8 键时对应的信息调制用__________方式通过红外 LED1 传送出去，该电路平时不耗电，按键按下才耗电。

红外接收译码显示电路中，红外接收管 U3 接收到发射模块信号后，经过 VT2 进行__________保证输入信号幅度足够大，再送入 PT2272 的 14 脚，其地址码经过两次比较核对无误后，将接收到的相应数据正确__________还原出来经 D_3、D_2、D_1、D_0 脚输出，D_2、D_1、D_0 低 3 位输出经 74LS138__________，驱动 LED1~LED8 显示。

为了能正确解调出调制的编码信号，PT2272 和 PT2262 地址编码必须__________一致（两模块电路 8 路地址端分别与 V_{CC} 或 GND 相连实现 PT2272 和 PT2262 地址编码）。除此之外，振荡电阻还必须__________，一般要求译码器振荡频率要高于编码器振荡频率的 2.5~8 倍，否则接收距离会变近__________接收。随着技术的发展市场上出现一批兼容芯片，在实际使用中只要对振荡电阻稍做改动就能配套使用。

任务实施

1. 红外遥控器印制电路板设计

（1）电路原理图绘制

按图 12.8 所示的对射式红外遥控器电路原理图，在 Altium Designer 软件中分别完成红外发射电路和红外接收电路原理图的绘制。软件库中搜索不到的原理图符号自行绘制。

（2）网络表生成

两个电路分别在原理图界面通过“设计”→“文件的网络表”→“Protel”设置，生成红外发射电路和红外接收电路原理图文件的网络表，分别命名为“红外发射电路 .NET”和“红外接收电路 .NET”。

（3）印制电路板设计

根据电路实际应用场合板面尺寸和各种机械定位，在 PCB 设计环境中绘制印制电路板 3D 布局图，设计时充分考虑实际应用合理排布元器件。印制电路板 3D 布局图完成后，检查核心集成电路的线路以确保准确性。红外发射电路和红外接收电路印制电路板的设计要求如下：

① 根据绘制的两个电路的原理图，分别生成双面 PCB 图，双面板的尺寸为 80 mm×40 mm，元器件封装类型按电路板实物样式选。

② 两个电路电源端口放在左边，设置编码的 J1 排在左上方，红外发射电路的 8 个按键排在电路下方，红外接收电路的 8 盏 LED 指示灯分两列排在电路右侧。

③ 设置布线间隙 0.3 mm，全局网络线宽 0.5 mm，地线、电源线线宽 0.6 mm。

④ 设置双面敷铜，网络连接到 GND，间隙 0.6 mm，去除死铜。

对射式红外遥控器 PCB 3D 参考布局图如图 12.9 所示，可以根据个人对于电路功能的理解进行设计优化。

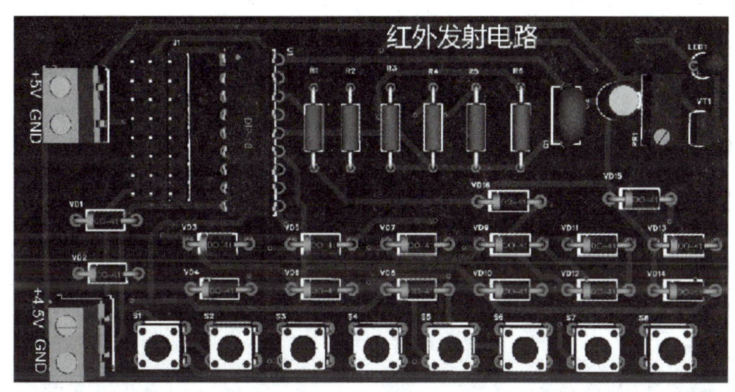

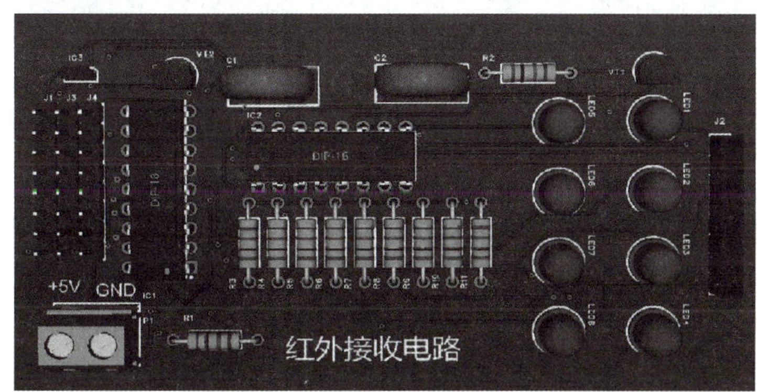

图 12.9　对射式红外遥控器 PCB 3D 参考布局图

(4) 输出主要制造文件和装配文件

① 在 PCB 界面通过“文件”→“制造输出”→“Gerber Files”设置，输出用来生产 PCB 的 gerber 文件。

② 在 PCB 界面通过“文件”→“制造输出”→“NC Drill Files”设置，输出记录 PCB 中各种过孔、通孔信息的钻孔文件。

③ 在 PCB 界面通过“文件”→“智能 PDF”设置，输出装配图和元器件清单。

2. 红外遥控器装调与测试

(1) 电路板装配图识读

红外遥控器装配图如图 12.10 所示，对照电路原理图，结合对射式红外遥控器印制电路板的设计内容，正确识读电路的装配图，为后面元器件的正确选择、电路的装调和参数测试做准备。

(2) 元器件识读与检测

装接本电路所需要的元器件清单见表 12.13 和表 12.14，请按清单清点与核对元器件，将清点核对结果记录在表中。

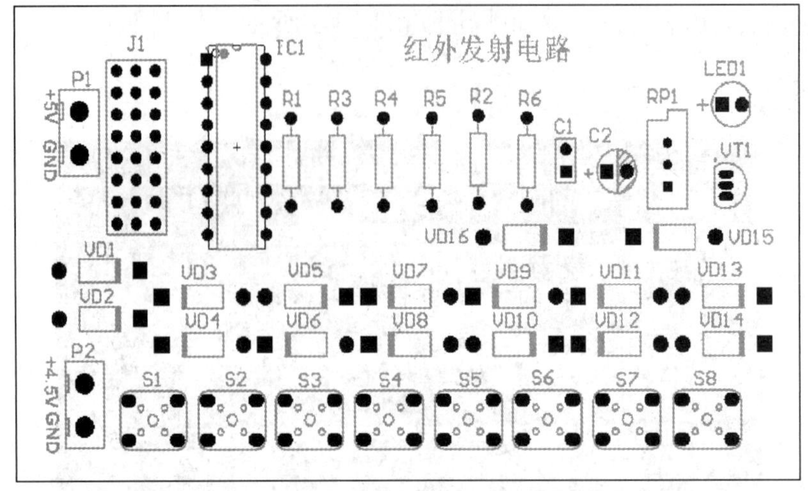

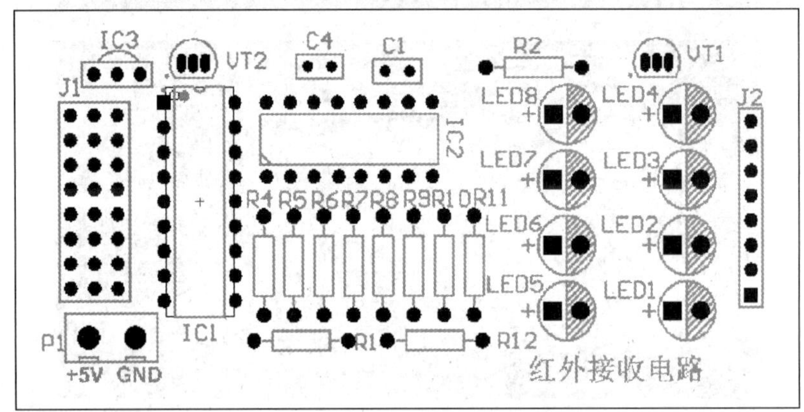

图 12.10　红外遥控器装配图

表 12.13　红外发射电路元器件清点核对记录表

序号	符号	名称	规格	数量	是否齐全
1	VD1~VD16	肖特基二极管	1N5819	16	□是　□否
2	R_1	固定电阻	20 Ω	2	□是　□否
3	R_2	固定电阻	390 kΩ	1	□是　□否
4	R_3~R_6	固定电阻	2.7 kΩ	4	□是　□否
5	P1	电源插座	2 P	1	□是　□否
6	P2	电池插座	2 P	1	□是　□否
7	R_{P1}	3296 电位器	200 kΩ	1	□是　□否
8	U1	编码芯片	PT2262	1	□是　□否
9	U1 底座	18 脚底座	DIP-18	1	□是　□否
10	C_1	瓷片电容	0.1 μF	1	□是　□否
11	C_2	铝电解电容	10 μF	1	□是　□否
12	VT1	三极管	8050	1	□是　□否
13	LED1	红外发光二极管	5 mm	1	□是　□否
14	J1	编码地址	3×8 P	1	□是　□否
15	S1~S8	微动开关	6 mm×6 mm	8	□是　□否
记录人:______　时间:____年__月__日					

表 12.14　红外接收电路元器件清点核对记录表

序号	标号	名称	规格	数量	是否齐全
1	LED1~LED8	发光二极管	红	8	□是　□否
2	R_1	固定电阻	1 MΩ	2	□是　□否
3	R_2	固定电阻	4.7 kΩ	1	□是　□否
4	R_3~R_{11}	固定电阻	10 kΩ	9	□是　□否
5	P1	电源插座	2 P	1	□是　□否
6	J1	编码设置	3×8 P	1	□是　□否
7	VT1、VT2	NPN 型三极管	8050	1	□是　□否
8	U1	解码芯片	PT2272	1	□是　□否
9	U2	编码芯片	74LS38	1	□是　□否
10	C_1、C_2	瓷片电容	0.1 μF	2	□是　□否
11	U3	红外接收三极管	HWJS	1	□是　□否
12	J2	8 P 排针	8 P	1	□是　□否
记录人:________　时间:____年__月__日					

为确保装接在电路中的每个元器件都正常,装接电路前请识读与检测元器件,并将识读与检测结果填在表 12.15 中。

表 12.15　对射式红外遥控器元器件识读与检测结果记录表

序号	元器件名称	识读检测内容	识读检测结果
1	色环电阻 R_1	识读阻值	________Ω,误差 ±__%
		实测阻值	________Ω
2	开关二极管 VD1	正向导通电压	________V
		反向截止电阻	________Ω
3	电位器 R_{P1}	识读阻值	________Ω
		是否正常	□是　□否
4	瓷片电容 C_1	识读容量	________μF
5	电解电容 C_2	识读容量	________μF
		额定工作电压	________V

(3) 电路装接

根据提供的红外发射电路和红外接收电路原理图,从提供的元器件中正确选择元器件,按表 12.16 和表 12.17 工艺要求正确地焊接在印制电路板上。完成后将结果记录在表 12.18 中。

表 12.16 红外发射电路安装工艺卡

安装顺序	元器件符号	参数	数量	安装工艺要求	设备工具
1	R_1	20 Ω	1	按图(a)所示，水平卧式紧贴电路板安装	镊子、斜口钳、电烙铁等常用装接工具
	R_2	390 kΩ	1		
	R_3~R_6	2.7 kΩ	4		
2	VD1~VD16	1N5819	16	按图(b)所示，水平卧式紧贴电路板安装，注意正负极性	
3	C_1	0.1 μF	1	按图(c)所示，垂直紧贴电路板安装	
4	集成块底座	DIP-18	1	按图(d)所示，水平卧式紧贴电路板安装，注意凹槽口朝向	
5	S1~S8	轻触开关	8	按图(e)所示，紧贴电路板安装	
6	R_{P1}	200 kΩ	1	按图(f)所示，垂直紧贴电路板安装	
7	C_2	10 μF	1	按图(g)所示，垂直紧贴电路板安装，注意正负极性	
8	U1	PT2262	1	按图(h)所示，水平卧式紧贴电路板安装，注意凹槽口朝向与底座一致	
图样	 图(a)  图(b)  图(c) 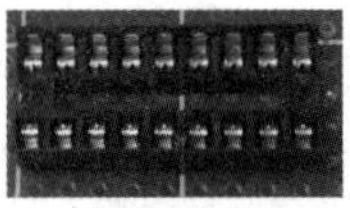 图(d)  图(e)  图(f)  图(g)  图(h)				
焊接工艺要求					
元器件按从小到大、从低到高顺序安装；在线路板上所焊接的元器件的焊点大小适中，无漏、假、虚、连焊，焊点光滑、圆润、干净，无毛刺；引脚加工尺寸及成形符合工艺要求；导线长度、剥线头长度符合工艺要求，芯线完好，捻头镀锡					

表 12.17 红外接收电路安装工艺卡

安装顺序	元器件符号	参数	数量	安装工艺要求	设备工具
1	R_1	1 MΩ	1	按图(a)所示，水平卧式紧贴电路板安装	镊子、斜口钳、电烙铁等常用装接工具
	R_2	4.7 kΩ	1		
	R_3~R_{11}	10 kΩ	9		
2	C_1、C_2	0.1 μF	2	按图(b)所示，垂直紧贴电路板安装	
3	集成块底座	DIP16	1	按图(c)所示，水平卧式紧贴电路板安装，注意凹槽口朝向	
		DIP18	1		
4	LED1~LED8	发光二极管	8	按图(d)所示，紧贴电路板安装，注意正负极性	
	U3	红外接收管	1		
5	VT1、VT2	三极管	2	按图(e)所示，引脚留 3~5 mm 高度，垂直电路板安装，注意区分引脚极性	

续表

安装顺序	元器件符号	参数	数量	安装工艺要求	设备工具
6	U1	PT2272	1	按图(f)所示，水平卧式紧贴电路板安装，注意凹槽口朝向与底座一致	
	U2	74LS138	1		
图样	图(a)　图(b)　图(c)　图(d)　图(c)　图(f)				
焊接工艺要求					
元器件按从小到大、从低到高顺序安装；在线路板上所焊接的元器件的焊点大小适中，无漏、假、虚、连焊，焊点光滑、圆润、干净，无毛刺；引脚加工尺寸及成形符合工艺要求；导线长度、剥线头长度符合工艺要求，芯线完好，捻头镀锡					

表 12.18　电路装接记录表

序号	操作内容	完成情况
1	元器件按从小到大、从低到高顺序安装	□完成　□未完成
2	焊点大小适中、光滑、圆润、无毛刺，无漏、假、虚、连焊现象	□完成　□未完成
3	引脚加工尺寸及成形符合工艺要求	□完成　□未完成
4	导线长度、剥线头长度符合工艺要求，芯线完好，捻头镀锡	□完成　□未完成
记录人：________　时间：______年____月____日		

(4) 通电前检查

装接完成的红外遥控器电路板如图 12.11 所示。两个模块电路输入端分别接 5 V 直流电。开始通电前，按表 12.19 通电前检查步骤完成电路的通电前检查，并记录结果。

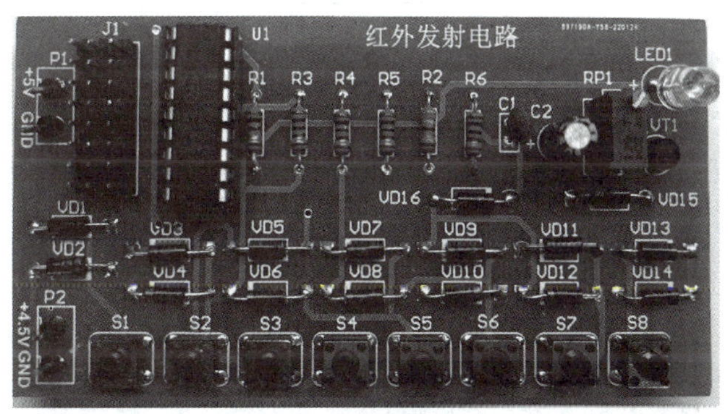

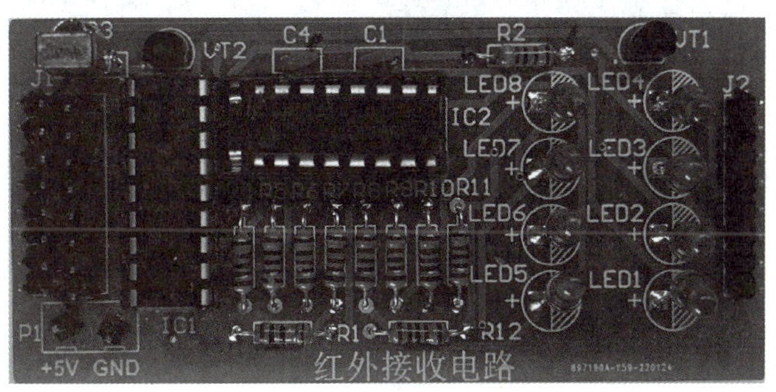

图 12.11　红外遥控器电路板

表 12.19　电路通电前检查步骤记录表

序号	检查项目	检测结果记录	
1	桌面、电路板面清理	□完成　□未完成	
2	电源输入电压	发射板输入电压______V 挡位：______量程：______ 红表笔：____________ 黑表笔：____________ 测得的电压：__________V	接收板输入电压______V 挡位：______量程：______ 红表笔：____________ 黑表笔：____________ 测得的电压：__________V
3	电路板输入电阻	发射板输入端电阻______Ω 挡位：______量程：______ 红表笔：____________ 黑表笔：____________ 测得的电阻：__________Ω	接收板输入端电阻______Ω 挡位：______量程：______ 红表笔：____________ 黑表笔：____________ 测得的电阻：__________Ω
记录人：________　时间：______年____月____日			

(5) 电路电压与电流测试

通电前检测各项都正常后，在电源输入端，两个模块电路输入端分别接 5 V 直流电，通电时注意单手操作。按表 12.20 逐项完成电路电压与电流的测试，并将结果记录在表中。

表 12.20　电路电压与电流测试记录表

序号	检查项目	检测结果记录
1	接收板 S1 按下时，VD1 两端电压	量程：____________挡位：____________ 红表笔：____________黑表笔：____________ 测得的电压：____________V
2	发射模块 S8 按下时，接收模块 U_{2-7} 电压	量程：____________挡位：____________ 红表笔：____________黑表笔：____________ 测得的电压：____________V
3	电路总电流	量程：____________挡位：____________ 红表笔：____________黑表笔：____________ 测得的电流：____________A
记录人：________　时间：______年____月____日		

(6) 电路波形测试

通电后，用双踪示波器测量发射模板 U1 的 17 脚和 U2 的 14 脚的电位波形，将测得的波形和波形参数记录在表 12.21 中。

表 12.21　电路电压波形和参数测试记录表

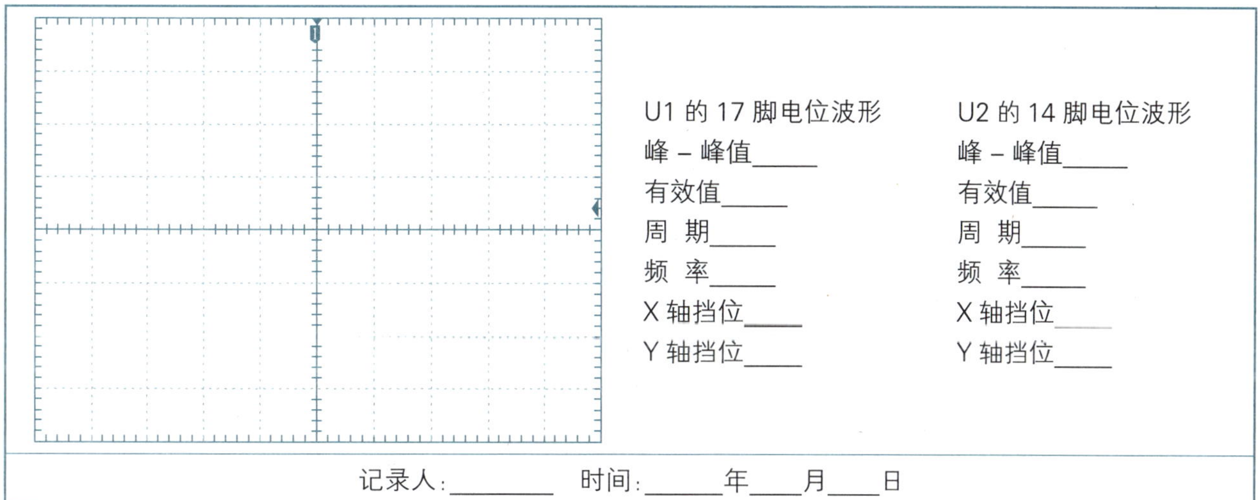

	U1 的 17 脚电位波形	U2 的 14 脚电位波形
	峰 – 峰值_____	峰 – 峰值_____
	有效值_____	有效值_____
	周　期_____	周　期_____
	频　率_____	频　率_____
	X 轴挡位_____	X 轴挡位_____
	Y 轴挡位_____	Y 轴挡位_____

记录人：________　时间：______年____月____日

(7) 常见故障分析

根据电路的调试和测试结果，分析出现下列电路故障的原因：

① 若按下按键后，确认红外发光二极管有输出的情况下，接收器无任何反应，可能是什么原因造成的？

____

② 若按键按下后，确认接收器无任何问题，但是对应指示灯不亮或其他指示灯亮，可能是什么原因造成的？

____

③ 若确认焊接点均无任何问题，但是按键按下后红外发光管无任何信号输出，可能是什么原因造成的？

____

任务总结

1. 任务评价

请在表 12.22 中完成各环节的评分。

表 12.22　红外遥控器装调与测试任务评价表

评分内容		配分	评分说明	得分
职业素养（10 分）	安全意识	5 分	符合用电安全操作规范，出现不符合安全操作的行为，每项扣 1 分，扣完为止	
	现场整理	5 分	出现未整理现场、仪器仪表及工具摆放杂乱、不遵守纪律等现象，每项扣 1 分，扣完为止	

续表

评分内容		配分	评分说明	得分
装接准备（5分）	原理分析	5分	每错1空扣1分，扣完为止	
PCB设计（15分）	原理图绘制	4分	正确绘制原理图，符号规范，布局合理。每错一处扣0.5分，扣完为止	
	网络表生成	2分	网络表生成得2分，否则不给分	
	印制电路板设计	5分	常用PCB规则的设置3分，特殊元器件的布局1分，整体布局1分。每错一处扣0.5分，扣完为止	
	制造文件和装配文件的输出	4分	制造文件和装配文件各2分，正确输出得分，否则不给分	
电路装调（35分）	元器件清点核对	5分	开始操作15 min后，发现每少点或错点1个元器件扣1分，扣完为止	
	元器件识读检测	5分	每错1空扣0.5分，扣完为止	
	产品装接	5分	元器件选择错误、极性装错等，每处扣0.5分，扣完为止	
	安装工艺	5分	元器件安装工艺、焊点、引脚成形及引线等不符合工艺标准，每处扣0.5分，扣完为止	
	电路功能	15分	电路功能正常得15分，否则0分	
测量分析（35分）	通电前检查	5分	每错1处扣1分，扣完为止	
	电路电压与电流测试	10分	每错1处扣1分，扣完为止	
	电路波形测试	10分	每错1处扣1分，扣完为止	
	电路故障分析	10分	第1、2题3分，第3题4分，回答正确给分	
总得分				

2. 学习小结

总结本次实训过程和知识要点，记录问题、收获和反思。

任务拓展

1. 电路中 1N5819 可以用 1N4148 代替使用吗？

---

2. 发射接收模块中，PT2262 和 PT2272 可以用其他集成电路代替吗？可以的话具体应选用什么型号？

任务 3　智能音响电路装调与测试

任务目标

◇ 会分析智能音响电路的工作原理。
◇ 能按印制电路板的设计规范，完成智能音响电路的 PCB 设计与绘制。
◇ 能按工艺要求在印制电路板上规范完成智能音响电路的装接与调试。
◇ 会用万用表测试智能音响电路的电压与电流，会用示波器测试电压波形。
◇ 会分析智能音响电路的常见故障。

任务描述

智能音响是一种通过控制放大输入声音的电路。常见的智能音响还有控制声音音量大小、搭配控制喷泉水量等功能，广泛应用于舞台、演播室、影院等场合。智能音响电路原理图如图 12.12 所示，本任务要求完成以下内容：

① 根据电路功能需求和印制电路板的设计规范，完成智能音响的 PCB 设计与绘制。

② 识别、清点与检测装接电路所需要的元器件。

③ 按工艺规范在印制电路板上完成智能音响的装接与调试。

④ 对装配好的电路进行通电前检查，检查无误后接通 ±12 V 直流电。

⑤ 用万用表测电源电压、电路板输入电阻、电路总工作电流，$\pm V_{CC}$ 电位，U4 的 3 脚电位和 VD1 两端电压，RIN 输入 U_{P-P}=100 mV 时 ROUT 电压的输出范围，LIN 输入 U_{P-P}=500 mV 时 LOUT 电压的输出范围。

⑥ 用示波器测 RIN 和 ROUT 点的波形。

⑦ 结合电路的测试结果，进行电路常见故障分析。

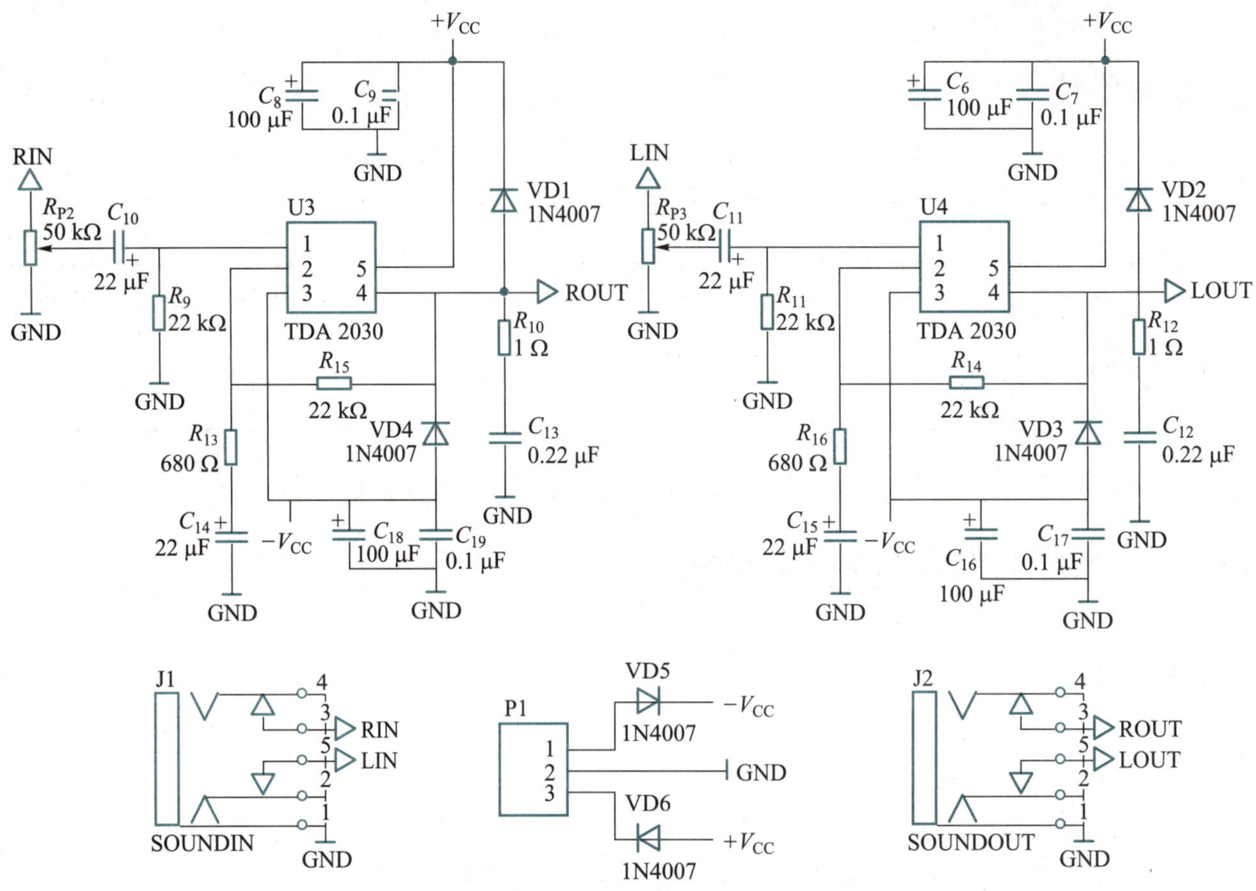

图 12.12 智能音响电路原理图

任务准备

1. 职业素养养成

(1) 安全防护准备

穿好防静电服和绝缘鞋,戴好防静电手环。

(2) 工具仪表准备

电烙铁、烙铁架、焊锡丝、斜口钳、镊子、高温海绵、螺丝刀、万用表、示波器等。

(3) 软件、电源、设备准备

检查 Altium Designer 软件是否能正常打开;检查直流稳压电源 ±12 V 直流电输出是否正常;检查示波器 CH1、CH2 两路通道是否能正常测量波形。

将检查结果记录在表 12.23 中。

表 12.23　检查结果记录表

序号	检查内容	检查细目
1	安全防护准备	□防静电服　□绝缘鞋　□防静电手环
2	工具仪表准备	□工具　□仪表
3	软件、电源、设备准备	□软件正常　□电源正常　□设备正常
检查人:＿＿＿＿＿＿　时间:＿＿＿年＿＿月＿＿日		

2. 电路工作原理分析

智能音响电路原理图如图 12.12 所示,图中电路接入 ±12 V 直流电,给功放管 TDA2030 和整个电路＿＿＿＿＿。由 U3、U4 组成左右声音放大电路,该电路采用＿＿＿＿＿电源供电,左右耳信号分别从 R_{P2}、R_{P3} 的一端输入,并且输出音量大小可以经过＿＿＿＿＿调整。

TDA2030A 音频功放电路,常采用 V 型 5 脚单列直插式塑料封装结构。按引脚的形状引可分为 H 型和 V 型。该集成电路广泛应用于汽车立体声收录音机、中功率音响设备,具有体积小、输出功率大、失真小等特点,并且具有内部保护电路。

任务实施

1. 智能音响印制电路板的设计

(1) 电路原理图绘制

按图 12.12 所示的智能音响电路原理图在 Altium Designer 软件中分别完成智能音响的绘制。软件库中搜索不到的原理图符号自行绘制。

(2) 网络表生成

在原理图界面通过“设计”→“文件的网络表”→“Protel”设置,生成智能音响电路原理图文件的网络表,命名为“智能音响 .NET”。

(3) 印制电路板设计

根据电路实际应用场合板面尺寸和各种机械定位,在 PCB 设计环境中绘制印制电路板 3D 布局图,设计时充分考虑实际应用合理排布元器件。印制电路板 3D 布局图完成后,检查核心集成电路的线路以确保准确性。智能音响电路 PCB 设计要求如下:

① 根据绘制的原理图,生成双面 PCB 图,双面板的尺寸为 80 mm × 70 mm,元器件封装类型按电路板实物样式选。

② 电源端口放在左下方,输入输出通道 J1、J2 排列在电路板右下方。

③ 在电路板物理边界的 4 个角绘制 4 个安装孔(孔径 3 mm),距离 PCB 边缘 3 mm。

④ 设置布线间隙 0.3 mm,全局网络线宽 0.8 mm,地线、电源线线宽 1 mm。

⑤ 设置双面敷铜,网络连接到 GND,间隙 0.6 mm,去除死铜。

智能音响 PCB 3D 参考布局图如图 12.13 所示，可以根据个人对于电路功能的理解进行设计优化。

(4) 输出主要制造文件和装配文件。

① 在 PCB 界面通过 “文件” → “制造输出” → “Gerber Files” 设置，输出用来生产 PCB 的 gerber 文件。

② 在 PCB 界面通过 “文件” → “制造输出” → “NC Drill Files” 设置，输出记录 PCB 中各种过孔、通孔信息的钻孔文件。

③ 在 PCB 界面通过 “文件” → “智能 PDF” 设置，输出装配图和元器件清单。

2. 智能音响装调与测试

(1) 电路板装配图识读

智能音响装配图如图 12.14 所示，对照电路的原理图，结合智能音响印制电路板的设计内容，正确识读电路的装配图，为后面元器件的正确选择、电路的装调和参数测试做准备。

图 12.13　智能音响 PCB 线路板 3D 参考布局图

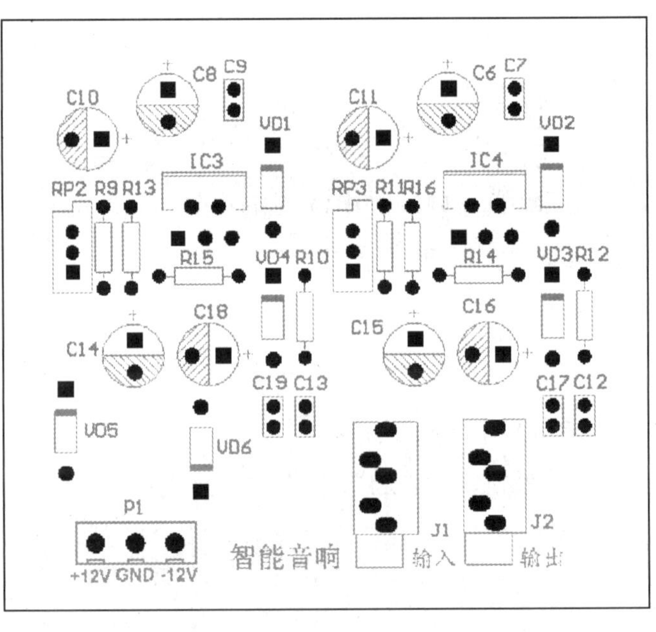

图 12.14　智能音响装配图

(2) 元器件识读与检测

装接本电路所需要的元器件清单见表 12.24，请按清单清点与核对元器件，将清点结果记录在表中。

表 12.24　元器件清点核对记录表

序号	标号	名称	规格	数量	是否齐全
1	R_9、R_{11}、R_{14}、R_{15}	固定电阻	22 kΩ	4	□是　□否
2	R_{10}、R_{12}	固定电阻	1 Ω	2	□是　□否
3	R_{13}、R_{16}	固定电阻	680 Ω	2	□是　□否

续表

序号	标号	名称	规格	数量	是否齐全
4	VD1~VD6	整流二极管	1N4007	6	□是　□否
5	C_7、C_9、C_{17}、C_{19}	瓷片电容	0.1 μF	4	□是　□否
6	C_{12}、C_{13}	瓷片电容	0.22 μF	2	□是　□否
7	R_{P2}、R_{P3}	电位器	50 kΩ	2	□是　□否
8	J1	音频接口	SOUNDIN	1	□是　□否
9	J2	音频接口	SOUNDOUT	1	□是　□否
10	P1	3 P 电源接口	\	1	□是　□否
11	C_{10}、C_{11}、C_{14}、C_{15}	电解电容	22 μF	4	□是　□否
12	C_6、C_8、C_{16}、C_{18}	电解电容	100 μF	4	□是　□否
13	U3、U4	功放管	TDA2030	2	□是　□否

为确保装接在电路中的每个元器件都正常，装接电路前请识读与检测元器件，并将识读与检测结果填在表 12.25 中。

表 12.25　元器件识读与检测结果记录表

序号	元器件名称	识读检测内容	识读检测结果
1	色环电阻 R_9	识读阻值	______Ω，误差 ±______%
		实测阻值	______Ω
2	整流二极管 VD5	正向导通电压	______V
		反向截止电阻	______Ω
3	电位器 R_{P2}	识读阻值	______Ω
		是否正常	□是　□否
4	瓷片电容 C_7	识读容量	______μF
5	电解电容 C_8	识读容量	______μF
		额定工作电压	______V

(3) 电路装接

根据智能音响电路原理图，正确选择元器件，按表 12.26 工艺要求正确地焊接在 PCB 上。将结果记录在表 12.27 中。

表 12.26　电路安装工艺卡

安装顺序	元器件符号	参数	数量	安装工艺要求	设备工具
1	R_9、R_{11}、R_{14}、R_{15}	22 kΩ	4	按图(a)所示，水平卧式紧贴电路板安装	镊子、斜口钳、电烙铁等常用装接工具
	R_{10}、R_{12}	1 Ω	2		
	R_{13}、R_{16}	680 Ω	2		

续表

安装顺序	元器件符号	参数	数量	安装工艺要求	设备工具
2	VD1~VD6	1N4007	6	按图(b)所示，水平卧式紧贴电路板安装，注意正负极性	镊子、斜口钳、电烙铁等常用装接工具
3	C_7、C_9、C_{17}、C_{19}	0.1 μF	4	按图(c)所示，垂直紧贴电路板安装	
	C_{12}、C_{13}	0.22 μF	2		
4	R_{P2}、R_{P3}	50 kΩ	2	按图(d)所示，水平卧式紧贴电路板安装，注意引脚顺序	
5	J1、J2	SOUND	2	按图(e)所示，垂直紧贴电路板安装	
6	P1	3 P 电源接口	1	按图(f)所示，垂直紧贴电路板安装	
7	C_{10}、C_{11}、C_{14}、C_{15}	22 μF/50 V	2	按图(g)所示，垂直紧贴电路板安装，注意正负极性	
	C_6、C_8、C_{16}、C_{18}	100 μF/50 V	2		
8	U3、U4	TDA2030	2	按图(h)所示，用螺钉将集成块散热面与散热片固定，再垂直紧贴电路板安装	
图样	图(a) 图(b) 图(c) 图(d) 图(e) 图(f) 图(g) 图(h)				
焊接工艺要求					
元器件按从小到大、从低到高顺序安装；在线路板上所焊接的元器件的焊点大小适中，无漏、假、虚、连焊，焊点光滑、圆润、干净、无毛刺；引脚加工尺寸及成形符合工艺要求；导线长度、剥线头长度符合工艺要求，芯线完好，捻头镀锡					

表 12.27　电路装接记录表

序号	操作内容	完成情况
1	将元器件按从小到大、从低到高顺序安装	□完成　□未完成
2	焊点大小适中、光滑、圆润、无毛刺，无漏、假、虚、连焊现象	□完成　□未完成
3	引脚加工尺寸及成形符合工艺要求	□完成　□未完成
4	导线长度、剥线头长度符合工艺要求，芯线完好，捻头镀锡	□完成　□未完成
检查人：__________　时间：____年___月___日		

(4) 通电前检查

装接完成的智能音响电路板如图 12.15 所示。本电路输入端接 ±12 V 直流电。开始通电前，按表 12.28 通电前检查步骤完成电路的通电前检查，并记录结果。

图 12.15　智能音响电路板

表 12.28　电路通电前检查步骤记录表

序号	检查项目	检测结果记录	
1	桌面、电路板面清理	□完成　□未完成	
2	电源输入电压	输入正电压______V 挡位:______量程:______ 红表笔:______ 黑表笔:______ 测得的电压:______V	输入负电压______V 挡位:______量程:______ 红表笔:______ 黑表笔:______ 测得的电压:______V
3	电路板输入电阻	正输入端电阻______Ω 挡位:______量程:______ 红表笔:______ 黑表笔:______ 测得的电阻:______Ω	负输入端电阻______Ω 挡位:______量程:______ 红表笔:______ 黑表笔:______ 测得的电阻:______Ω
记录人:__________　时间:______年____月____日			

(5) 电路电压与电流测试

通电前检测各项都正常后,在电源输入端分别接入 ±12 V 直流电源,通电时注意单手操作。按表 12.29 逐项完成电路电压与电流的测试,并将结果记录在表中。

表 12.29　电路电压与电流测试记录表

序号	检查项目	检测结果记录
1	U4 的 3 脚电位值	量程:______________挡位:______________ 红表笔:______________黑表笔:______________ 测得的电位:______________V
2	VD1 两端电压值	量程:______________挡位:______________ 红表笔:______________黑表笔:______________ 测得的电压:______________V

续表

序号	检查项目	检测结果记录
3	RIN 输入 U_{P-P}=100 mV 正弦波信号，调节 R_{P2}，ROUT 电压变化范围	量程:______挡位:______ 红表笔:______黑表笔:______ 测得的电压范围:______V
4	LIN 输入 U_{P-P}=500 mV 正弦波信号，调节 R_{P3}，LOUT 电压变化范围	量程:______挡位:______ 红表笔:______黑表笔:______ 测得的电压范围:______V
5	电路总电流	量程:______挡位:______ 红表笔:______黑表笔:______ 测得的电流:______A
记录人:______ 时间:______年______月______日		

(6) 电路波形测试

调节电位器 R_{P2} 和 R_{P3}，使电路输出电压为 ±12 V，在 RIN 输入 U_{P-P}=1.5 V、800 Hz、偏移量为 300 mV 的正弦波，用示波器同时测量 RIN 和 ROUT 的电压波形，将测得的波形和波形参数分别记录在表 12.30 中。

表 12.30 电路输出电压波形和参数测试记录表

（示波器坐标格）	RIN 电压 峰－峰值____ 有效值____ 周　期____ 频　率____ X 轴挡位____ Y 轴挡位____	ROUT 电压 峰－峰值____ 有效值____ 周　期____ 频　率____ X 轴挡位____ Y 轴挡位____
记录人:______ 时间:______年____月____日		

(7) 常见故障分析

根据电路的调试和测试结果，分析出现下列电路故障的原因：

输入波形正常，若测得电路 ROUT/LOUT 无负半周波形，可能是什么原因造成的?

任务总结

1. 任务评价

请在表 12.31 中完成各环节的评分。

表 12.31　智能音响电路装调与测试任务评价表

<table>
<tr><th colspan="2">评分内容</th><th>配分</th><th>评分说明</th><th>得分</th></tr>
<tr><td rowspan="2">职业素养
（10 分）</td><td>安全意识</td><td>5 分</td><td>符合用电安全操作规范，出现不符合安全操作的行为，每项扣 1 分，扣完为止</td><td></td></tr>
<tr><td>现场整理</td><td>5 分</td><td>出现未整理现场、仪器仪表及工具摆放杂乱、不遵守纪律等现象，每项扣 1 分，扣完为止</td><td></td></tr>
<tr><td>装接准备
（5 分）</td><td>原理分析</td><td>5 分</td><td>每错 1 空扣 1 分，扣完为止</td><td></td></tr>
<tr><td rowspan="4">PCB 设计
（15 分）</td><td>原理图绘制</td><td>4 分</td><td>正确绘制原埋图，符号规范，布局合理。每错一处扣 0.5 分，扣完为止</td><td></td></tr>
<tr><td>网络表生成</td><td>2 分</td><td>网络表生成得 2 分，否则不给分</td><td></td></tr>
<tr><td>印制电路板设计</td><td>5 分</td><td>常用 PCB 规则的设置 3 分，特殊元器件的布局 1 分，整体布局 1 分。每错一处扣 0.5 分，扣完为止</td><td></td></tr>
<tr><td>制造文件和装配文件的输出</td><td>4 分</td><td>制造文件和装配文件各 2 分，正确输出得分，否则不给分</td><td></td></tr>
<tr><td rowspan="5">电路装调
（35 分）</td><td>元器件清点核对</td><td>5 分</td><td>开始操作 15 min 后，发现每少点或错点 1 个元器件扣 1 分，扣完为止</td><td></td></tr>
<tr><td>元器件识读检测</td><td>5 分</td><td>每错 1 空扣 0.5 分，扣完为止</td><td></td></tr>
<tr><td>产品装接</td><td>5 分</td><td>元器件选择错误、极性装错等，每处扣 0.5 分，扣完为止</td><td></td></tr>
<tr><td>安装工艺</td><td>5 分</td><td>元器件安装工艺、焊点、引脚成形及引线等不符合工艺标准，每处扣 0.5 分，扣完为止</td><td></td></tr>
<tr><td>电路功能</td><td>15 分</td><td>电路功能正常得 15 分，否则 0 分</td><td></td></tr>
<tr><td rowspan="4">测量分析
（35 分）</td><td>通电前检查</td><td>5 分</td><td>每错 1 处扣 1 分，扣完为止</td><td></td></tr>
<tr><td>电路电压电流测试</td><td>10 分</td><td>每错 1 处扣 1 分，扣完为止</td><td></td></tr>
<tr><td>电路波形测试</td><td>10 分</td><td>每错 1 处扣 1 分，扣完为止</td><td></td></tr>
<tr><td>电路故障分析</td><td>10 分</td><td>每题 10 分，回答正确给分</td><td></td></tr>
<tr><td colspan="4">总得分</td><td></td></tr>
</table>

2. 学习小结

总结本次实训过程和知识要点，记录问题、收获和反思。

____

____

____

____

____

____

任务拓展

1. 功放管 U3 和其外围电路构成了什么电路?

---

2. 用功放管 U3 设计一个简单的 OTL 或 OCL 电路。

任务 4 简易数字电子钟电路装调与测试

任务目标

◇ 会分析简易数字电子钟电路的工作原理。
◇ 能按印制电路板的设计规范,完成简易数字电子钟电路的 PCB 设计与绘制。
◇ 能按工艺要求在印制电路板上规范完成简易数字电子钟电路的装接与调试。
◇ 会用万用表测试简易数字电子钟电路的电压,会用示波器测试电压波形。
◇ 会分析简易数字电子钟电路的常见故障。

任务描述

常见的简易数字电子钟除了实现电子时钟功能,还可自行调节时间、定时、定闹钟等,广泛应用于家庭、教室、办公室等场合。简易数字电子钟电路原理图如图 12.16 所示,本任务要求完成以下内容:

① 根据电路功能需求和印制电路板的设计规范,完成简易数字电子钟电路的 PCB 设计与绘制。

② 识别、清点与检测装接电路所需要的元器件。

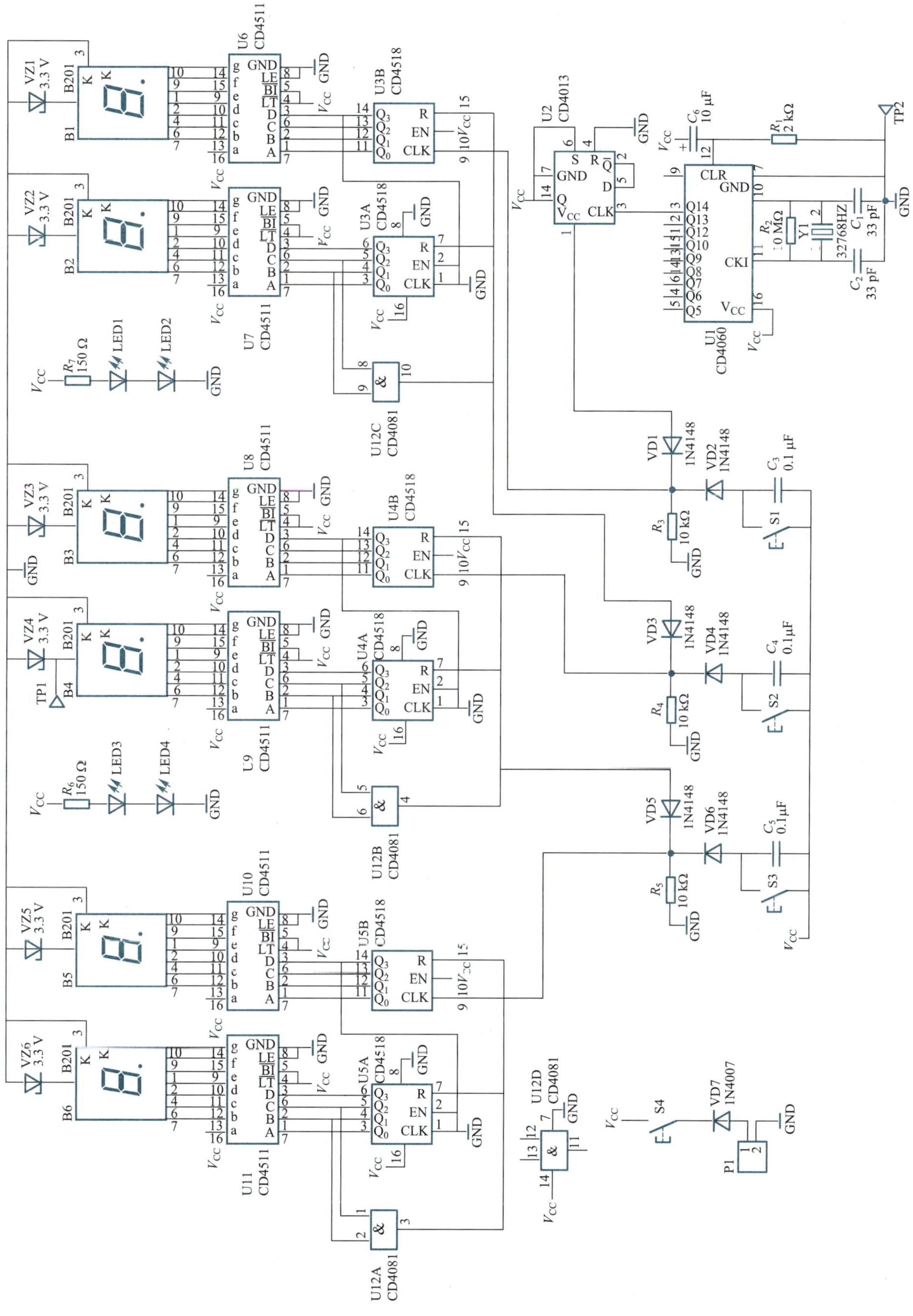

图 12.16　简易数字电子钟电路原理图

③ 按工艺规范在印制电路板上完成简易数字电子钟电路的装接与调试。

④ 对装配好的电路进行通电前检查,检查无误后接通 5 V 直流电。

⑤ 用万用表测电源电压、电路输入电阻、电路总工作电流,稳压二极管 VZ4 负极端 TP1 电位。

⑥ 用示波器测晶振 TP2 端电位波形和集成芯片 U1 的 3 脚电位波形。

⑦ 结合电路的测试结果,进行电路常见故障分析。

任务准备

1. 职业素养养成

(1) 安全防护准备

穿好防静电服和绝缘鞋,戴好防静电手环。

(2) 工具仪表准备

电烙铁、烙铁架、焊锡丝、斜口钳、镊子、高温海绵、螺丝刀、万用表、示波器等。

(3) 软件、电源、设备准备

检查 Altium Designer 软件是否能正常打开;检查直流稳压电源 5 V 直流电输出是否正常;检查示波器 CH1、CH2 两路通道是否能正常测量波形。

将检查结果记录在表 12.32 中。

表 12.32　检查结果记录表

序号	检查内容	检查细目
1	安全防护准备	□防静电服　□绝缘鞋　□防静电手环
2	工具仪表准备	□工具　□仪表
3	软件、电源、设备准备	□软件正常　□电源正常　□设备正常
检查人:________　时间:_____年____月____日		

2. 电路工作原理分析

简易数字电子钟电路原理图如图 12.16 所示,接入 5 V 直流电源,电路正常工作。由 U1 及其他元器件组成了______电路,产生周期约______的______波信号,输入到 U3B 引脚 9,当 U3B 计满 9 次后,输入信号到 U3A 引脚 2 即每 10 秒钟 U3A 计数一次,当 U3A 计满 6 次时,输出一个信号到 U3B 引脚 15 和 U3A 引脚 7,实现______位的复位,并且给分钟位 U4B 提供一个信号,输入到 U4B 引脚 9,当 U4B 计满 9 次后,输入信号到 U4A 引脚 2 即每 10 min U4A 计数一次,当 U4A 计满 6 次时,输出一个信号到 U4B 引脚 15 和 U4A 引脚 7,实现______位的复位,并且给小时位 U5B 提供一个信号,输入信号至 U5A 引脚 2 即每 10 h U5A 计数一次,当 U5A 计满 2 次时,输出一个信号到 U5B 引脚 15 和 U5A 引脚 7,实现______位的复位。

任务实施

1. 简易数字电子钟印制电路板的设计

(1) 电路原理图绘制

按图 12.16 所示的简易数字电子钟电路原理图,在 Altium Designer 软件中正确完成电路原理图的绘制。软件库中搜索不到的原理图符号自行绘制。

(2) 生成网络表

在原理图界面通过“设计”→“文件的网络表”→“Protel”设置,生成简易数字电子钟电路原理图文件的网络表,命名为“简易数字电子钟 .NET”。

(3) 印制电路板设计

根据电路实际应用场合板面尺寸和各种机械定位,在 PCB 设计环境中绘制 PCB 3D 布局图,设计时充分考虑实际应用合理排布元器件。PCB 3D 布局图后,检查核心集成电路的线路以确保准确性。简易数字电子钟 PCB 的设计要求如下:

① 根据绘制的原理图,生成双面 PCB 图,双面板的尺寸为 110 mm × 100 mm,元器件封装类型按电路板实物样式选。

② 电源端口放在左边,6 个数码管均匀分布排列在电路板正上方。

③ 在电路板物理边界的 4 个角绘制 4 个安装孔(孔径 3 mm),距离 PCB 边缘 3 mm。

④ 设置布线间隙 0.3 mm,全局网络线宽 0.3 mm,地线、电源线线宽 0.5 mm。

⑤ 设置双面敷铜,网络连接到 GND,间隙 0.6 mm,去除死铜。

简易数字电子钟电路 PCB 3D 参考布局图如图 12.17 所示,可以根据个人对于电路功能的理解进行设计优化。

图 12.17　简易数字电子钟电路 PCB 3D 参考布局图

(4) 输出主要制造文件和装配文件

① 在 PCB 界面通过“文件”→“制造输出”→“Gerber Files”设置，输出用来生产 PCB 的 gerber 文件。

② 在 PCB 界面通过“文件”→“制造输出”→“NC Drill Files”设置，输出记录 PCB 中各种过孔、通孔信息的钻孔文件。

③ 在 PCB 界面通过“文件”→“智能 PDF”设置，输出装配图和元器件清单。

2. 简易数字电子钟装调与测试

(1) 电路板装配图识读

简易数字电子钟电路装配图如图 12.18 所示，对照电路的原理图，结合其印制电路板的设计内容，正确识读电路的装配图，为后面元器件的正确选择、电路的装调和参数测试做准备。

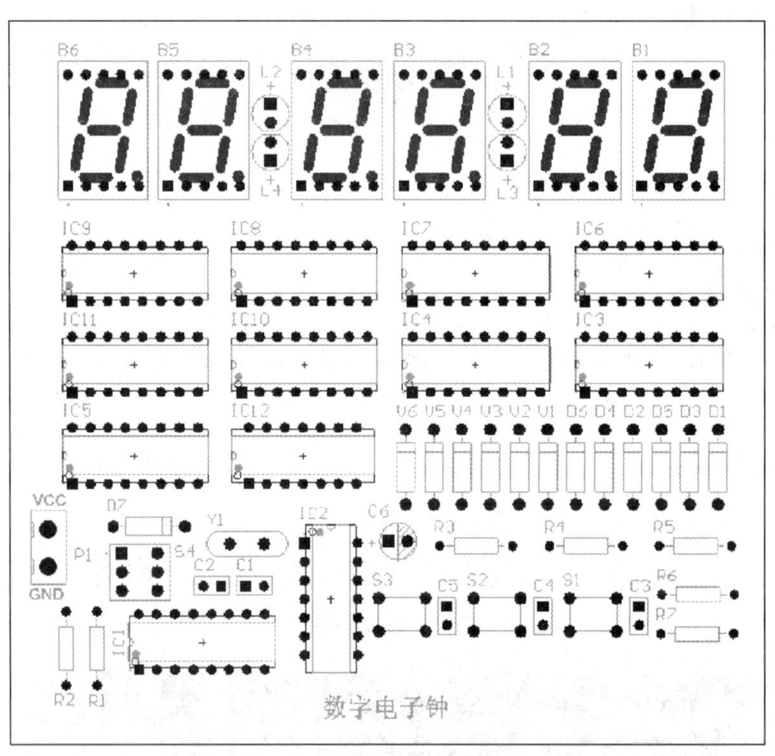

图 12.18　简易数字电子钟电路装配图

(2) 元器件识读与检测

装接本电路所需要的元器件清单见表 12.33，请按清单清点与核对元器件，将清点核对结果记录在表 12.33 中。

表 12.33　元器件清点核对记录表

序号	符号	名称	规格	数量	是否齐全
1	R_1	固定电阻	2 kΩ	1	□是　□否
2	R_2	固定电阻	10 MΩ	1	□是　□否
3	R_3~R_5	固定电阻	10 kΩ	3	□是　□否

续表

序号	符号	名称	规格	数量	是否齐全
4	R_6、R_7	固定电阻	150 Ω	2	□是　□否
5	VD1~ VD6	开关二极管	1N4148	6	□是　□否
6	VD7	整流二极管	1N4007	1	□是　□否
7	VZ1~VZ6	稳压二极管	3.3 V	6	□是　□否
8	Y1	晶振	32 768 Hz	1	□是　□否
9	U1	集成芯片	CD4060	1	□是　□否
10	U2	集成芯片	CD 4013	1	□是　□否
11	U3~U5	集成芯片	CD 4518	3	□是　□否
12	U6~U11	集成芯片	CD 4511	6	□是　□否
13	U12	集成芯片	CD 4081	1	□是　□否
14	S1~S3	4 脚按钮	\	3	□是　□否
15	C_1、C_2	瓷片电容	33 pF	2	□是　□否
16	C_3~C_5	瓷片电容	0.1 μF	3	□是　□否
17	LED1~LED4	发光二极管	红色	4	□是　□否
18	B1~B6	共阴极普通数码管	\	6	□是　□否
19	P1	2 P 电源接口	\	1	□是　□否
20	S4	6 脚自锁开关	\	1	□是　□否
21	C_6	电解电容	10 μF	1	□是　□否
22	\	14 脚底座	DIP-14	2	□是　□否
23	\	16 脚底座	DIP-16	10	□是　□否
记录人:________　时间:_____年___月___日					

为确保装接在电路中的每个元器件都正常，开始装接电路前请识读与检测下列元器件，并将识读与检测结果填在表 12.34 中。

表 12.34　元器件识读与检测结果记录表

序号	元器件名称	识读检测内容	识读检测结果
1	色环电阻 R_7	识读阻值	_____Ω，误差 ±_____%
		实测阻值	_____Ω
2	整流二极管 VD7	正向导通电压	_____V
		反向截止电阻	_____Ω
3	瓷片电容 C_3	识读容量	_____μF
4	电解电容 C_6	识读容量	_____μF
		额定工作电压	_____V
5	稳压二极管 VZ1	稳压值	_____V
6	晶振 Y1	频率	_____Hz
7	数码管 B1	共阴极	_____数码管
记录人:________　时间:_____年___月___日			

(3) 电路装接

根据简易数字电子钟电路原理图，正确选择元器件，按表 12.35 工艺要求正确地焊接在印制电路板上。完成后将结果记录在表 12.36 中。

表 12.35 电路安装工艺卡

安装顺序	元器件符号	参数	数量	安装工艺要求	设备工具
1	R_1	2 kΩ	1	按图(a)所示，水平卧式紧贴电路板安装	镊子、斜口钳、电烙铁等常用装接工具
	R_2	10 MΩ	1		
	R_3 ~ R_5	10 kΩ	3		
	R_6、R_7	150 Ω	2		
2	VD1~VD6	1N4148	6	按图(b)所示，水平卧式紧贴电路板安装，注意正负极性	
	VD7	1N4007	1		
	VZ1~VZ6	3.3 V	6		
3	Y1	32 768 Hz	1	垂直紧贴电路板安装	
4	C_1、C_2	33 pF	2	按图(d)所示，垂直紧贴电路板安装	
	C_3、C_4、C_5	0.1 μF	3		
5	LED1~LED4	LED 灯	4	按图(e)所示，垂直紧贴电路板安装，注意正负极性	
6	S1、S2、S3	4 脚按钮	3	按图(f)所示，垂直紧贴电路板安装	
7	S4	6 脚开关	1	按图(g)所示，垂直紧贴电路板安装，注意开关引脚顺序	
8	B1~B6	数码管	6	按图(h)所示，垂直紧贴电路板安装，注意数码管方向正确	
9	C_6	10 μF	1	按图(i)所示，垂直紧贴电路板安装，注意引脚正负极性	
	U1	CD4060	1	按图(j)所示，水平卧式紧贴电路板安装，注意芯片缺口朝向与丝印层和底座缺口朝向一致	
10	U2	CD4013	1		
	U3~U5	CD4518	3		
	U6~U11	CD4511	6		
	U12	CD4081	1		
图样	图(a)  图(b) 图(c)  图(d) 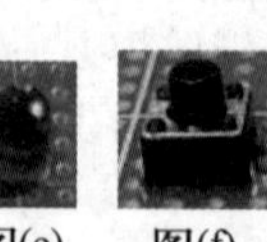 图(e) 图(f)  图(g)  图(h)  图(i) 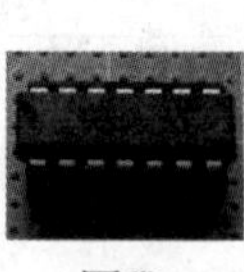 图(j)				
焊接工艺要求					
元器件按从小到大、从低到高顺序安装；在线路板上所焊接的元器件的焊点大小适中，无漏、假、虚、连焊，焊点光滑、圆润、干净、无毛刺；引脚加工尺寸及成形符合工艺要求；导线长度、剥线头长度符合工艺要求，芯线完好，捻头镀锡					

表 12.36　电路装接记录表

序号	操作内容	完成情况
1	将元器件按从小到大、从低到高顺序安装	□完成　□未完成
2	焊点大小适中、光滑、圆润、无毛刺，无漏、假、虚、连焊现象	□完成　□未完成
3	引脚加工尺寸及成形符合工艺要求	□完成　□未完成
4	导线长度、剥线头长度符合工艺要求，芯线完好，捻头镀锡	□完成　□未完成
记录人：________　时间：_____年____月____日		

(4) 通电前检查

装接完成的简易数字电子钟电路板如图 12.19 所示。本电路输入端接 5 V 直流电。开始通电前，按表 12.37 通电前检查步骤完成电路的通电前检查，并记录结果。

图 12.19　简易数字电子钟电路板

表 12.37　电路通电前检查步骤记录表

序号	检查项目	检测结果记录
1	桌面、电路板面清理	□完成　□未完成
2	电源输入电压	输入电压__________V 挡位：__________量程：__________ 红表笔：__________黑表笔：__________ 测得的电压：__________V
3	电路板输入电阻	输入端电阻__________Ω 挡位：__________量程：__________ 红表笔：__________黑表笔：__________ 测得的电阻：__________Ω
记录人：________　时间：_____年_____月_____日		

(5) 电路电压与电流测试

通电前检测各项都正常后，在电源输入端接入 5 V 直流电源，通电时注意单手操作。按表 12.38 逐项完成电路电压与电流的测试，并将结果记录在表中。

表 12.38 电路电压与电流测试记录表

序号	检查项目	检测结果记录
1	U_Z 电位值	量程：________挡位：________ 红表笔：________黑表笔：________ 测得的电位：________V
2	电路总电流	量程：________挡位：________ 红表笔：________黑表笔：________ 测得的电流：________A
记录人：______ 时间：____年____月____日		

(6) 电路波形测试

通电后测量 TP2 端电位波形和 U1 的 3 脚电位波形，将测得的波形和波形参数记录在表 12.39 中。

表 12.39 电路波形和参数测试记录表

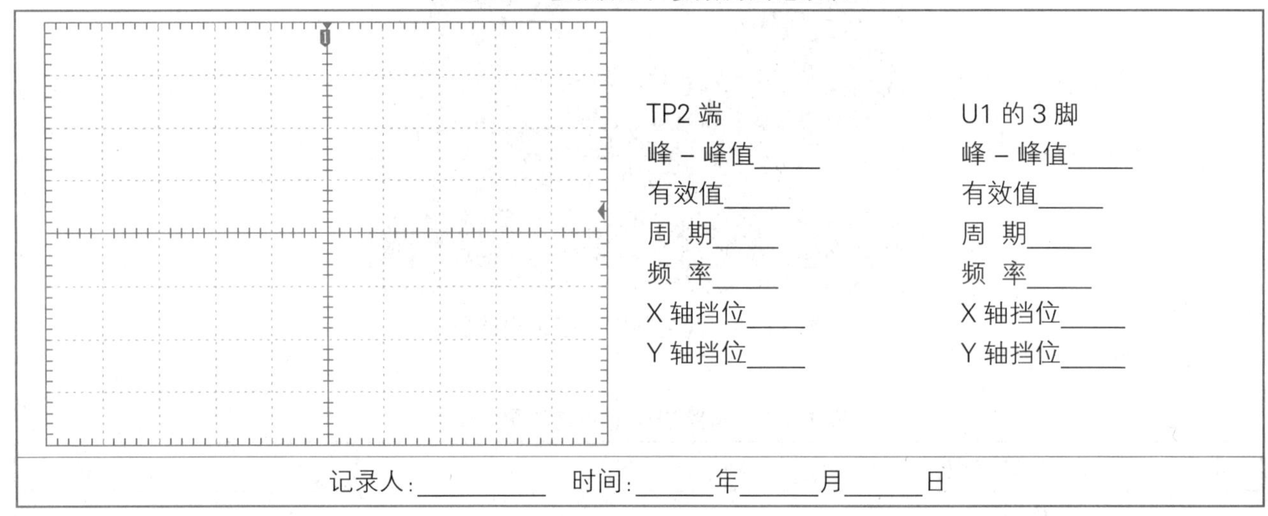

TP2 端	U1 的 3 脚
峰－峰值____	峰－峰值____
有效值____	有效值____
周 期____	周 期____
频 率____	频 率____
X 轴挡位____	X 轴挡位____
Y 轴挡位____	Y 轴挡位____

记录人：______ 时间：____年____月____日

(7) 常见故障分析

根据电路的调试和测试结果，分析出现下列电路故障的原因：

① 若部分数码管显示不正常（不亮），可能是什么原因造成的？

____

② 若按键无反应，可能是什么原因造成的？

____

③ 若数码管显示不正常（有亮，但是亮的不明显或是缺少段码），可能是什么原因造成的？

____

任务总结

1. 任务评价

请在表 12.40 中完成各环节的评分。

表 12.40　简易数字电子钟电路装调与测试任务评价表

评分内容		配分	评分说明	得分
职业素养(10 分)	安全意识	5 分	符合用电安全操作规范,出现不符合安全操作的行为,每项扣 1 分,扣完为止	
	现场整理	5 分	出现未整理现场、仪器仪表及工具摆放杂乱、不遵守纪律等现象,每项扣 1 分,扣完为止	
装接准备(5 分)	原理分析	5 分	每错 1 空扣 1 分,扣完为止	
PCB 设计(15 分)	原理图绘制	4 分	正确绘制原理图,符号规范,布局合理。每错一处扣 0.5 分,扣完为止	
	网络表生成	2 分	网络表生成得 2 分,否则不给分	
	印制电路板设计	5 分	常用 PCB 规则的设置 3 分,特殊元器件的布局 1 分,整体布局 1 分。每错一处扣 0.5 分,扣完为止	
	制造文件和装配文件的输出	4 分	制造文件和装配文件各 2 分,正确输出得分,否则不给分	
电路装调(35 分)	元器件清点核对	5 分	开始操作 15 min 后,发现每少点或错点 1 个元器件扣 1 分,扣完为止	
	元器件识读检测	5 分	每错 1 空扣 0.5 分,扣完为止	
	产品装接	5 分	元器件选择错误、极性装错等,每处扣 0.5 分,扣完为止	
	安装工艺	5 分	元器件安装工艺、焊点、引脚成形及引线等不符合工艺标准,每处扣 0.5 分,扣完为止	
	电路功能	15 分	电路功能正常得 15 分,否则 0 分	
测量分析(35 分)	通电前检查	5 分	每错 1 处扣 1 分,扣完为止	
	电路电压电流测试	10 分	每错 1 处扣 1 分,扣完为止	
	电路波形测试	10 分	每错 1 处扣 1 分,扣完为止	
	电路故障分析	10 分	第 1、2 题 3 分,第 3 题 4 分,回答正确给分	
总得分				

2. 学习小结

总结本次实训过程和知识要点,记录问题、收获和反思。

任务拓展

1. 电路中 CD4511 可以用别的芯片代替吗? 请写出你知道的芯片型号。

2. VZ1~VZ6 有什么作用?

3. 设计一个频率为 1 Hz 的振荡器,在下框中画出具体的电路图,并标出元器件参数(参考集成电路:NE555、CD4060、74HC04、LM358、LM324)。

参考文献

［1］张金华．电子技术基础与技能〔M〕.4 版．北京：高等教育出版社，2022.

［2］陈振源．电子技术基础与技能〔M〕.3 版．北京：高等教育出版社，2019.

［3］崔陵．电子元器件与电路基础〔M〕.2 版．北京：高等教育出版社，2018.

［4］崔陵．电子基本电路安装与调试〔M〕.2 版．北京：高等教育出版社，2018.

［5］崔陵．电子基本电路装接与调试〔M〕.2 版．北京：高等教育出版社，2021.

［6］崔陵．Altium Designer 14 项目实训及应用〔M〕. 北京：高等教育出版社，2018.

［7］林红华，唐灿耿．电子电路装调与应用技能实训〔M〕. 北京：高等教育出版社，2019.

［8］周润景，崔婧．Multisim 电路系统设计与仿真教程〔M〕. 北京：机械工业出版社，2018.

［9］俞艳、何迪强．工业机器人集成应用基础工作页〔M〕. 北京：高等教育出版社，2022.

郑重声明

读者意见反馈

为收集对教材的意见建议，进一步完善教材编写并做好服务工作，读者可将对本教材的意见建议通过如下渠道反馈至我社。

咨询电话　400-810-0598

反馈邮箱　zz_dzyj@pub.hep.cn

通信地址　北京市朝阳区惠新东街4号富盛大厦1座
　　　　　高等教育出版社总编辑办公室

邮政编码　100029

防伪查询说明

用户购书后刮开封底防伪涂层，使用手机微信等软件扫描二维码，会跳转至防伪查询网页，获得所购图书详细信息。

防伪客服电话　(010)58582300

学习卡账号使用说明

一、注册/登录

访问 http://abook.hep.com.cn/sve，点击“注册”，在注册页面输入用户名、密码及常用的邮箱进行注册。已注册的用户直接输入用户名和密码登录即可进入“我的课程”页面。

二、课程绑定

点击“我的课程”页面右上方“绑定课程”，在“明码”框中正确输入教材封底防伪标签上的20位数字，点击“确定”完成课程绑定。

三、访问课程

在“正在学习”列表中选择已绑定的课程，点击“进入课程”即可浏览或下载与本书配套的课程资源。刚绑定的课程请在“申请学习”列表中选择相应课程并点击“进入课程”。

如有账号问题，请发邮件至：4a_admin_zz@pub.hep.cn。